DAS BÜRSTENPROBLEM
IM
ELEKTROMASCHINENBAU

EIN BEITRAG ZUM STUDIUM
DER STROMABNAHME VON KOMMUTATOREN
UND SCHLEIFRINGEN
BEI ELEKTRISCHEN MASCHINEN

VON

DR.-ING. W. HEINRICH

OBERINGENIEUR DER CARBONE A.G. BERLIN-FRANKFURT A.M.

MIT 114 TEXTABBILDUNGEN

MÜNCHEN UND BERLIN 1930
VERLAG VON R. OLDENBOURG

Druck von R. Oldenbourg, München

Vorwort.

Dieses Buch verdankt seine Entstehung der freundlichen Anregung des Herrn Prof. Dr.-Ing. Hilpert, Vorstand des Elektrotechnischen Instituts der Techn. Hochschule zu Breslau, anläßlich meines im Oktober 1928 im Elektrotechnischen Verein zu Breslau gehaltenen Vortrages über das Thema „Das Bürstenproblem bei elektrischen Maschinen".

In der vorliegenden Arbeit, die ein Versuch ist, das Gesamtgebiet des Bürstenproblems in seinen Grundlagen einheitlich darzustellen, habe ich mich bemüht, einen Überblick über die zahllosen engen inneren Beziehungen zwischen der Berechnung und dem konstruktiven Aufbau elektrischer Maschinen einerseits und der mechanischen wie elektrischen Eignung und Leistungsfähigkeit der heutigen Erzeugnisse der Kohlenbürstenindustrie andererseits zu geben. Nicht die Fabrikation der Bürsten ist für den in der Praxis stehenden Ingenieur von Wichtigkeit, sondern die Kenntnis der Verwendungsmöglichkeit einer Bürstenqualität für die einzelnen Maschinengattungen.

Um aus dem reichhaltigen Angebot von Bürstenqualitäten eine erfolgreiche Wahl treffen zu können und um in Fällen von Schwierigkeiten in der Stromabnahme die Fehler herausfinden und Abhilfe schaffen zu können, wurde in diesem Buch das Hauptaugenmerk darauf gerichtet, die an eine Bürste von einer elektrischen Maschine gestellten Arbeitsbedingungen darzulegen. Die Maschinen-Gattung, der elektrische und konstruktive Entwurf, die Güte der Fabrikation und die Art des späteren Betriebes sind die hierfür bestimmenden Faktoren.

Meine praktischen Erfahrungen verdanke ich der Tätigkeit als Berechnungsingenieur bei einer ersten deutschen Konstruktionsfirma des Elektromaschinenbaues und deren großzügigem Arbeitssystem, sowie dem Einblick, der mir später als Repräsentant einer maßgebenden Kohlenbürstenfirma in die technische Auffassung anderer großer Konstruktionsfirmen und industrieller Werke in entgegenkommendster Weise gewährt wurde.

Durch eine kritische Betrachtung der vorliegenden Arbeit durch Theoretiker und Praktiker werden sicher noch viele Anregungen für spätere zusammenfassende Arbeiten hinzukommen.

Gerade in den letzten Jahren sind von namhaften Fachgenossen, im besonderen aus Kreisen des Elektromaschinenbaues, interessante Artikel über das Spezialgebiet der Bürstenkunde veröffentlicht worden, und ich habe mich daher bemüht, in dem Literaturverzeichnis möglichst viele Quellen anzuführen. Wenngleich dieses Verzeichnis keinen Anspruch auf Vollständigkeit machen kann, wird es doch dem Leser manchen interessanten Einblick in die Gedankengänge und Anschauungen in- und ausländischer Ingenieure geben über das trotz aller Erkenntnisse auch heute exakt wissenschaftlich noch nicht erforschte Bürstenproblem.

Berlin, Juli 1929.

W. Heinrich.

Inhaltsverzeichnis.

Seite

Einleitung 1

Hauptteil A. Mechanische Fragen des Bürstenproblems.

Kap.   I. Der Kommutator und seine Baustoffe 5
Kap. II. Der Schleifring und seine Baustoffe 16
Kap. III. Das Material der Bürsten und ihre Armaturen 19
Kap. IV. Der Bürstenhalter und sein Kräftespiel 21
Kap.   V. Der Bürstenapparat, Sammelringe und Traversen 33
Kap. VI. Das mechanische Zusammenarbeiten der Teile 38

    1. Reibung und kritische Bürstengeschwindigkeit 38
    2. Störungen durch eigenerregte mechanische Schwingungen . 49
    3. Störungen durch fremderregte mechanische Schwingungen . 63
    4. Der Einfluß der Erwärmung auf die Teile 69

Hauptteil B. Elektrische Fragen des Bürstenproblems.

Kap. VII. Die elektro-physikalischen und chemischen Vorgänge zwischen Ring und Bürste 78
Kap. VIII. Die Meßmethoden der Kommutierung in der Praxis 87
Kap.   IX. Die Bürsten-Potential-Kurve der Gleichstrom-Maschine und die Energie, die zwischen Bürste und Kommutator frei wird . . . 92
Kap.   X. Bewertung der Wicklungsanordnungen bei den verschiedenen Maschinengattungen 104

    1. Gleichstrom-Maschinen ohne und mit Wendepolen und Einanker-Umformer 104
    2. Einphasen-Wechselstrom-Maschinen 124
    3. Drehstrom-Kommutator-Maschinen und Phasenschieber . . 131

Kap.   XI. Sondergebiete für Kommutatoren 138

    1. Kurzschlüsse und Grobschaltungen 138
    2. Drehstromseitiger Anlauf von Einanker-Umformern 145
    3. Die Farbe des Bürstenfeuers, Politur und chemische Einflüsse 148
    4. Ableitung hoher Gleichstromstärken von Kommutatoren . 153

Kap. XII. Sondergebiete für Schleifringe 162

    1. Ableitung von Gleichstrom bei Schleifringen 162
    2. Ableitung hoher Wechselstromstärken von Schleifringen . . 166

Schlußwort 180

Literaturverzeichnis 181

Einleitung.

Im heutigen Konkurrenzkampf und unter den wirtschaftlichen Bedingungen unserer Zeit ist die Forderung des Tages: Qualitätsware bei äußerster Preisstellung.

Fragt man, wie weit diese Bedingung heute im Elektromaschinenbau erfüllt ist, so muß zugegeben werden, daß dieser Industriezweig auf einem hohen Grad der Vollkommenheit steht. Die Auslegung der elektrischen Maschinen ist bis in Einzelheiten der theoretischen Erfassung zugänglich, und die Resultate der Berechnung werden durch zahllose Meß- und Erfahrungswerte gestützt und erhärtet; die Materialien wie Eisen, Kupfer, Bronze, Glimmer, Baumwolle usw. sind in ihren Eigenschaften fast lückenlos erforscht und unterstehen einer ständigen Kontrolle vor der Verarbeitung.

Trotz dieser Erkenntnisse hat sich ein Komplex an elektrischen Maschinen als besonders spröde gegen die praktische und theoretische Erforschung verhalten. Man bezeichnet den Gesamtkomplex dieser elektro-mechanischen Fragen als das „Bürstenproblem im Elektromaschinenbau".

Die Schwierigkeiten, die sowohl der theoretischen als auch praktischen Lösung dieses Problems entgegenstehen, haben von jeher zum Studium angeregt. So gibt es in der technischen Literatur eine namhafte Anzahl von Aufsätzen, die jedoch meistens die Ergründung des Problems auf laboratoriumstechnischer Grundlage zu fassen suchen. So wertvoll und wichtig derartige Messungen sind, können sie doch nur als Teillösung befriedigen. Eine für die Praxis wirklich brauchbare Lösung ist aber nur diejenige, welche den Gesamtkomplex der Stromabnahme mit allen seinen wichtigen Störungsquellen berücksichtigt. Aus der Beobachtung der mehr oder weniger sinnfälligen Erscheinungen am Kommutator und Bürstenapparat ist es möglich, auf die inneren Ursachen zu schließen und dieselben zu analysieren. Die Auswertung der Beobachtung gibt im Verein mit Messungen, die jedem Prüffeldingenieur ohne erhebliche Schwierigkeiten zugänglich sind, die Möglichkeit, Erfahrungszahlen über das Bürstenproblem zusammenzustellen.

In der Zusammenfassung derartiger Erfahrungswerte und -zahlen, entwickelt aus Messungen und Beobachtungen an ausgeführten Maschinen, soll der Wert der vorliegenden Arbeit für denjenigen Elektroingenieur liegen, der die inneren Zusammenhänge der elektrischen Maschine kennt.

Jeder, der Kommutatormaschinen und speziell solche Maschinen baut, die der Umformung mechanischer oder elektrischer Energie in Gleichstrom oder umgekehrt dienen, weiß, daß mit einer technisch einwandfreien Lösung der Konstruktion des Stromabnahmeapparates der Bau dieser Maschinengattungen steht und fällt.

Die Abb. 1 stellt den Rotor eines großen 3000-kW-Einankerumformers dar und führt deutlich die beherrschende Stellung, welche der Kommutator und die Schleifringe gegenüber dem schmalen aktiven Eisen einnehmen, vor Augen.

Die Leistung einer elektrischen Maschine ist bekanntlich abhängig von der Umfangsgeschwindigkeit, der Amperestabzahl am Ankerum-

Abb. 1. Einankerumformer-Rotor 3000 kW 270 Volt 11 100 A
250 U/min 50 Hertz.
Man beachte die Größe des Kommutators und der Schleifringe gegenüber dem aktiven Eisen.

fang und dem Kraftfluß, der am ganzen Umfang des Ankers wirksam ist. Der Kraftfluß ist im wesentlichen durch die magnetischen Verhältnisse bestimmt und läßt sich bei einem gegebenen Ankerdurchmesser und einer gewählten Schichtlänge nur wenig variieren. Die Amperestabzahl ist heute hauptsächlich durch die zulässige Erwärmung begrenzt. Daher muß man den Entwurf von Maschinen mit solch hohen Umfangsgeschwindigkeiten am Anker, Kommutator und Schleifringen ausführen, wie dies technisches Können und die Betriebssicherheit zuläßt. Die Grenzen setzt hier meistens nicht der Anker, sondern der Kommutator durch mechanische und elektrische Bedingungen.

Mechanisch muß eine vollkommene, also vibrationsfreie Funktion der Stromabnahme als Voraussetzung für eine funkenfreie Kommutierung gefordert werden. Ferner ist bekannt, daß man mit Rücksicht auf die Betriebssicherheit gegen Rundfeuer, Überschläge und ähnliche Erscheinungen mit der Segmentspannung innerhalb gewisser Grenzen bleiben muß. Die Höhe der zulässigen Segmentspannung hängt ab von der Art der Maschine. So z. B. ob dieselbe mit oder ohne Wendepole gebaut wird; ob Kompensationswicklung vorhanden ist; ob es sich um einen Einankerumformer handelt, der gleich- oder wechselstromseitig angelassen wird; ob es ein Einphasen- oder Drehstromkommutatormotor ist; ob die Maschine für stationäre Zwecke oder Bahnbetrieb bestimmt ist usw.

Aus der zulässigen Segmentspannung ergibt sich für eine gegebene Klemmenspannung die Mindestzahl der Segmente pro Pol und in Verbindung mit der Segmentteilung die Größe des Kommutators. Also: Der Kommutator diktiert und bestimmt den Entwurf der Maschine. Dies tritt noch deutlicher hervor, wenn man bedenkt, daß mit der Segmentspannung der Kraftfluß im Anker, also die Ankerschichtung direkt zusammenhängt. Bei großen Maschinen, die fast ausschließlich mit Schleifenwicklung und einer Windung pro Segment gebaut werden, ist die induzierte Windungsspannung gleich der Segmentspannung, und es besteht die bekannte Beziehung:

$$\text{Segmentspannuug } e_s = 2\,\varPhi\,\frac{f}{50}\text{ Volt, in der } \varPhi \text{ der Kraftfluß und } f$$

die Frequenz des Ankers ist. Dieselbe läßt erkennen, daß die vom Kommutator vorgeschriebene Segmentspannung bei hohen Ankerumfangsgeschwindigkeiten nur schmale Ankerschichtungen zuläßt und daß eine Verbreiterung des Ankereisens nur mit einer Herabsetzung des Durchmessers oder der Drehzahl erzielbar ist. Bei Verwendung einer Kompensationswicklung, welche die Ankerrückwirkung aufhebt und damit die Zusatzverluste in der Ankerwicklung und dem Eisen herabsetzt, sowie bei äußerst geschickter Auslegung der magnetischen und elektrischen Verhältnisse einer Maschine ist es möglich, in gewissen Grenzen die Leistung zu steigern; doch zieht auch hier wieder der Kommutator eine Grenze, da ja die Amperestabzahl unter der Bürste kommutiert werden muß. Mit steigender Amperestabzahl wächst natürlich auch der Strom, und dies bedeutet eine Verlängerung des Kommutators, welche besonders bei großen Durchmessern aus Gründen der Fabrikation, des mechanisch ruhigen Laufes, sowie aus Gründen elektrischer Natur, z. B. Stromverteilung auf die Bürsten, begrenzt ist. Nicht zu vergessen sind schließlich auch die Kühlungsverhältnisse des Ankers, welche ebenfalls sehr stark durch die räumliche Anordnung des Kommutators beeinflußt werden.

Beim Ankereisen und Wickelkupfer wird fast in dem ganzen Volumen gleichmäßig Wärme frei; beim Kommutator hingegen ist dies in jedem Zeitmoment nur für diejenigen Stellen der Fall, welche von den Bürsten bedeckt sind. Es werden also nur eine Anzahl Streifen auf dem

Kommutator in jedem Augenblick durch Stromübergang angeheizt und
während der Wanderung bis zu den Bürsten des anderen Pols gekühlt
und so wiederholt sich dieses Spiel.

Aus den bisherigen Ausführungen erhellt, welche enorm
wichtige Rolle der Kommutator und der Stromabnahme-
apparat bei einer elektrischen Maschine spielt und .wie dieser Konstruktionskomplex bestimmend ist für Berechnung,
Konstruktion, Fabrikation und Betrieb der ganzen Maschine.

Gleichartige Betrachtungen lassen sich für die Schleifringe von
Einankerumformern oder Drehstrommotoren anstellen. Betrachtet man
die Gliederung dieser Konstruktionsteile, so kann man eine Dreiteilung
feststellen, nämlich: Kommutator, Bürsten und Bürstenträger bzw.
Schleifringe, Bürsten und dazugehöriger Bürstenträger.

Die Aufgaben, welche diese Teile zu erfüllen haben, sind sowohl
mechanischer als auch elektrischer Natur. Die mechanischen Erscheinungen sollen zuerst betrachtet werden; dabei wird es indes in
einzelnen Fällen notwendig sein, auf den Zusammenhang mit den elektrischen Erscheinungen hinzuweisen.

Die elektrischen Erscheinungen, die sich zwischen den rotierenden
Teilen und dem Bürstenapparat abspielen, können indes nicht betrachtet
und beurteilt werden, ohne zugleich ihre inneren Beziehungen zur Maschine, also dem Anker und dem Feldsystem, zu kennen.

Die folgenden Ausführungen der Arbeit zerfallen daher in zwei Teile.
Der erste Teil behandelt alle mechanischen Fragen, der zweite Teil
die Fragen elektrischer Natur.

Hauptteil A.

Mechanische Fragen des Bürstenproblems.

Kapitel I.

Der Kommutator und seine Baustoffe.

Die Konstruktion des Kommutators hat im Lauf der Entwicklung zahlreiche Wandlungen durchgemacht. Die heute allgemein übliche Konstruktion sieht für mittelgroße Maschinen eine Buchse und Preßteller vor, welche in schwalbenschwanzförmige Eindrehungen der Segmente eingreifen. Abb. 2. Der Preßteller wirkt auf die Segmente an der Fläche $a - a$ mit einem Druck P', so daß dieselben mit einer Kraft P'' nach innen gepreßt werden. Dadurch erfolgt die Auslösung der tangentialen Drücke T senkrecht zu den Glimmerzwischenlagen, wodurch die Gewähr

Abb. 2. Kommutator-Segmente mit Schwalbenschwanzbefestigung. Richtiger Sitz des Preßtellers.

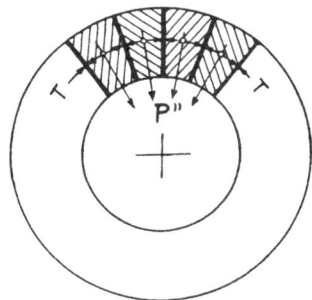

für einen festen Sitz der Segmente gegeben ist. Abb. 3. Die Segmente stützen sich gewissermaßen wie die Steine in einem Gewölbe gegeneinander, und wenn nur ein Stein nicht richtig eingefügt ist, so hat die ganze Konstruktion keinen inneren Halt.

Kommutatoren, bei denen diese Voraussetzung des inneren Kräfteschlusses fehlt, können nie fest werden, sondern bleiben lose, d. h. sie deformieren sich unter der Einwirkung der Zentrifugal- und Wärmekräfte. Bei diesen Kommutatoren kann man Unstetigkeitserscheinungen am Umfang beobachten.

Nach dieser grundlegenden Betrachtung über die Kräftewirkungen im Kommutator

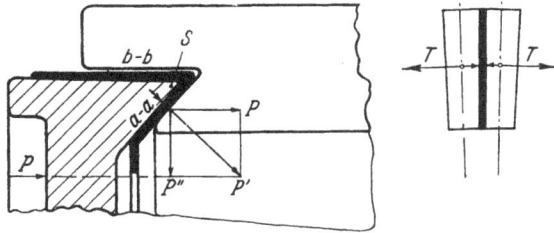

Abb. 3. Der innere Kräfteschluß der Segmente des Kommutators.

ist es nicht schwer, die Bedingungen für den folgerichtigen Aufbau aufzustellen.

Denkt man sich in Abb. 3 die Glimmerzwischenlagen fort, so sieht man, daß alle Seitenflächen der Segmente aneinander zu liegen kommen. Dies ist eine Grundbedingung für den Aufbau eines Kommutators und eine bequeme Probe: Segmente, die aneinandergereiht ohne Glimmer keinen Schluß ergeben, können auch später mit Glimmerzwischenlagen keinen festen Sitz gewährleisten.

Wie müssen daher die Segmente aussehen? Zur Betrachtung diene die Abb. 4.

Die Genauigkeit, mit der Segmente gezogen werden, beträgt ca. $\pm\ ^2/_{100}$ mm. Damit die Neigung, also der Winkel α erhalten bleibt, muß ein Segment, das am oberen Ende bei x z. B. eine Abweichung von $+\ ^2/_{100}$ hat, auch am unteren Ende bei y eine Abweichung von $+\ ^2/_{100}$ haben; andernfalls würde sich die Größe des Neigungswinkels verändern, d. h. ein Segment mit z. B. $+\ ^2/_{100}$ Abweichung oben und $-\ ^2/_{100}$ Abweichung unten kann mit den benachbarten Segmenten, durch planparallele Zwischenlagen getrennt, nicht zur vollen seitlichen Flächenauflage kommen, also niemals festsitzen. Abb. 4 a zeigt brauchbare Segmente mit Abweichungen oben und unten in einer Richtung. Die Abb. 4 b und 4 c zeigen Segmente, die nicht brauchbar sind, also lose Kommutatoren ergeben. Die folgenden Abb. 5 und 6, welche zusammengesetzte Kommutatoren mit Segmenten falscher Toleranz zeigen, lassen erkennen, daß ein fester Sitz auf die Dauer nicht möglich ist. Ein Kommutator nach Abb. 5 wird beim

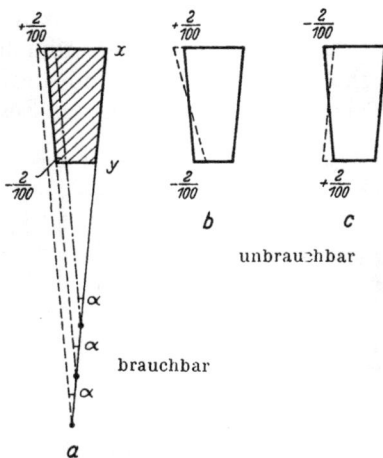

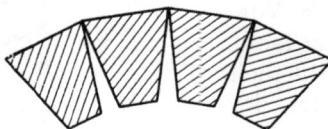

Abb. 4. Segment-Toleranzen.

Abb. 5. Kommutator aus Segmenten nach Abb. 4 b.

Abb. 6. Kommutator aus Segmenten nach Abb. 4 c.

ersten Überdrehen lose. Ein Kommutator gemäß Abb. 6 wird losen Glimmer zeigen, was Anbrennungen, Staubansammlungen und Überschläge zur Folge hat.

Auch der Glimmer soll möglichst maßhaltig sein; die verwendeten Glimmerstärken liegen zwischen 0,4 und 2 mm. Für mittelgroße Maschinen normaler Spannung verwendet man 0,75 — 0,85 mm Glimmerstärke.

Nach diesen Betrachtungen könnte der Anschein erweckt werden, daß es nur unter Beachtung äußerster Präzision gelingt, betriebsmäßig brauchbare Kommutatoren zu bauen. Dem widerspricht die Tatsache, daß die größere Zahl aller fabrizierten Kommutatoren gute Betriebsverhältnisse ergibt. Die Erklärung ist naheliegend. Sind die Abweichungen in den Drehmaßen und den zulässigen Toleranzen nicht allzu groß und werden zum Vorpressen der Kommutatorrohlinge hohe Drücke verwendet, so kommt die Natur dem Menschen zu Hilfe, indem sich die Segmente deformieren. Dadurch kommen sie zu einer allseitigen Anlage. Sind die Kräfte aber nicht ausreichend oder die Abweichungen zu groß, so ergeben sich die vorher beschriebenen losen Kommutatoren.

Die bisherigen Ausführungen beleuchten die Notwendigkeit, keinen Segmentstab und kein Glimmerstück zum Bau eines Kommutators zu verwenden, das vorher nicht auf sein Maß geprüft wurde. Dies ist aber nicht nur aus Gründen des späteren festen Sitzes, sondern auch aus Gründen der Kommutatorteilung von einschneidender Bedeutung. Dies erhellt aus folgender Überlegung.

Soll z. B. ein großer Kommutator von ca. 1500 mm Durchmesser gepackt werden und gehört derselbe zu einer 12poligen Maschine mit 54 Segmenten pro Pol, so ergibt sich z. B. folgendes:

Von den 648 Segmenten total sollen gemäß einer Annahme 300 Stück eine Abweichung von $+\ ^2/_{100}$ mm haben, 192 Stück besitzen Nennmaß und 156 Stück sollen eine Abweichung von $-\ ^2/_{100}$ mm haben. Die Glimmerstärke sei 0,8 mm, und zwar mit Nennmaß angenommen, um das Wesentliche, den Einfluß der variablen Segmentstärke auf die Kommutatorpolteilung besser hervortreten zu lassen. Das blanke Segment hat demnach bei einer Nennstärke von 6,5 mm folgende wirkliche Abmessungen:

Stückzahl	Blanke Segmentstärke	Segmentstärke mit 0,8 mm Glimmerisolation	Maßhaltigkeit
300	6,52	7,32	Übermaß
192	6,5	7,3	Nennmaß
156	6,48	7,28	Untermaß

Würde man nun z. B. sämtliche Segmente mit Übermaß aneinanderreihen, dann die Segmente mit Nennmaß und schließlich diejenigen mit Untermaß folgen lassen, so ist klar, daß ein derartiger Kommutator in bezug auf seine Einteilung nicht mehr stimmen kann. Dies ist aber von unheilvollem Einfluß auf die Kommutierung und Stromabnahme.

Da die Bürstenspindeln in räumlich gleichen Abständen am Kommutatorumfang angeordnet werden, so befinden sich, je nach der Stellung des Ankers, teils mehr, teils weniger Segmente zwischen den Bürsten gleicher Polarität. Dies ergibt eine EMK, die auf einen Stromkreis: Ankerwicklung—Bürsten—Sammelring arbeitet. Die Folge ist also ein zusätzlicher, die Kommutierung störender und die Bürsten zusätzlich belastender Ausgleichsstrom. Ein derartiger Kommutator ist für eine Gleichstrommaschine mit Schleifenwicklung unbrauchbar. Sie kann niemals funkenfrei arbeiten, feuert meistens schon bei geringer Belastung und äußert die Unsymmetrie des Kommutators z. B. durch Auslöten von Fahnen. Die Beanspruchung der Bürsten ist bei diesem Vorgang erheblich; man kann bei Teillast bereits Spritzfeuer, teilweise Aufglühen der Bürsten beobachten. Noch größer wird der Fehler, wenn die Bürsten bei einer beliebigen Stellung des Ankers nach der Segmentzahl pro Pol eingestellt werden. Diese Anordnung ist für einen falsch gepackten Kommutator noch ungünstiger, weil sich jetzt zur Unsymmetrie der Kommutatorteilung die Unsymmetrie der Verteilung der Bürstenspindeln addieren kann.

Daß die Abweichungen von der Symmetrie recht erheblich werden können, ergibt folgende Zahlentabelle. Dieselbe wurde berechnet unter Zugrundelegung der vorerwähnten Kommutatordaten.

Bezeichnung	I	II	III
Kommutator-Polteilungen mit je 54 Segmenten pro Pol	Schlechte Aufteilung der Segmente. Nur Segmente mit Übermaß. 54 Segm. zu 7,32 mm	Gute, möglichst gleichmäßige Aufteilung der Segmente. 25 zu 7,32 mm ⎫ 16 zu 7,3 mm ⎬ 54 Segm. 13 zu 7,28 mm ⎭	I minus II Kommutator-Polteilungs-Fehler
eine	395,28 mm	394,44 mm	**0,84 mm**
zwei	790,56 mm	788,88 mm	**1,68 mm**
drei	1085,84 mm	1083,32 mm	**2,52 mm**
vier	1581,12 mm	1577,76 mm	**3,36 mm**
fünf	1976,40 mm	1972,20 mm	**4,20 mm**

Erklärung der Zahlentabelle:

Kolonne I gibt die Summe der ersten fünf Polteilungen, gemessen in mm auf dem Kommutatorumfang, bei Verwendung von nur solchen Segmenten an, die Übermaß haben.

Kolonne II gibt die entsprechenden Zahlen, wenn sämtliche Segmente möglichst symmetrisch auf den ganzen Umfang verteilt werden. Diese Verteilung könnte man für das vorliegende Beispiel folgendermaßen vornehmen:

Zwischen die symmetrisch im Kreis aufgestellten 300 Segmente mit $+ {}^2/_{100}$ Toleranz werden 150 Segmente mit $- {}^2/_{100}$ eingeschichtet, also auf je 2 Segmente der ersten Sorte ein Segment der zweiten Sorte, gibt zusammen 450 Segmente. Nach jedem 75. Segment kommt noch je ein Segment der restlichen 6 Segmente mit — $^2/_{100}$ Toleranz. Bleiben noch übrig 192 Stück mit Nennmaß, die in der gleichen Weise, wie beschrieben, gleichmäßig auf den Umfang verteilt werden.

Nach demselben System wird dann zwischen die Segmente der Glimmer, der ja auch Toleranzen aufweisen kann, eingefügt und die Teilung zum Schluß mit einem Zirkel nachgemessen.

Bei dem genannten Beispiel von 54 Segmenten pro Pol würden demnach in einer Polteilung 25 Segmente mit + $^2/_{100}$ Toleranz, 16 Segmente mit Nennmaß und 13 Segmente mit — $^2/_{100}$ Toleranz enthalten sein.

Kolonne III Zeile 1 gibt den Kommutator-Polteilungsfehler für die erste Polteilung zwischen falscher und guter Aufteilung der gegebenen Segmentstärken an. Dieser Fehler addiert sich mit den fortschreitenden Polteilungen von Bürstenspindel zu Bürstenspindel, und man erkennt, daß nach der vierten Kommutatorpolteilung dieselbe bereits um nahezu ½ Segment vorgeschoben ist gegenüber einer Kommutatorkonstruktion mit möglichst gleichmäßiger Verteilung des Kupfers auf den Umfang.

Hierbei ist noch angenommen, daß der Glimmer gleichmäßige Stärke hat. Würde die Toleranz des Glimmers ebenfalls noch in einer Richtung eingebaut werden, so kann sich der Fehler stark vergrößern. Es ist noch zu erwähnen, daß Hand in Hand mit diesem Teilungsfehler eine ungleichmäßige Verteilung der Kupfermasse auf den Umfang geht. Dies bedeutet aber eine Unbalance, die besonders bei hohen Umfangsgeschwindigkeiten durch Gegengewichte und selbst sorgfältigstes Austarieren nur schwer und für die Dauer wohl kaum zu beheben ist. Bei richtiger Aufteilung des Kupfers auf den Umfang ergibt sich hingegen auch zwangsläufig ein Minimum von Unbalance.

Außer diesem Teilungsfehler gibt es aber noch andere Störungen im folgerichtigen Aufbau des Kommutators, die eine einwandfreie Stromabnahme durch die Bürsten gefährden. Aus der Abb. 3, S 5 wurde die Statik des Kommutators erläutert und gezeigt, daß Vorbedingung für einen festen Sitz der innere Zusammenschluß aller Segmente ist. Dieser ist aber nur möglich, wenn Preßteller und Schwalbenschwanz die richtigen Drehmaße aufweisen.

Als Erläuterung diene die Beschreibung des Vorganges beim Zusammenpressen des Kommutators. Der Kommutator liegt mit seiner Achse vertikal unter einer Presse, welche von oben den Preßteller eindrückt. Hierbei ist von fundamentaler Wichtigkeit, daß die obere Ringfläche des Preßtellers gegen die Segmente längs der Linie b—b, Luft hat Abb. 2, S. 5. Ist diese Luft nicht vorhanden, so werden die Segmente zwar auch gehalten, sie kommen jedoch zu keiner seitlichen tangentialen Anlage, d. h. der Kommutator wird niemals in sich fest, weil die Kraftkomponente P'' nur innere Spannungen in der Kommutatorlamelle und keine Tangentialkraft T hervorrufen kann. Diese Luft längs der Ringfläche *b—t* ist vor allem an der Spitze *S* des Schwalben-schwanzes (Abb. 2) von Wichtigkeit, denn beim Eindrücken des Preß-tellers erhält derselbe ein Kippmoment, welches diese innerste Spitze des Preßtellers nach oben treibt, so daß nach außen zu bei richtigen Drehmaßen eine natürliche Luft zwischen Segmenten und Preßteller entsteht. Bei Kommutatoren von ca. 1000 mm Durchm. sind 1 bis 2 mm Verringerung im Außendurchmesser des Preßtellers beim Anziehen festzustellen, also eine erhebliche Formveränderung.

Diese Durchbiegung des Preßtellers ist zwar an sich eine uner-wünschte Erscheinung; sie hat aber auch einen Vorteil, nämlich sie gibt der auf der Welle sitzenden Kommutatorbuchse und dem darüber-geschobenen Teller einen festen Halt, indem sich der Teller gemäß den Abb. 7 und 8 bei *K* in die Buchse eindrückt. Die Konstruktion Abb. 7 ist hierin am vorteilhaftesten. Konstruktion Abb. 8 zeigt diesen Vorteil in

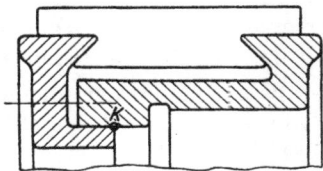

Abb. 7.   Abb. 8.
Infolge der Durchbiegung des Preßtellers beim Anziehen drückt sich derselbe bei *K* in die Kommutator-Buchse ein.

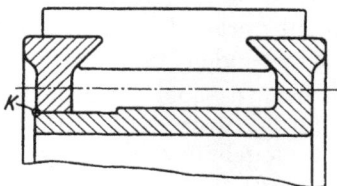

geringerem Maße. Die Anordnung Abb. 9 für kleinere Kommutatoren entbehrt dieses Vorteils.

Der durch dieses Eindrücken gegebene Zusammenhalt ist so groß, daß man mit Spannbolzen kleinen Querschnittes auskommt. Dies deutet auch C. Bodmer in seiner Abhandlung „Fortschritte im Bau von Bahn-motorkollektoren", Bulletin Oerlikon, Nr. 87, Sept. 1928 an mit den Worten: „Durch besondere Versuche wurde bewiesen, daß im Betrieb viel kleinere Preßdrücke nötig sind, als man seiner-zeit anzunehmen pflegte. An einem Kom-mutator wurde die Schraubenzahl nach Fertigstellung auf die Hälfte, an zwei anderen der Querschnitt der Schrauben auf $\frac{1}{4}$ vermindert, ohne daß sich irgend-welche Nachteile gezeigt hätten. Die letzteren Kommutatoren haben gegenwärtig über 200000 Kommutatorkilometer hinter sich ohne sicht-bare Abweichung gegenüber der normalen Ausführung."

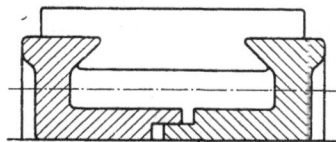

Abb. 9. Konstruktion für kleine
Kommutatoren.

Aus diesen Darlegungen ergibt sich, welch wichtige Rolle die Drehmaße für den festen Sitz der Segmente spielen. Die Folgen falscher Drehmaße sind stets in sich lose Kommutatoren. Mit den Bürsten ist kein ruhiger Lauf zu erzielen, sie rasseln. Die Segmente treten hervor und zerstören dabei in kürzester Zeit die Bürsten. Dabei brennen die Segmente unter Spritzfeuer an. Der weniger ungünstige Fall ist noch der, daß die Segmente zurücktreten. Man erkennt sie daran, daß sie matt bleiben, während die tragenden Segmente poliert sind. Doch bei zurückstehenden Segmenten wird wenigstens die Bürste mechanisch nicht so sehr in Mitleidenschaft gezogen, sofern die Bürste breit genug ist und es sich nur um ein einzelnes Segment an einer Stelle handelt.

Die bisherigen Ausführungen über den Bau von Kommutatoren haben gezeigt, welche Fehler bereits während eines Teiles der Fabrikation auftreten können und wie diese Fehler den Keim dazu bilden, den späteren Betrieb mit derartigen fehlerhaften Kommutatoren sehr zu erschweren, wenn nicht gar unmöglich zu machen. Betrachtungen über die Deformationen unter dem Einfluß der wirklichen Betriebsverhältnisse, wie Zentrifugalkraft, Wärmekräfte und fremde Schwingungen, sowie die Zusammenarbeit mit Bürste und Bürstenapparat folgen später.

Zunächst ist noch einiges über die Materialien, die beim Bau von Kommutatoren verwendet werden, zu sagen.

Die Baustoffe des Kommutators.

Für die Segmente wird heute ausschließlich Kupfer verwendet, und zwar hartgezogenes Elektrolytkupfer von größter Reinheit und einer Härte von 80 bis 90 Brinell. Kommutatoren, deren Segmente aus anderem Material als aus Kupfer hergestellt wurden, haben sich in keiner Weise so bewährt wie aus diesem Material. Von den ganz kleinen Kommutatoren für Zählerapparate, welche aus Silber hergestellt sind, soll abgesehen werden. Es ist dies eine Spezialfabrikation und die Verwendung des Silbers kommt ja schon vom Kostenstandpunkt für große Kommutatoren nicht in Frage. Im übrigen hat zwar Silber eine sehr gute elektrische- und Wärmeleitfähigkeit; diesen guten Eigenschaften steht aber als Nachteil eine große Empfindlichkeit gegen die Einwirkungen von Gasen gegenüber.

Während des Krieges hat man vielfach nach Ersatzmitteln für das Kupfer gesucht und war gezwungen, Kommutatoren auch aus Eisen zu bauen. Dieselben haben durchaus keine schlechten Resultate ergeben. Stahlkommutatoren zeigen aber als Nachteile gegenüber denen aus Kupfer, daß sie sich nicht so gut polieren und matt bleiben; daß sie ferner gegen Anbrennungen empfindlicher sind; diesen Nachteilen steht der Vorteil des niedrigen Preises gegenüber.

Das Aluminium hat sich als unbrauchbar erwiesen, denn es überzieht sich an der Luft mit einer feinen Oxydschicht, welche an sich ein elektrischer Isolator ist. Laufen aber auf einem solchen Kommutator Bürsten, so muß diese Schicht dauernd heruntergerieben werden, und derartige Kommutatoren werden in kürzester Zeit verbraucht.

Auch Legierungen aus Kupfer mit anderen Metallen, also Messing-
und Bronzesorten, sind zum Bau von Kommutatorsegmenten verwendet
worden. Diese Materialien zeigen aber den Nachteil einer wesentlich
geringeren elektrischen- wie Wärmeleitfähigkeit gegenüber dem Kupfer,
so daß letzten Endes immer wieder auf Kupfer als wichtigstes Konstruktionsmaterial für Kommutatoren zurückgegriffen wird.

Es ist vielleicht von Interesse, eine kurze Skizze über die Gewinnung
des Kupfers vom Standpunkt der späteren Verwendung für Kommutatoren zu entwerfen.

Es hat sich gezeigt, daß jegliche Verunreinigung des Kupfers später
zu Störungen am Kommutator führt. Man ist daher darauf bedacht,
den Herstellungsprozeß so zu gestalten, daß als Endprodukt praktisch
reines Kupfer entsteht.

Das Metall wird aus Kupfererzen, die an vielen Stellen der Erde
vorkommen hüttenmännisch gewonnen. Das aus diesem Arbeitsprozeß
aus den Erzen erschmolzene Kupfer nennt man Rohkupfer, welches in
Barren in den Handel kommt.

In diesen Barren sind aber noch Verunreinigungen enthalten, welche
durch einen Raffinadeprozeß entfernt werden. Das Rohkupfer wird in
einer Lösung von schwefelsaurem Kupfersulfat elektrolytisch auf Kupfer-
blechen, die als Kathoden dienen, niedergeschlagen. Hierbei werden die
Beimengungen gelöst. Das aus diesem Prozeß gewonnene Elektrolytkupfer wird nochmals eingeschmolzen und in Barrenform gegossen.

Beim Guß dieser Barren kommt der obere Teil in flüssigem Zustand
mit dem Sauerstoff der Luft in Berührung, wodurch sich Kupferoxydule
bilden, d. h. das Kupfer verbrennt in der obersten Schicht an der Luft.
Damit dieses mit Kupferoxydul durchseuchte Material später nicht in
die Segmente hineinkommt, wird diese obere Schicht des Barrens vor der
Weiterverarbeitung zu Segmenten durch Abschleifen oder Abfräsen entfernt.

In den Abb. 10a und b ist das metallographische Bild von praktisch
oxydulfreiem Kupfer und solchem mit Oxydulgehalt wiedergegeben.
Weder die chemische Untersuchung, noch die Ritzhärteprüfung, sondern
nur das metallographische Bild gibt Aufschluß über diese Beimengungen
von Oxydulen. Derartiges Kupfer zu Segmenten verarbeitet, zeigt Neigung zur Bildung von Riefen, besonders in Verbindung mit metallhaltigen Bürsten. Die Kupferoxyduleinschlüsse sind härter und spröder
wie das umgebende Kupfer und bröckeln im Betriebe aus.

Die Segmente entstehen aus den Elektrolytkupferbarren durch
Walzen und Ziehen. Während der Kaltbearbeitung, des Ausziehens zu
Segmenten, härtet sich die Oberfläche und im Inneren der Segmente
bleibt ein weicher Kern zurück. Dieser Vorgang ist von nicht unerheblicher Wichtigkeit für die Eignung der Segmente im späteren Betriebe
als Konstruktionsteil des Kommutators; denn die Härte und das kri-

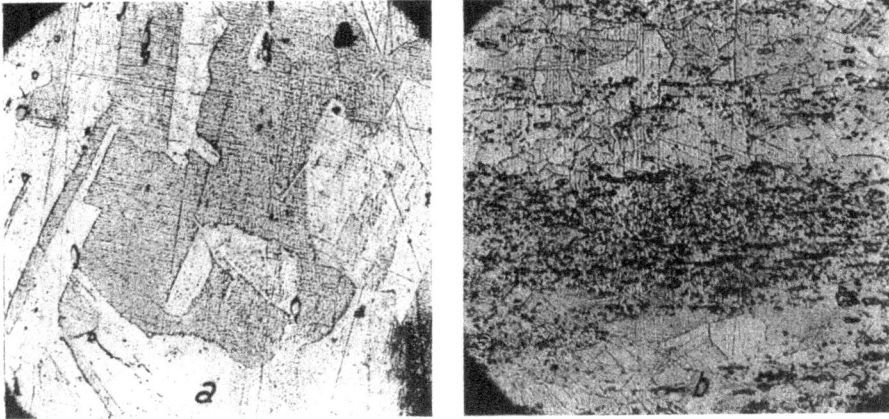

Abb. 10 a—b. Metallographische Gefügebilder von Kupfersegmenten in 100 facher Vergrößerung.
a) brauchbar   b) schlecht. Die schwarzen Adern sind
Kupferoxyduleinschlüsse.

stallinische Gefüge von Kupfer und Bürste müssen aufeinander abge-
paßt sein, wenn nicht eines der beiden Teile oder beide einen erheblichen Verschleiß aufweisen sollen.

Während der Kaltbehandlung des Ziehens werden Zwischenglüh-
prozesse eingelegt, um die bereits stark gehärtete Oberfläche des Arbeits-
gutes wieder zu erweichen. Bei diesem Glühprozess ist es nicht gleichgültig, mit welchen Gassorten das Anheizen des Ziehgutes erfolgt. Bei verschiedenen Gassorten kann das Kupfer kaltbrüchig werden, in welchem Zustand es weder als Ankerkupfer noch als Kommutatorkupfer verwendbar ist.

Hierauf weist auch P. Melchior in seinem Aufsatz ,,Kupfer als Werkstoff'', erschienen in der Zeitschrift des Vereins deutscher Ingenieure
1927, Bd. 71, Nr. 12, durch folgende Ausführungen hin:

,,..... Obwohl Kupfer ziemlich unempfindlich gegen Schwankungen in der Herstellungsweise ist, kann es durch unsachgemäße Behandlung doch verdorben werden. Durch längeres Glühen, bei 1050°,
wird Kupfer überhitzt und verhältnismäßig spröde, besonders wenn es
Sauerstoff enthält .....''

Die günstigsten Segmentstärken, bis zu welchen sich Kommutator-
segmente homogen ziehen lassen, liegen etwa bei Abmessungen bis 9 mm.
Müssen stärkere Segmente gezogen werden, so wird von den Fabrikanten keine Gewähr mehr dafür übernommen, daß innen und außen
die Härte des Kupfers praktisch gleich ist. Man hilft sich dann in der
Weise, daß man, um z. B. 18 mm starke Segmente herzustellen, zwei
Segmente zu je 9 mm plan nebeneinander legt. Diese Konstruktion
läßt sich auch in der Weise abändern, daß man zwischen diese Segmente
eine Glimmerzwischenlage legt und dann durch Fahnen diese beiden
Segmente elektrisch miteinander verbindet. Dadurch ergibt sich der

Vorteil einer für die Werkstatt geläufigen Konstruktion und außerdem wird ein Ansaugen der Bürsten bei Abmessungen, welche kleiner als eine Segmentbreite sind, durch den Luftspalt, vom ausgekratzten Glimmer herrührend, vermieden.

Man pflegt im allgemeinen die Fahnen mit zwei oder drei kleinen Nieten an den Segmenten zu befestigen und dann zu verlöten. Beim Löten ist insofern Vorsicht geboten, als dasselbe nur mit dem Lötkolben erfolgen sollte, damit nicht die Lauffläche durch eine Stichflamme ausgeglüht wird. In diesem Falle würde nämlich der Kommutator partienweise am Umfang verschiedene Härten annehmen. Siehe Abb. 11.

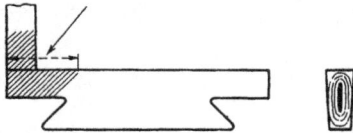

Abb. 11. Überhitzte Stelle eines Kommutator-Segments infolge des Einlötens der Fahne.

Es treten beim Löten mit der Stichflamme doch immerhin Temperaturen von 400 bis 1000° auf, wodurch die Härte des Kupfers, welche es vom Ziehprozeß erhalten hat, je nach der Dauer des Lötprozesses verändert wird. Unter dem Kapitel „Einfluß der Glühbehandlung" schreibt der bereits genannte Verfasser P. Melchior: „..... Die durch Kaltbearbeitung bewirkte Verfestigung von Kupfer bleibt nach Erwärmung bis 200° und darüber bestehen und geht gewöhnlich erst nach Erwärmung bis auf 350° im wesentlichen verloren ....." und ferner: „..... Der Temperaturbereich der Erweichung liegt um so niedriger, je höher der Grad des vorangegangenen Kaltreckens war ....." Es tritt dann bei derartigen Kommutatoren die Erscheinung auf, daß 1 bis 2 Reihen Bürsten, welche in der Nähe der Fahnen laufen, den Kommutator angreifen, zum mindesten aber Streifen am Umfang bilden, eine Erscheinung, die durch Vertauschen der Bürsten, als vom Kommutator herrührend, nachgewiesen werden kann.

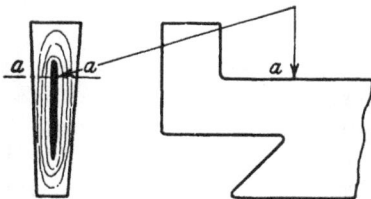

Abb. 12. Kommutator-Segment mit Schulter. Die Lauffläche a—a weist Stellen verschiedener Härte auf.

Das Anlöten der Fahnen pflegt man bei manchen Kommutatoren in der Weise zu umgehen, daß man Fahne und Segment als ein Stück aus dem vollen Material herausschneidet. Abb. 12. Abgesehen davon, daß diese Fabrikation, ausgenommen kleine Kommutatoren, zum mindesten nicht billiger ist als das Einlöten der Fahnen, hat es noch den Nachteil, daß man mit der aktiven Segmentoberfläche in das Gebiet des weichen, durch das Ziehen nicht beeinflußten Kernes trifft. Hierdurch treten im späteren Betriebe wiederum Schwierigkeiten auf, da jetzt die Bürsten bei jedem Segment über eine Fläche größerer und geringerer Härte hinweggleiten.

Die interessanteste Eigenschaft des Kupfers ist seine chemische Empfindlichkeit in bezug auf die Einwirkung von Gasen. Schon die Luft bildet ja, wie man von Kupferdächern her weiß, eine Schicht von grünem Karbonat. Die chemische Veränderung der Oberfläche des Kommutators im Betriebe wird noch erheblich durch Stromübergang beschleunigt. Diese Vorgänge werden des Näheren in dem zweiten Hauptteil „Elektrische Fragen" behandelt werden.

Als zweites Konstruktionselement eines Kommutators spielt der Glimmer eine wichtige Rolle. Der reine Naturglimmer, wie er an verschiedenen Stellen der Erde, vor allem in Nordamerika und Indien gefunden wird, ist heute infolge des enormen Konsums viel zu teuer geworden, um ihn in dieser naturreinen Form für Kommutatoren verwenden zu können. Daher ist heute die Benutzung von Mikanit allgemein gebräuchlich.

Mikanit wird in der Weise hergestellt, daß feinste Plättchen aus Naturglimmer unter Verwendung von Naturharz miteinander verklebt und unter hohem Druck zusammengepreßt werden. Dieses Mikanit wird in verschiedenen Güten hergestellt. Je mehr Glimmer und je weniger Klebmasse dasselbe enthält, desto hochwertiger und mechanisch fester ist es. Das hochgepreßte Mikanit wird geschliffen und kommt in Platten in den Handel.

Beim Zusammenbau des Kommutators werden nun an das Mikanit mehrere Forderungen gestellt. Es soll die Segmente gegeneinander isolieren und muß daher von Verunreinigungen metallischer Natur und Asche frei sein; außerdem darf es momentanen Erhitzungen, von Bürstenfeuer herrührend, keine Tiefenwirkung gestatten; denn Mikanit, welches glühend geworden ist, zerfällt bekanntlich zu Gips. Daher findet man manchmal bei Kommutatoren mit ausgekratztem Glimmer, die sehr stark gefeuert haben oder deren Bürsten im Dauerbetriebe mit ausnehmend hoher Stromdichte laufen müssen, außergewöhnlich viel Staub. Dieser Staub rührt nicht nur von der elektrischen Abnutzung der Bürste her, sondern auch zum Teil aus einer leichten Oberflächenverbrennung des Mikanits. Diese ist jedoch bei guter Qualität nur an die oberste Schicht gebunden und dringt nicht in die Tiefe.

Vom mechanischen Standpunkte aus muß aber das Mikanit ein vollkommen elastischer Körper sein, also sich ähnlich verhalten wie Metalle unterhalb der Streckgrenze. Diese Eigenschaft ist notwendig, um dem Kommutator als Gebilde aus einem Metall und einem metallfremden Körper die Grundlage für einen festen Sitz zu verleihen.

Zum Schluß des Kapitels über Kommutatoren noch einige Worte über die äußeren Konstruktionsteile, welche den Kommutator zusammenhalten. Da sich die Naben nicht am Kräftespiel beteiligen, pflegt man dieselben aus gewöhnlichem Grauguß zu fabrizieren. Die Preßteller hingegen müssen, da sie Teile sind, die Kräfte übertragen, aus Materialien mit hoher Bruchdehnung hergestellt werden. Man verwendet Stahlguß, Siemens-Martin-Stahl und Flußeisen. Die Auswahl gerade dieser zähen Materialien ist, ähnlich wie im Automobilbau, dadurch bestimmt, daß die Beanspruchungen, welche in diese Konstruktionsteile hineinkommen, nicht genau bekannt sind. Es muß daher ein erheblicher Sicherheitsfaktor zugrunde gelegt werden.

Für sehr kleine Kommutatoren pflegt man statt der Naben Buchsen aus Messing anzuordnen. Man hat auch bereits kleine Kommutatoren in der Weise zusammengesetzt, daß man die Segmente stanzt und dieselben mittels einer Buchse aus Bakelit-Preßmasse zusammenhält.

Kapitel II.

Der Schleifring und seine Baustoffe.

Nach dem Kommutator tritt der Schleifring als nächstwichtigstes Konstruktionselement des Elektromaschinenbaues in Erscheinung. Man findet ihn bei Einankerumformern, Drehstrommotoren offener und gekapselter Ausführung, als Stromzuführungselement bei Turboinduktoren, als Spannungsteilerringe bei Gleichstrommaschinen usw. Während nun aber für Kommutatoren ausschließlich Kupfer als Konstruktionsmaterial verwendet wird, findet man bei Schleifringen außerordentlich verschiedenes Material. Dies hat seine ganz bestimmten Gründe. Dieselben liegen zum Teil auf wirtschaftlichem Gebiet, zum Teil sind dieselben gegeben durch die mechanischen und elektrischen Beanspruchungen sowie durch die Erfordernisse von Spezialkonstruktionen. Es sollen zunächst die Bedingungen besprochen werden, welche an das Material gestellt werden, um anschließend die Eignung der einzelnen Materialien für diese Zwecke näher zu diskutieren.

Die mechanischen Bedingungen sind gegeben durch die jeweiligen Konstruktionsanordnungen. Man kann im Prinzip zwei verschiedene Konstruktionsanordnungen für Schleifringe unterscheiden. Die erste Art, eine speziell viel für kleine Drehstrommotoren verwendete Befestigung, ist die des Aufschrumpfens auf eine eiserne Buchse, welche gegen den Ring durch eine Glimmerschicht isoliert ist. Der Einfachheit dieser Konstruktion stehen aber insofern Nachteile gegenüber, als das Schleifringmaterial in seinem Kristallaufbau durch die Wärmebehandlung verändert werden kann. Diese Konstruktion ist daher nur dann anwendbar, wenn die Ringumfangsgeschwindigkeit und die elektrische Beanspruchung in solchen Grenzen bleiben, daß eine Veränderung des Materials durch die Wärmebehandlung keinen schwerwiegenden Einfluß auf den späteren Lauf der Bürsten ausübt. Ein Vorteil dieser Anordnung neben der Einfachheit ist der geringe Raum, den diese Konstruktion einnimmt, sowie die Vermeidung von Masseteilchen am Ring.

welche eine Unbalance hervorrufen können. Bei dieser Konstruktion wird daher der mechanische Lauf der Bürste nur durch dynamische Schwingungen der Welle beeinflußt werden.

Die zweite Konstruktionsart, welche die Wärmebehandlung des Ringes umgeht, beruht darauf, daß die einzelnen Ringe durch Verschraubungen an der auf der Welle sitzenden Nabe befestigt werden. Für diese Konstruktion werden in der Mehrzahl der Fälle gegossene Ringe verwendet, die leicht bearbeitet werden können und sich daher speziell für die Massenfabrikation eignen. Der Nachteil bei dieser Konstruktion liegt darin, daß man bereits als gesamten Schleifringkörper eine zusammengesetzte Konstruktion hat, welche viel eher dazu neigt, dynamische Ungleichmäßigkeiten hervorzurufen. Eine Abart dieser Konstruktion beruht darin, daß ebenfalls gegossene Ringe mittels angegossener Augen auf Bolzen, die in der Nabenkonstruktion befestigt sind, aufgefädelt werden. Diese Konstruktion, ähnlich der vorher beschriebenen, hat den Vorteil der sehr guten Wärmeableitung noch in vermehrtem Maße. Abb. 13 zeigt eine derartige aufgefädelte Ringkonstruktion im Prinzip.

Von großer Wichtigkeit ist bei der Konstruktion der Schleifringe auch die Art der Stromzuführungen. Bei aufgeschrumpften Ringen müssen die Kupferlaschen, welche als Stromzuführung dienen, vorher hart angelötet werden. Ist diese Verbin-

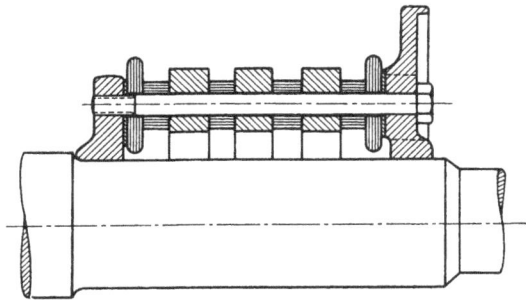

Abb. 13. Schleifringkörper eines Einanker-Umformers. Die Schleifringe sind auf Bolzen aufgefädelt; sehr gute Kühlung.

dung einmal gut hergestellt, so sind im späteren Betriebe an dieser Stelle keine Schwierigkeiten zu erwarten. Bei der zweiten Konstruktion, bei welcher die Ringe durch Verschraubung festgehalten werden, bedient man sich bei der Stromzuführung eingeschraubter Bolzen. Handelt es sich nun um die Ableitung sehr hoher Ströme, so kann es vorkommen, daß das Gewinde in seiner Eigenschaft als Kontaktstelle durch den Stromdurchgang oxydiert. Dies kann, wenn mehrere parallel geschaltete Bolzen von einem Ringe abgehen, zu schweren Störungen in der Stromverteilung führen, wobei es an der fertigen Maschine praktisch kaum möglich ist, durch Messungen Widerstandsunterschiede an den Bolzenverschraubungen herauszufinden. Derartige stromführende Gewinde sollten daher immer mindestens durch eine Gegenmutter mit Vorspannung versehen werden.

Außer der mechanischen Beanspruchung des Materials durch Fabrikation und Betrieb wird das Schleifringmaterial aber auch elek-

trisch beansprucht, und zwar durch Stromübergang und die hierbei
auftretende Erwärmung. Diesem letzteren Umstand wird durch genügend große Kühlflächen, saubere Schleifflächen des Ringes sowie
durch die Auswahl eines geeigneten Ring- wie Bürstenmaterials be-
gegnet.

Die Materialien, welche für die beschriebenen Konstruktionen sowie
für die dargelegten mechanischen und elektrischen Beanspruchungen
zur Verfügung stehen, sind: Kupfer, Messing, Bronze, Gußeisen und
Stahl. Kupfer als das teuerste und homogenste Material wird für solche
Zwecke verwendet, wo es sich um große Maschinen für Dauerbetriebe
und um Ableitung sehr hoher Ströme handelt. Messing wird verhältnismäßig wenig benutzt. Das Hauptanwendungsgebiet sind kleine Drehstrommotoren, deren Ringe aus Preßmessing hergestellt werden.

Ein sehr viel verwendetes Material ist hingegen die Bronze, und zwar
in den verschiedensten Zusammensetzungen. Dieser Baustoff ist besonders deshalb beliebt, weil jede Form, die der Ring aus konstruktiven
Gründen braucht, aus Bronzeguß hergestellt werden kann. Auf der
anderen Seite sind aber auch gerade die Schwierigkeiten im Betriebe
mit Bronzeringen besonders groß, wenn der Guß nicht einwandfrei ist.
Derartige Bronzeringe machen erhebliche Schwierigkeiten im Betriebe
mit Bronzebürsten, wenn das Ringmaterial nach erfolgtem Guß sich
ungleichmäßig abgekühlt hat. Dadurch erfolgt eine Verlagerung der
Komponenten in der Legierung, wodurch sich Stellen verschiedener
Härte und verschiedenen Gefüges ausbilden. Es ist keine Seltenheit,
daß, wenn derartige Ringe abgedreht werden, man schon an den Dreh-
spänen und der Dauer der Verwendbarkeit des Drehstahles feststellen
kann, daß man auf harte Stellen stößt, ganz abgesehen von porösen
Stellen mit teilweise sogar größeren Löchern. Derartige Ringe sind aus
mechanischen und elektrischen Gründen unbrauchbar. Ringe aus Gußeisen für Drehstrommotoren mit dauernd aufliegenden Metallbürsten
haben sich im Dauerbetrieb gut bewährt, wenn für reichliche Dimensionierung Sorge getragen wird. Dem Vorteil der mechanischen Festigkeit und Preiswürdigkeit steht der Nachteil der Rostbildung bei
längerem Stillstand besonders in feuchten Räumen gegenüber.

Als letzter Baustoff für Schleifringe findet auch Stahl Verwendung.
Dieses Material ist fast ausschließlich auf die Stromzuführungsringe
von Turboinduktoren beschränkt. Man verwendet hier Stahl als Konstruktionsteil wegen der sehr hohen Ringumfangsgeschwindigkeiten und
mit Rücksicht auf den Preis.

Die Daten, welche am Schleifringmaterial am meisten interessieren,
sind: die elektrische Leitfähigkeit, die Leitfähigkeit der Wärme sowie
das metallographische Bild. Je besser die elektrische Leitfähigkeit,
desto geringer sind die Übergangsverluste; je besser die Wärme-Leit-
fähigkeit ist, desto besser wird die Wärme auf den ganzen Ring ver-

teilt und abgeführt. Das metallographische Bild gibt Aufschluß über fremde Beimischungen im Material, besonders bei den Legierungen.

Auf Kupfer-, Messing- und Bronzeringe pflegt man im Interesse möglichst geringer Übergangsverluste metallhaltige Bürsten zu setzen, wobei die Maximal-Ringumfangsgeschwindigkeit bestimmend für die Größe des Metall- bzw. des Graphitgehaltes der Bürste ist. Für Stahlringe von Turbo-Induktoren kommen ausschließlich Graphitbürsten und graphitreiche Bronzebürsten in Frage. Die mechanische Zusammenarbeit zwischen Ring und Bürsten wird in einem späteren Kapitel behandelt werden. Die hierbei auftretenden elektrischen Erscheinungen werden in dem Kapitel BXII „Sondergebiete für Schleifringe" eingehend behandelt.

Kapitel III.

Das Material der Bürsten und ihre Armaturen.

Nach dem heutigen Stand der Kohlebürstenindustrie unterscheidet man 4 verschiedene Arten von Bürstenmaterial, nämlich: Hartkohlen, Hochgraphitkohlen, elektrographitierte Kohlen und Metallkohlen.

Die ursprünglichste Qualität war die Hartkohle, deren Rohmaterialien zum großen Teil den Rückständen der Gasfabrikation entnommen werden. Es sind dies amorphe Kohlenstoffe, Retortenkohle, Petrolkoks, Teerkoks und Ruß, welcher durch Verbrennung unter minimaler Luftzufuhr von Teer und schwerem Öl gewonnen wird. Diese Materialien werden aufbereitet, aufs feinste gemahlen, gemischt und in Platten oder Stäbe oder sonstige Formen gepreßt. Danach erfolgt ein Glühprozeß in einem durch Gas geheizten Ofen, aus welchem nach Beendigung dieses Prozesses das fertige Produkt hervorgeht. Werden diese Hartkohlen nochmals einem Glühprozeß, und zwar durch den elektrischen Strom unter Luftabschluß unterzogen, so entsteht durch diesen Elektro-Graphitierungsprozeß die sogenannte elektrographitierte Kohle, welche heute im Elektro-Maschinenbau als Bürstenmaterial eine außerordentliche Bedeutung gewonnen hat. Während der Elektrographitierung im elektrischen Ofen wird die amorphe Kohle einschließlich der Bindemittel, die oben als Hartkohle beschrieben wurde, in eine Graphitmodifikation übergeführt.

Außerhalb dieser beiden Qualitäten steht die Hochgraphitbürste, welche in der Hauptsache aus reinem Naturgraphit mit Beimischungen besteht und welche in ähnlicher Weise wie die Hartkohle durch Mischen, Pressen und Glühen fabriziert wird.

Die Metallkohle besteht, wie schon der Name sagt, zu einem bestimmten Prozentsatz aus Metallschliff und Beimengungen von Graphit und Bindemitteln und wird ebenso wie die Hartkohle durch Mischen, Pressen und Glühen hergestellt.

Im folgenden sei das Anwendungsgebiet dieser 4 Hauptarten von Bürsten kurz beleuchtet. Hartkohlen werden hauptsächlich für kleinere und mittlere Kommutator-Geschwindigkeiten bei Stromdichten bis 7 A/cm² bei nicht ausgekratztem Glimmer verwendet. Man geht in der Benutzung dieser Bürsten im Elektromaschinenbau so weit wie dies die Auslegung der Maschine zuläßt, da die Hartkohlen im Preis die vorteilhaftesten Qualitäten darstellen. Kommt man mit diesen Bürsten bezüglich Umfangsgeschwindigkeit und Stromdichte nicht mehr aus, so ist man gezwungen, zu den hochgraphitischen oder elektrographitierten Bürsten zu greifen. Im Interesse geringer Wartung der Maschine sowie im Interesse einer geringstmöglichen Abnutzung des Kommutators wird heute die elektrographitierte Kohle in größtem Umfang verwendet, auch da, wo man mit Hochgraphitkohlen gute Betriebsresultate erzielte. Die mechanische Festigkeit sowohl wie der geringe Verschleiß, den elektrographitierte Kohlen am Kommutator herbeiführen, haben es mit sich gebracht, daß dieser Qualität in vielen Fällen, auch wo nicht unbedingt technisch erforderlich, der Vorzug gegeben wird. Damit soll nicht gesagt werden, daß heute die Hochgraphitkohle entbehrlich ist. Im Gegenteil, es wird immer Maschinen geben, welche, sei es durch ihre Wicklungsanordnung oder sei es infolge sehr hoher Umfangsgeschwindigkeiten, mit Hochgraphitkohlen bessere Betriebsresultate ergeben wie mit elektrographitierten Kohlen.

Das Anwendungsgebiet der Metallkohle ist fast ausschließlich die Gleichstromniederspannungsdynamo; ferner dient sie zur Ableitung hoher Ströme von Schleifringen. Je nach Umfangsgeschwindigkeiten und maximaler Stromstärke pro Ring variiert die Metallkohle in ihrem Metallgehalt. Das gleiche gilt für die Gleichstromniederspannungsmaschinen, bei welchen die maximale Spannung und die Kommutierungsfähigkeit der Ankerwicklung maßgebend für die Wahl der Metallbürste bezüglich ihres Gehaltes an Kupfer ist.

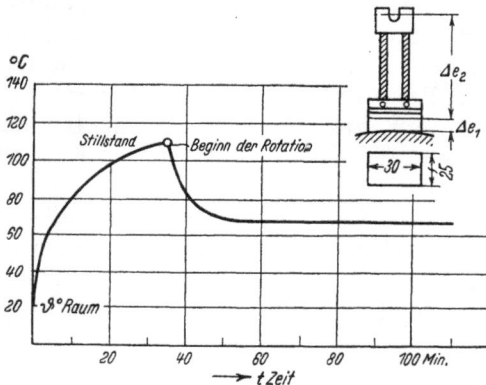

Abb. 14. Erwärmungskurve ϑ^0 Cel $= f(t)$ einer Bürste. gemessen auf einem Schleifring bei Stillstand und Rotation. Die Temperaturmessung erfolgte mittels eines Thermoelements an der Bürste.
Bürstenabmessung 25×30×30. Qualität: Hochgraphit.
Ringumfangsgeschw. = 30 m/s
Anpressungsdruck = 150 g/cm²
Belastung = 10 A/cm². Strom$_{total}$ = 75 A
Spannungen { Ring-Bürste $\varDelta e_1$ = 1 Volt
{ Bürste-Kabelschuh $\varDelta e_2$ = 0,05 Volt
Verluste { Watt$_{Kohle}$ = 75 Watt
{ Watt$_{Armatur}$ = 3,75 Watt

Anschließend an die Beschreibung der Qualitäten und ihrer Anwendungsgebiete noch einige Mitteilungen über Armaturen und Litzen. Es wird im allgemeinen der Einfluß, welcher auf die Stromabnahmefähigkeit einer Bürste durch die Armatur ausgeübt wird, überschätzt. Die einfache Überlegung, daß die Energie, welche zwischen Kommutator bzw. Schleifring und Bürsten frei wird, ein Vielfaches ist von derjenigen, welche in Armaturen und Litzen verbraucht wird, läßt erkennen, daß, wenn in der Ausführung der Armatur selbst Fehler von 100 bis 200% gemacht werden, dies auf die Erwärmung der Bürste keinen merklichen Einfluß ausüben kann. Das in Abb. 14 dargestellte Versuchsresultat bestätigt die Richtigkeit dieser Überlegung. Es soll damit selbstverständlich nicht einer fehlerhaften Ausführung von Armaturen das Wort geredet werden.

Die Ausführungsformen der Armaturen selbst sind außerordentlich mannigfaltig. Man kann allgemein sagen, daß die beste Armatur für stationäre Betriebe diejenige ist, welche bei größter Auflagefläche zwischen der Armatur und der Kohle möglichst kleine Lötflächen aufweist. Dadurch werden Betriebsstörungen bei übermäßiger Erhitzung von Bürsten, welche selbstverständlich vorkommen, von vornherein vermieden. Für den Bahnbetrieb ist diejenige Armatur die beste, welche bei kleinster Masse die größte mechanische Festigkeit gegen Zerstörungen durch Vibrationen zeigt.

Kapitel IV.

Der Bürstenhalter und sein Kräftespiel.

Mit der Entwicklung des Elektromaschinenbaus haben auch entsprechend den gesteigerten Ansprüchen die zahlreichen Konstruktionen im Halterbau die verschiedensten Formen angenommen. Die ursprünglichste Form des Bürstenhalters war der Blockhalter, bei welchem die Bürste mittels einer Blattfeder auf den Kommutator gedrückt wurde. Diese Blattfeder war außerordentlich massiv und stabil und wurde infolgedessen auch gleichzeitig zur Leitung des Stromes von der Bürste zur Bürstenspindel verwendet. Dieser Halter befriedigte viele Jahre bei den damals üblichen geringen Kommutatorumfangsgeschwindigkeiten. Die Steigerung der Umfangsgeschwindigkeiten brachte die Notwendigkeit mit sich, diesen Bürstenhalter bezüglich seiner Nachgiebigkeit gegenüber Schwingungen, vom Kommutator herrührend, zu verbessern. Es entstand der sog. Parallelhalter, wie in Abb. 15 dargestellt. Dieser ist indes in keiner Weise

Abb. 15. Prinzip des Parallelhalters.

den Betriebsbedingungen gerecht geworden, für welche man ihn konstruiert hatte. Vor allem zeigte sich, daß die Gelenke und die Zugfeder, welche entsprechend der Konstruktion stromführende Teile waren, nach kurzer Zeit betriebsunfähig wurden. Die Feder glühte aus und verlor ihre Zugkraft. In den Gelenken setzten sich feinste Schmorperlen an

und hinderten die freie Beweglichkeit der Parallelführung. Man mußte
also durch Anordnung einer Litze von möglichst geringem Widerstand
Federn und Gelenke entlasten, wodurch aber wiederum eine Komplika-
tion in die Konstruktion hineingetragen wurde. Durch diese Änderung
wurde zwar der Halter betriebsfähig, jedoch zeigte sich, daß er für die
immer weiter gesteigerten Kommutatorumfangsgeschwindigkeiten infolge seiner Masse ebenfalls keinen mechanisch ruhigen Lauf der Bürste
und damit eine einwandfreie Stromabnahme und Kommutierung gewährleisten konnte.

Es wurde dann der entscheidende Schritt getan, die feste Verbindung zwischen Bürste und Halter aufzulösen. Hierdurch entstand
der auch heute noch fast durchweg verwendete Kastenhalter, bei welchem
die Bürste lose im Kasten des Halters geführt wird.

Zunächst verwendete man die Bürste bei diesen Kastenhaltern ohne
Armatur und Litze. Der Strom sollte über den Druckbügel nach der
Bürstenspindel abgeleitet werden. Diesen Weg nahm er aber nur zum
Teil; er ging auch über die Kastenwände und das Klemmstück nach der
Bürstenspindel, wodurch die Seitenflächen der Bürste und des Kastens
zerfressen wurden. Im besonderen zeigten sich diese Anfressungen bei
hohen Umfangsgeschwindigkeiten und kleinen Stromdichten bzw. kleinen
Umfangsgeschwindigkeiten und hohen Stromdichten. Man war also
ähnlich wie beim Parallelhalter gezwungen, die Bürste über eine Litze
direkt mit der Bürstenspindel zu verbinden. Man geht heute sogar
so weit, bei hohem Strom pro Bürste und im besonderen bei solchen
Maschinen, welche im Dauerbetriebe Tag und Nacht arbeiten, nicht
nur für eine gute Verbindung zwischen Bürste und Litze bzw. Litze
und Klemmstück zu sorgen, sondern man isoliert sogar die Federn, um
sie vor Verglühung zu schützen. Noch besser ist es, den ganzen Halterkasten von der Traverse zu isolieren, so daß der Strom ausschließlich
von der Bürste über die Litze nach der Traverse gehen muß und der
Bürstenhalter selbst stromlos bleibt.

Diese letztere Konstruktion, so gut wie sie ist, bringt natürlich
eine Verteuerung mit sich, so daß man sich heute im allgemeinen bei
Bürstenhaltern für Kommutatoren mit der Isolation der Feder begnügt
und den ganzen Bürstenhalter nur dann isoliert, wenn es sich z. B. bei
Schleifringen von großen Umformern in Verbindung mit Metallbürsten
um die Ableitung sehr hoher Ströme handelt.

Dieser Beschreibung der konstruktiven Entwicklung des Bürstenhalters soll nun eine Betrachtung über das Kräftespiel der heute modernen
Ausführungsformen folgen.

Die alte Blockhalterkonstruktion hat sich mit geringen Verbesse-
rungen heute noch für Schleifringe, aber fast ausschließlich für
diese, erhalten. Die Gründe hierfür liegen in der einfachen Konstruktion
des Halters selbst, sowie in der einfachen Art der Befestigung der Bürste

im Halter und des Halters an der Spindel. Als Nachteile müssen jedoch genannt werden, daß infolge der großen Masse, welche die starre Verbindung von Bürstenhalter und Metallbürste, besonders bei großen Querschnitten der letzteren, darstellt, eine funkenfreie Stromabnahme

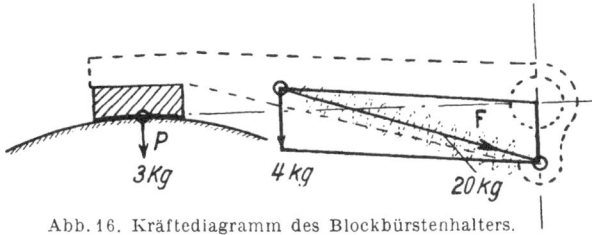

Abb. 16. Kräftediagramm des Blockbürstenhalters.

$$\frac{\text{Federzug } F}{\text{Bürstendruck } P} = \frac{20}{3},$$ also nur 15% der Gesamt-Federkraft F kommt als Bürstendruck zur Auswirkung.

nur bei gut gedrehten und ausbalancierten Ringen möglich ist. Erschwerend tritt noch hinzu, daß die Kräfteverteilung im Halter insofern ungünstig ist, als zur Erreichung des erforderlichen Bürstendruckes sehr starke Federn notwendig sind. Aus der Abb. 16, die eine vielfach aus-

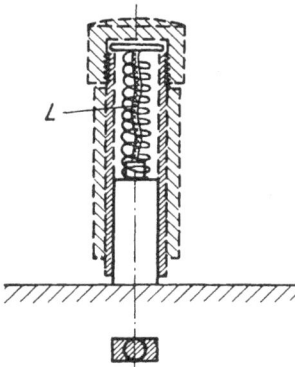

Abb. 17 a. Einfachste Form des Kastenhalters für Kleinmotoren.

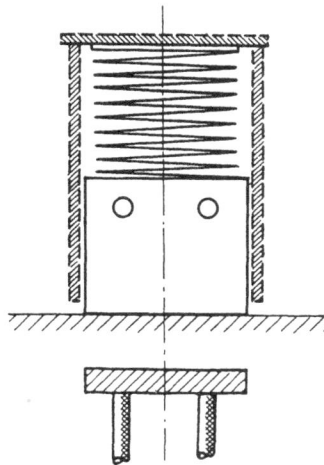

Abb. 17 b. Kastenhalter für sehr schmale Bürstenprofile.

geführte Konstruktion darstellt, geht z. B. hervor, daß zur Erreichung eines Bürstendruckes von z. B. 3 kg, entsprechend der Lauffläche einer Bürste von 30 × 40 mm bei einem Bürstendruck von 250 g/cm² ein Federzug von 20 kg notwendig ist. Eine solche Kraft ist mit Sicherheit nur mittels einer langen und auf großen Durchmesser gewickelten Feder zu erreichen. Dieser Forderung kommt die Blockhalterkonstruk-

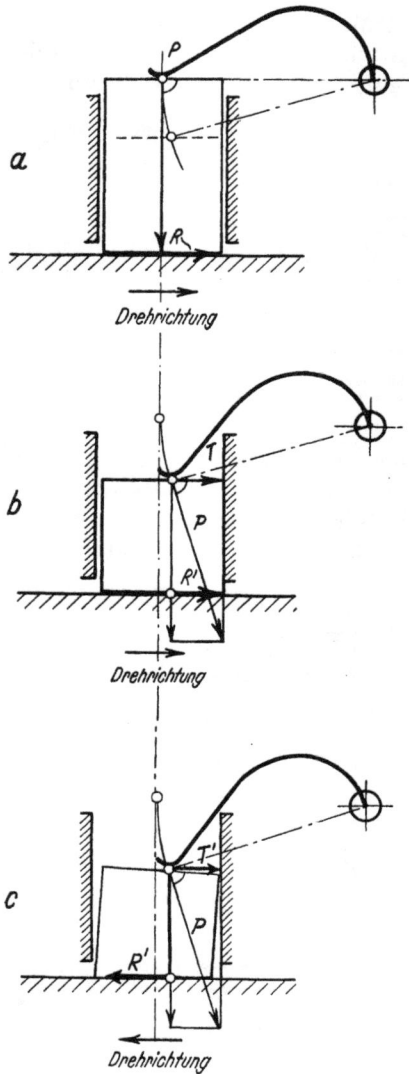

Abb. 18a—c. Kräftediagramm des Radialhalters.

a) Bügeldruck auf die Bürste = P
   Anpressungsdruck der Bürste an die Kastenwand = R.

b) Bügeldruck auf die Bürste = P
   Anpressungsdruck der Bürste an die Kastenwand = T plus R'.

c) Bügeldruck auf die Bürste = P
   Die Kräfte T' und R' geben ein Kippmoment.

tion insofern entgegen, als für eine derartige kräftige Feder auch der genügende Raum vorhanden ist. Zur elektrischen Entlastung der Feder bedarf es eines gesonderten Kupferbandes von der Bürste zum Klemmstück.

Alle übrigen Halter, deren Kräftespiel im folgenden besprochen werden sollen, sind ausschließlich Kastenhalter. Die einfachste Ausführungsform des Kastenhalters findet man bei allen Kleinmotoren, Fächern, Staubsaugern usw. Die Bürste steht senkrecht zum Kommutator, und die Druckfeder wirkt direkt, und zwar radial und genau in Richtung der Mittelachse auf die Kohle, wie dies Abb. 17a veranschaulicht. Das gleiche Halterprinzip verwendet man bei sehr schmalen, aber axial längeren Bürstenprofilen, Abb. 17b, die, in einem Kasten geführt, ihren Druck von oben durch eine Feder erhalten, welche im Profil der Bürste gewickelt ist. Diese letztere Konstruktion ist aber bereits als Sonderkonstruktion zu betrachten, da sie bezüglich ihrer Anwendung nur auf sehr schmale Bürsten, bei denen die Anordnung eines Druckbügels räumliche Schwierigkeiten bereitet, beschränkt bleibt.

Die üblichste Form des Bürstenhalters mit radial zum Kommutator stehender Bürste, kurz „Radialbürstenhalter" genannt, ist die, bei welcher der Druck auf die Bürsten mittels eines Druckbügels von oben erfolgt. Abb. 18 stellt einen Radialkastenhalter üblicher Bauart dar.

Diese Kastenkonstruktion wird stets da angewandt, wo die Breite der Bürste konstruktiv die Anordnung eines Druckbügels zuläßt. Die Druckbügel zeigen die verschiedensten Ausführungsformen, trotzdem dieselben alle den gleichen Zweck, nämlich den Anpressungsdruck auf die Mitte der Bürste zu übertragen, verfolgen. Bei der näheren Betrachtung der Abb. 18 ergibt sich aber, daß dieser Radialhalter von dem vorher beschriebenen Halter bezüglich seines Kräftespiels ganz erheblich abweicht, wenngleich er äußerlich als „senkrecht stehender Halter" nach dem gleichen Prinzip gebaut ist.

Die Abb. 18a stellt den idealen Fall dar, daß der Bürstendruck P genau senkrecht auf Mitte der Bürste erfolgt. Dieser Druck P erzeugt die Reibungskraft R, durch welche die Bürste an die eine Halterwand gedrückt wird. In Wirklichkeit wird aber der Druck P des Druckbügels praktisch nicht senkrecht auf Mitte Bürste erfolgen, sondern unter einem Winkel. Diese schräge Druckwirkung wird dadurch bedingt, daß sich der Druckbügel bei Abnutzung der Bürste auf einem Kreisbogen bewegt und die Bürste Spiel im Halter hat. Wie Abb. 18b zeigt, wird also infolge der veränderlichen Lage des Druckbügels eine Kraft T wirksam, die sich zur Reibungskraft R' addiert, sofern die Drehrichtung in Richtung von T erfolgt. Die Bürste wird demnach mit der Kraft T plus R' an die eine Halterwand gedrückt. Ist hingegen die Drehrichtung umgekehrt, so ergibt sich gemäß Abb. 18c ein Kippmoment, welches die Bürste im Halterkasten schrägzustellen versucht.

Der Radialhalter mit Druckbügel gibt also der Bürste für die beiden Drehrichtungen je eine eindeutig fixierte Stellung. Dies ist die einfache Erklärung dafür, daß überhaupt die Bürste in dieser Halterkonstruktion in der einen oder anderen Drehrichtung mechanisch ruhig zu laufen vermag.

Aus den Abb. 18b und 18c ist ferner zu erkennen, daß die Bürstenlauffläche, die sich für die eine Drehrichtung gebildet hat, in der anderen Drehrichtung nicht zur vollen Auflage mit dem Kommutator gelangen kann. Dies wird auch durch die Beobachtung bestätigt. Läßt man eine mit derartigen Radialhaltern ausgerüstete Maschine in umgekehrter Drehrichtung laufen, so wird es in 90 von 100 Fällen unmöglich sein, in der reversierten Drehrichtung den gleich ruhigen Bürstenlauf zu erzielen, wie in der ursprünglichen Drehrichtung.

Von diesem Radialhalter, in dem die Bürste in Wirklichkeit eine Schrägstellung erfährt, war es nur ein kurzer Schritt zu dem eigentlichen Schräghalter. Es hat sich gezeigt, daß bei absichtlicher Schrägstellung des Radialhalters gegen die Drehrichtung des Kommutators der Lauf der Bürsten wesentlich ruhiger wird. Diese Tatsache ist durch das Kräftediagramm Abb. 19a erläutert. Der Bürstendruck P zerlegt sich in die Horizontalkraft T und die Normalkraft N. Bei Drehung des Kommutators gegen die Spitze der Bürste erzeugt N eine Reibungskraft R, die sich von T subtrahiert; bei Drehung mit der Spitze — Abb. 19b — hingegen addiert. Aus dieser Kraft $T-R$ bzw. $T+R$ resultiert der Druck H bzw. H', mit welchem sich die Bürste an die vordere Kastenwand des Halters legt. Für den Grenzfall $T = R$ wird $T - R = 0$ und damit auch $H = 0$. Die Bürste schwebt frei zwischen den Wänden des Halterkastens; die Reibungsverluste werden ein Minimum. Aus dieser Überlegung folgt, daß die Reibungsverluste mit

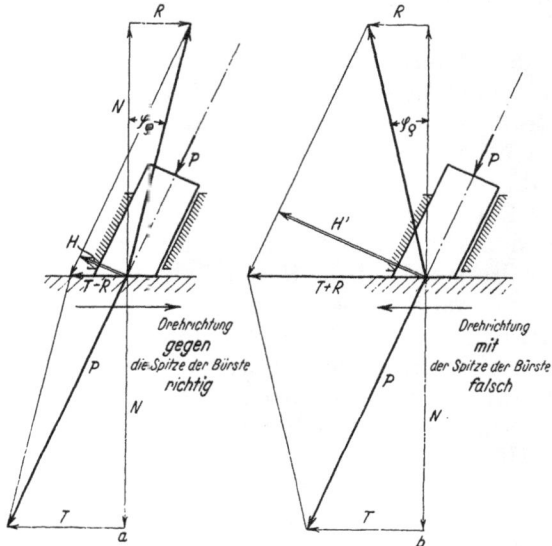

Abb. 19. Kräftediagramm des schräggestellten Radialhalters für beide Drehrichtungen.

zunehmendem Druck H wachsen, also bei Rotation des Kommutators gegen die Bürstenspitze kleiner sind als bei umgekehrter Drehrichtung.

Der Zweck der Schrägstellung ist also, der Bürste im Halter eine eindeutige Lage zu verleihen und die Reibungsverluste im Vergleich

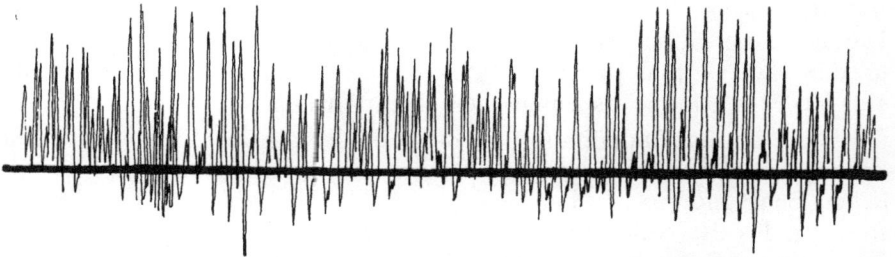

Abb. 20. Radialhalter senkrecht stehend: Oszillogramm der Bürsten-Übergangsspannung. gemessen an der ablaufenden Kante. Hohe Spitzen der Übergangsspannung.

zur radialen Anordnung bei gleichem Bürstendruck zu verringern. Die Oszillogramme Abb. 20 und 21 zeigen Bürstenpotentialmessungen an derselben Maschine unter gleichen Versuchsbedingungen; nur stehen in dem einen Falle die Bürstenhalter senkrecht, im anderen Falle

stehen dieselben schräg. Die verwendete Meßmethode veranschaulicht
Abb. 62 S. 91. Die hohen Spitzen, welche die Übergangsspannung bei
radial stehenden Kohlen zeigt, läßt die mechanisch beobachtete Unruhe im Lauf der Bürste auch im Oszillogramm erkennen. Derartige
Messungen sind ein Mittel, um die feinen Schwingungen zu registrieren.

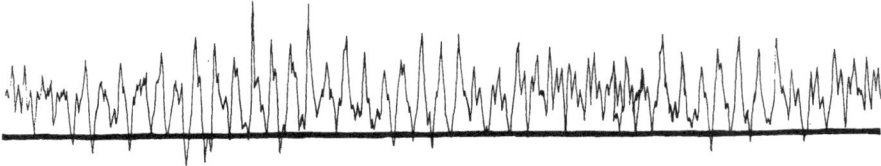

Abb. 21. Derselbe Radialhalter 20° gegen die Drehrichtung schräg gestellt: Oszillogramm der
Bürsten-Übergangsspannung, gemessen an der ablaufenden Kante. Die Spitzen der Übergangsspannung sind gedämpft.

Der typische Vertreter der soeben beschriebenen Schräghalter-
konstruktion ist der bekannte Haltertyp AEG, Abb. 22, der sich vielfach bestens bewährt hat. Zu erwähnen wäre noch
die sehr lange und gestreckte Feder, welche direkt
als Druckbügel ausgebildet ist. Der Teil der Feder
zwischen Bürstenkopf und der uhrfederartigen Auf-
rollung ist durch eine Ausdrückung A versteift, also
mit einem höheren Widerstandsmoment versehen,
damit die hochfrequenten Schwingungen der Bürste
als Formänderungsarbeit in der versteiften Feder
aufgenommen werden können.

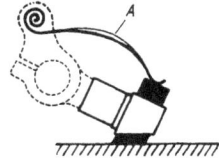

Abb. 22. Prinzip des
Bürstenhalters.
Typ AEG.

Eine besondere Art dieses Schräghalters ist der unter dem Namen
Reaktionshalter bekannte Schräghalter, dessen Kräftediagramm aus
Abb. 23a ersichtlich ist. Der Unterschied gegenüber dem normalen
Schräghalter besteht darin, daß die obere Kante der Bürste mit ca.
40° abgeschrägt ist. Es entsteht infolge des Bürstendruckes P und
der um den Reibungswinkel φ_0 geneigten Reaktionskraft N_0 eine Kräfteverteilung, welche die Bürste mit einer solchen Kraft H an die vordere
Kastenwand drückt, daß, wenn die Bürste entsprechend diesem Konstruktionsprinzip richtig im Halter läuft, die rückwärtige Wand des Kastens
entbehrlich wird. In der praktischen Ausführung wird diese rückwärtige
Kastenwand trotzdem ausgeführt, und zwar aus konstruktiven Gründen
und aus Gründen der Sicherheit: bei Überschreitung einer bestimmten
Reibungszahl zwischen den Gleitflächen wird nämlich das Gleichgewicht
der Kräfte gestört und damit das Konstruktionsprinzip des Halters durch-
brochen. Die Bürste stellt sich auf die Spitze und legt sich an die hintere
Kastenwand. Damit ist natürlich genau das Gegenteil von dem erreicht, was der Konstrukteur beabsichtigt. Rasseln der Bürsten, doppelte Laufflächen und Bürstenfeuer sind die unvermeidlichen Folgen.
Der Reaktionsbürstenhalter ist also ein empfindlicher Indikator für

die Reibungsverhältnisse zwischen Kommutator und Bürste. Ferner gilt für diesen Schräghalter im besonderen, daß bei Drehrichtung mit der Bürstenspitze, Abb. 23b, die Reibungsverluste erheblich größer werden.

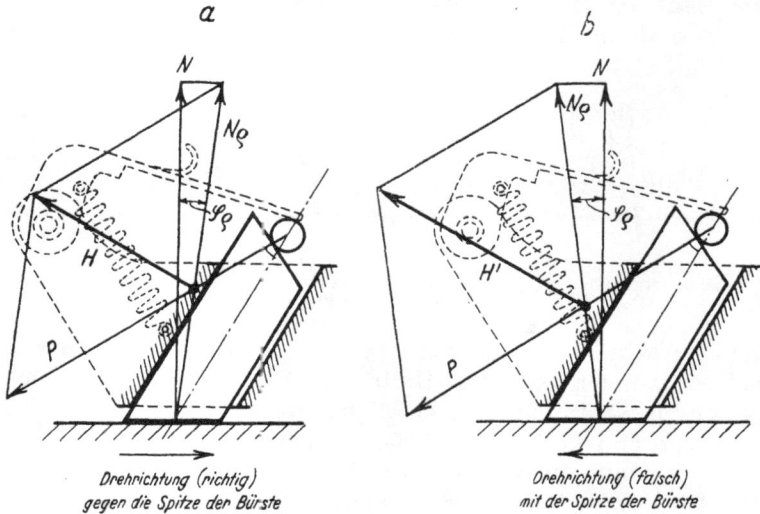

a   *b*

Drehrichtung (richtig)   Drehrichtung (falsch)
gegen die Spitze der Bürste   mit der Spitze der Bürste

Abb. 23. Das Kräftespiel des Reaktionshalters.

Die bisherigen Betrachtungen bezogen sich auf das Kräftespiel in einer Ebene senkrecht zur Achse. Dieses ist so lange zulässig, als die Bürsten axial nicht zu lang gemacht werden, z. B. 32 bis maximal 40 mm. Werden die Bürsten aber axial länger konstruiert, so muß man auch das Kräftespiel parallel zur Achse betrachten.

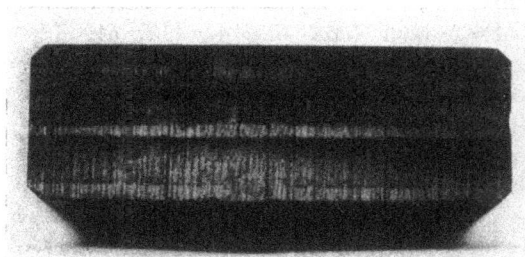

Abb. 24. Bürste eines Bahnmotors.
Bürste ungeteilt: mechanisch unruhiger Lauf,
Kommutierungsstreifen.

Es liegt nahe, daß derartige Bürsten zu Schwingungen in axialer Richtung Veranlassung geben können. Ein typisches Beispiel hierfür sind die Bürsten von großen Bahnmotoren, bei welchen oft aus Gründen des Platzmangels derartig axial lange Bürsten notwendigerweise eingebaut werden müssen. Die Abb. 24 zeigt die Lauffläche einer derartigen Bürste, welche infolge von Schwingungen parallel zur Achse Kommutierungsschwierigkeiten hervorrief. Das einfache Mittel des Durchschneidens der Bürsten in zwei Hälften, von denen jede ihren eigenen Druckbügel erhielt, behob das Übel der Schwingungen mit einem Schlage. Das Bürstenfeuer verschwand, und es bildeten sich nach zirka ½stündigem Betrieb praktisch streifenfreie Laufflächen, wie dies Abb. 25 zeigt. Es sei besonders hervorgehoben, daß auch die Bürsten, welche mit ihren inneren Flächen direkt aneinander lehnten, sich durch die zwischen diesen Flächen entstehende Reibung gegenseitig schwingungshemmend beeinflußten.

Zum Schlusse dieser Betrachtungen über das Kräftespiel der Halter noch einen kurzen Hinweis auf die allgemeinen Erfordernisse, welche

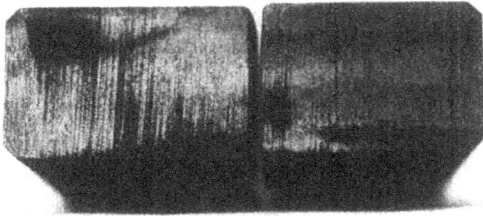

Abb. 25. Dieselbe Bürste geteilt: mechanisch ruhiger
Lauf, Kommutierungsstreifen verschwinden.

man an jeden Halter, gleichgültig welches Konstruktionsprinzip ihm zugrunde liegt, stellt.

Als selbstverständliche Forderung ist aufzustellen, daß die Kästen gemäß ihrem Nennmaß eine entsprechende Maßhaltigkeit aufweisen müssen, um ein Wackeln der Bürsten in den Kästen zu verhindern. Bezüglich dieser Toleranzen sei auf das Normenblatt DIN VDE 2900 verwiesen. Ferner müssen die Innenflächen des Kastens, welche zur Führung der Bürste dienen, saubere und glatte Oberflächen aufweisen. Das Kräftespiel des Halters muß derart sein, daß für alle Bürstenlängen vom Druckbügel praktisch der gleiche Bürstendruck ausgeübt wird. Dies erreicht man durch eine korrekte Auslegung der kinematischen Verhältnisse des Halters.

Diese Bedingung des konstanten Druckes für alle Abnutzlängen der Bürste ist von einschneidender Bedeutung für den Betrieb. Es ist keine Seltenheit, daß der Bürstendruck bei abgenutzter Kohle nachläßt, wodurch der Kontakt zwischen Schleiffläche und Bürste unstabil wird. Auch ein Nachstellen des Bürstendruckes kann nur als Behelf angesehen werden. Denn nach Einsetzen einer neuen Bürste ist bei gleicher Stellung der Stellschraube der Bürstendruck dann viel zu hoch. Man gibt durch diese falsche konstruktive Anordnung die für den Betrieb so wichtige Druckverteilung in die Hand des Maschinenwärters. Bedenkt man noch, daß z. B. auf den Schleifringen eines großen Einankerumformers bis zu 350 Bürsten und mehr angeordnet sind, so kann man daraus ermessen, daß eine Stabilität, besonders von nicht fachkundiger Hand, nicht mehr zu erreichen ist, wenn die stabile Stromverteilung einmal durch Druckunterschiede gestört wurde.

Es ist aber im Prinzip überhaupt nicht erforderlich, Bürstenhalter mit einer Nachstellvorrichtung des Bürstendruckes zu versehen, denn es ist nicht einzusehen, warum gerade für stationäre Maschinen eine Nachstellbarkeit notwendig sein soll, während es schon seit langem dem Gebrauch entspricht, Bürstenhalter für Straßenbahn- und Vollbahnmotoren ohne eine derartige Vorrichtung zu konstruieren. Und es ist

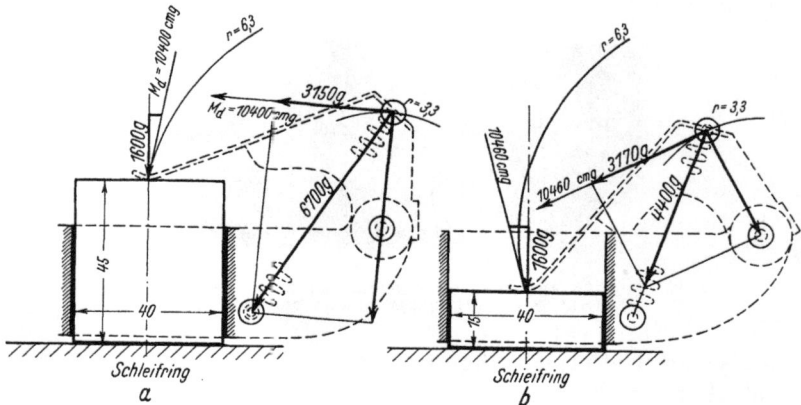

Abb. 26. Kräftediagramm eines Bürstenhalters
a) bei neueingesetzter Bürste 45 mm hoch   b) bei abgelaufener Bürste 15 mm hoch.
Der Bürstendruck von 1600 g [$F = 6,4$ cm². $p = 250$ g/cm²] bleibt für alle Stellungen des Druckbügels ohne Nachstellung konstant.

bekannt, daß gerade im Vollbahnbetrieb die allerschwersten Anforderungen an einen Bürstenhalter in bezug auf mechanische Festigkeit, gleichmäßigen Druck bei allen Abnutzungslängen, Toleranz und einwandfreie Führung im Halterkasten bei hohen Kommutatorumfangsgeschwindigkeiten und feiner Segmentteilung gestellt werden.

Voraussetzung für nicht nachstellbare Bürstendrücke ist, daß die kinematischen Verhältnisse des Halters und die Zugkraft der Feder so ausgelegt werden, daß für die ganze Länge der Bürsten konstanter Bürstendruck erzielt wird. Die Größe dieses Druckes ist bei stationären Maschinen durch die Bürstenqualität, die Größe der Bürstenlauffläche und das Kräftediagramm des Halters gegeben.

Die in den Abb. 26a und b gezeichneten Kräftediagramme eines Bürstenhalters ergeben für die ganze Abnutzlänge der Bürste einen konstanten Druck von 1600 g ohne Nachstellung. Ermäßigt man z. B. aber den Druck bei langer Bürste von 1600 g auf 1100 g, so ergibt die Rechnung, daß unter gleichen kinematischen Verhältnissen der Druck bei abgelaufener Bürste nur noch ca. 800 g beträgt. Dies beweist, daß die willkürliche Verstellung des Bürstendruckes selten von Vorteil, meistens vom Übel ist.

Welcher von den Bürstenhaltern, deren Kräftespiel im vorigen erläutert wurde, gibt nun die stabilsten Betriebsverhältnisse? Diese Frage läßt sich nur dahin beantworten, daß jeder dieser Halter ein bestimmtes Anwendungsgebiet hat, welches entsprechend seinem Konstruktionsprinzip umgrenzt ist. So findet man die Radialhalter in den verschiedensten Ausführungsformen an der Mehrzahl aller Klein- und Mittelmaschinen, während bei größeren Maschinen bis zu den größten Leistungen wohl ausschließlich der Schräghalter bzw. der Reaktionshalter verwendet wird. Der Bahnhalter als vollkommen in sich geschlossener schwerer Gußkörper wurde bereits erwähnt.

Als Bürstenhalter für Motoren, die betriebsmäßig in beiden Drehrichtungen arbeiten, ist man fast ausschließlich auf den Radialhalter angewiesen, da die Schräghalter wegen ihrer erhöhten Reibungsverluste in der einen Drehrichtung im allgemeinen ausscheiden. Doch auch der Radialbürstenhalter stellt für Reversiermotoren bereits bei mittleren Kommutatorgeschwindigkeiten ebenfalls keine zufriedenstellende Lösung dar, wie dies aus den Erklärungen über die Arbeitsweise dieses Halters Abb. 18b und 18c S. 24 bei Rechts- und Linkslauf hervorgeht. Am günstigsten verhält sich für diese Maschinengattung noch der Radialkastenhalter mit niedriger Führung und blockartiger Kohle, der als BBC-Halter bekannt ist und dessen Prinzip die Abb. 27 darstellt.

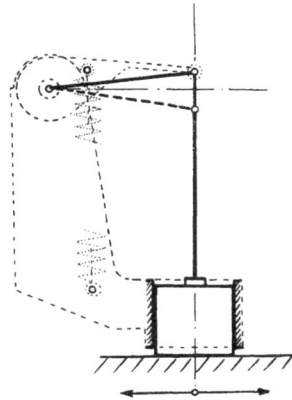

Abb. 27. Radialkastenhalter mit niedriger Führung und blockartiger Bürste. Typ BBC, für beide Drehrichtungen geeignet.

Nach dieser Kritik über die verschiedenen Gattungen von Bürstenhaltern und deren Anwendungsgebiet sei noch einiges über die bei der Fabrikation verwendeten Materialien gesagt. Das gebräuchlichste Material ist Messingblech, welches große Vorteile bei der Verarbeitung bietet und außerdem widerstandsfähig gegen atmosphärische Einflüsse ist. Als Nachteil, den man in Kauf nehmen muß, ist allerdings die Empfindlichkeit dieses Materials gegen Verbrennungen durch Kurzschlüsse anzuführen. Das Material zerfällt, indem das Zink aus der Legierung ausbrennt. Bei der Mehrzahl der Betriebe ist indes normalerweise nicht mit Kurzschlüssen zu rechnen, und die Praxis hat ja auch erwiesen, daß Halter aus diesem Material sich außerordentlich bewähren.

Für Maschinen, welche indes betriebsmäßig Kurzschlüssen ausgesetzt sind, verwendet man mit Vorteil Halter aus Eisen, wenn man es nicht vorzieht, Messinghalter in einem Eisengehäuse teilweise einzukapseln und so den Halter selbst gegen Abbrand durch Kurzschlüsse zu schützen. Man verwendet in diesem Falle gern Eisenblech in Hörnerform, welches man im Innern mit Kupfer plattiert. Eine derartige Konstruktion ist in Abb. 28 dargestellt. Entsteht ein Kurzschluß, so brennt ein Teil des Eisenbleches ab, jedoch wird der Schaden dadurch gering gehalten, daß die Wärme von der Stelle höchster Temperatur durch das Kupferblech mit seiner hohen spezifischen Wärmeleitfähigkeit gekühlt wird. Werden die Halter aus Eisen fabriziert, so müssen dieselben sehr sorgfältig verarbeitet werden, da sich Eisen nicht so bequem wie Messingblech behandeln läßt. Bei der Ableitung von Wechselstrom ist dieses Material für Bürstenhalter wegen seiner hohen magnetischen Leitfähigkeit nicht zu empfehlen.

Bürstenhalter aus Messingguß und Bronzeguß sind teuer und schwer und verlangen daher auch sehr massive Tragekonstruktionen. Ferner ist als Nachteil zu erwähnen, daß die Bearbeitung der Innenflächen des Kastens sehr teuer wird.

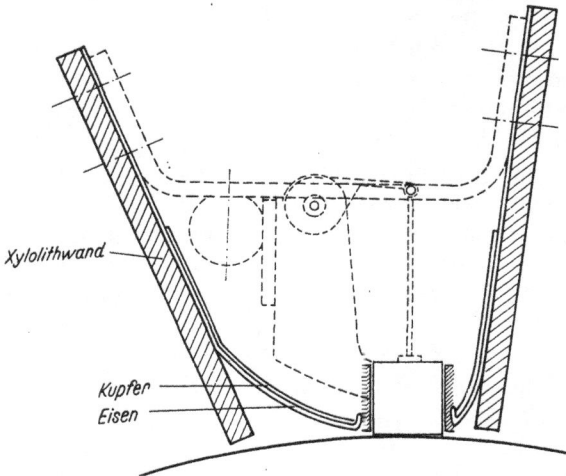

Abb. 28. Bürstenhalter mit feuersicheren Schutzwänden gegen Kurzschlüsse.
Der Abbrand des Eisenbleches wird durch die kühlende Wirkung des Kupferbelages vermindert, die Beschädigungen verringert und der Lichtbogen beschleunigt zum Verlöschen gebracht.

Als Vorteil ist indes das Fehlen jeglicher Nietverbindungen, die ausklappern können, zu buchen. Bürstenhalter aus Messingguß findet man daher fast ausschließlich als Spezialkonstruktionen, so z. B. als Bürstenhalter für hochtourige Turbogeneratoren, große Gleichstromeinheiten und für sämtliche Motoren des Bahnbetriebes. Für letztere ist die massivste Ausführung gerade noch gut genug.

Zuletzt sei als Material noch der Aluminium-Bronzeguß erwähnt, der jedoch nur für Kleinstmaschinen Verwendung findet. Halter, welche aus diesem Material in Massenfabrikation hergestellt werden, pflegt man nicht mehr einer Nachbearbeitung zu unterziehen. Dieses Material ist bei verhältnismäßig reichlicher Dimensionierung zur Ableitung kleiner Ströme verwendbar.

Eine kurze Sonderbetrachtung verdienen wegen ihrer Wichtigkeit die Bürstenhalterfedern. Erfolgt der Druck mittels einer Blattfeder,

so verwendet man Bandstahl. Wird die Kraft mittels einer Schrauben-
feder erzeugt, so kommt ausschließlich Klaviersaitendraht in Frage.
Für Maschinen, die nach überseeischen Ländern gehen, benutzt man
auch Federn aus Bronze, da dieselben gegen Einflüsse der Tropen unempfindlich sind.

Als letztes wichtiges Konstruktionselement eines Bürstenhalters
seien noch die Isolationsrollen erwähnt, welche die Kraft des Druckbügels auf die Armatur der Bürste übertragen und zu gleicher Zeit
Druckbügel und Feder an der Stromleitung verhindern. Es ist leider
bis heute noch nicht gelungen, diese notwendigen Isolationsrollen so
zu konstruieren, daß sie dauernd zufriedenstellenden Betrieb ergeben.
Dies liegt daran, daß für die Lagerstelle dieses Röllchens kein genü-
gender Platz vorhanden ist; sie ist daher hoch überlastet. In der ersten
Zeit drehen sich diese Röllchen langsam während des Betriebes, um sich
dann aber durch einseitige Abnutzung der Lagerstelle festzusetzen und
einseitig abzuschleifen. Durch die dann stets auf dieselbe Stelle wirkenden Erschütterungen wird die Rolle früher oder später zerstört.

Kapitel V.

Der Bürstenapparat, Sammelringe und Traversen.

Der Bürstenapparat einer elektrischen Maschine ist trotz
seiner verhältnismäßig einfachen Funktion derjenige Konstruktionsteil,
welchem nach Maßgabe der Aufgaben, die er zu erfüllen hat, nicht immer
das notwendige Interesse vom konstruktiven Standpunkte entgegen-
gebracht wird. Und doch sind es zwei wichtige Aufgaben, welche diesem
Konstruktionsteil obliegen, nämlich die sichere und praktisch
erschütterungsfreie Befestigung der Bürsten und Bürstenhalter und ferner die Sammlung und Ableitung der Ströme
von den einzelnen Bürsten nach den Sammelschienen. Bei Maschinen
sehr hoher Ströme findet man daher auch solche Konstruktionen, welche
die Unterschiedlichkeit dieser beiden Aufgaben deutlich erkennen lassen.

Zur weiteren Betrachtung dienen die Abb. 29 und 94, S. 139. An
dem Gleichstrom-Bürstenapparat dieses Einanker-Umformers ist zu
sehen, wie die Bürstenhalter an einer Hilfsspindel befestigt sind, während
die eigentliche Strom-Sammlung und Ableitung durch eine zweite Hauptspindel erfolgt. Diese Hauptspindeln sind direkt mit den Sammelringen verbunden. Man ist in der Differenzierung dieser Konstruktion
und in Erkenntnis der Wichtigkeit der gleichmäßigen Stromverteilung
auf die Bürsten sogar so weit gegangen, die Bürstenhalter isoliert auf
der Hilfsspindel anzuordnen und jeden Bürstenhalter durch ein strom-
regulierendes Widerstands-Metallband mit der Hauptspindel zu verbinden. Es hat sich indes gezeigt, daß es auch bei Kommutatoren

Abb. 29. Bahn-Einanker-Umformer 2000 kW 800 Volt 2500 A 500 U/min.
Die Gleichstrom-Bürstenhalter sind auf Hilfsspindeln angeordnet, die durch Klemmstücke
mit den Hauptspindeln verbunden sind. (Vgl. auch Abb. 94, S. 139).

für hohe Stromstärken möglich ist, mit einer einzigen Hauptspinde
auszukommen, welche die Halter trägt und die Bürstenströme sammelt
Dies ist die heute allgemein übliche Konstruktion, welche je nach de
Stromstärke pro Polpaar, für die die Maschine ausgelegt ist, noch fü
Ströme bis ca. 10000 A verwendbar ist.

Bei den Bürstenapparaten von Bahnmotoren wird in der Rege
Spindel und Bürstenhalter als einheitliches Gußstück ausgeführt.

Es entsteht die Frage, an welcher Stelle nun am zweckmäßigstei
die Weiterleitung der Spindelströme durch die Sammelringe erfolgt. E
gibt hierzu 3 Möglichkeiten, nämlich: entweder man ordnet die Sammel
ringe an der Fahnenseite der Spindel oder an der Lagerseit
oder aber in der Mitte der Spindel an. Diese 3 Fälle seien im fol
genden diskutiert.

Bringt man die Sammelringe an der Fahnenseite an, so ergibt ei
Blick auf die Abb. 30a, daß durch diese Konstruktion eine Überlastun;
der Bürsten stattfinden muß, welche den Fahnen am nächsten stehen
Werden die Sammelringe an der Lagerseite der Spindel angebracht
so zeigt die Abb. 30b, daß dies die elektrisch günstigste Verteilun;
des von der Fahne in das Segment hineinfließenden Stromes auf di
Gesamtzahl der Bürsten pro Spindel ergibt. Welche Bürste man auch

betrachten mag, es findet jeder Bürstenstrom von der Fahne bis zum
Sammelring den gleichen Ohmschen Widerstand vor, allerdings unter
der Voraussetzung, daß z. B. bei einer Bürstendeckung von 2 Segmenten

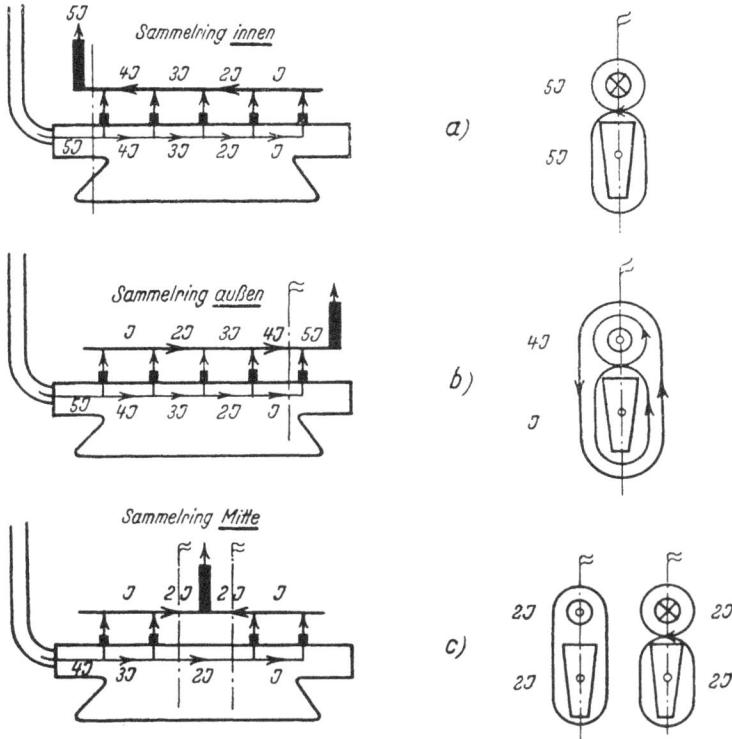

Abb. 30 a—c.

Verschiedenartige   Anordnung   der
Sammelringe in bezug auf den Kommutator.

Kraftlinienbilder zur Erläuterung der
Wirbelströme in den Segmenten.
(Zum Kap. VI, 4 S. 71.)

der Querschnitt von 2 nebeneinander liegenden Segmenten gleich dem
Querschnitt der Bürstenspindel ist.

Demnach wäre also die Anordnung der Sammelringe an der Lagerseite der Bürstenspindel die elektrisch gegebene, und man findet diese
Konstruktion auch vielfach ausgeführt. Sie hat jedoch einen mechanischen Nachteil. Dieser beruht darin, daß es einer besonderen und sehr
stabilen Hilfskonstruktion bedarf, um speziell bei sehr langer Bürsten-
reihe die Spindel an der Fahnenseite zu befestigen und sicher zu verspannen. Man wird daher mit Vorteil eine Konstruktion verwenden,
bei welcher die Sammelringe über der Mitte des Kommutators liegen
Abb. 30 c. Dies ist nach den bisherigen Ausführungen eine Konstruktion,

3*

welche elektrisch immer noch günstige Verhältnisse mit einer mechanisch gut durchführbaren Anordnung verbindet.

Diese Ausführung der Sammelringe über Mitte Kommutator eignet sich nicht nur zur Ableitung hoher Stromstärken, sondern auch zur Stromabnahme bei hohen Klemmenspannungen. Bei Maschinen hoher Klemmenspannungen ist man nämlich durch die Anordnung der Ankerwicklung bestrebt, das Feuer bei Kurzschlüssen so zu leiten, daß es nach außen und nicht nach der Ankerwicklung hinstrebt. Eine Anordnung der Sammelringe an der Lagerbockseite würde daher die Kurzschlußgefahr erhöhen, und man ist in solchen Fällen dann zum mindesten gezwungen, die Sammelringe durch Leder oder andere Schutzmittel sehr kräftig zu isolieren. Dies erübrigt sich bei Anordnung der Sammelringe an der Fahnenseite bzw. über Mitte Kommutator. Gleichzeitig wird ein genügend freier Raum zwischen den Spindelenden und dem geerdeten Lagerbock geschaffen, ein Raum, durch dessen Größe die Kurzschlußsicherheit gesteigert wird. Es liegt auf der Hand, daß, wenn dieser Raum für andere Konstruktionsteile, wie Sammelringe, zum Teil verbraucht wird, die Kurzschlußsicherheit hierunter leiden muß.

Die Sammelringe mit ihren Spindeln müssen gegen einander und gegen Erde isoliert zusammengebaut werden. Für den mechanisch festen Zusammenhalt dieser Teile sind massive, eiserne Klemmverbindungen, üblicherweise als Bürstenjoch bezeichnet, notwendig, die nicht nur gerade ausreichen dürfen, um das Gewicht der Teile selbst tragen zu können; dieselben müssen auch in der Lage sein, äußere Beanspruchungen und Schwingungen ohne wesentliche Deformation zu vertragen. Da die hierzu notwendige Verspannung über eine Isolation gegen Erde erfolgen muß, so sind im Interesse der Betriebssicherheit mechanisch sehr widerstandsfähige Stoffe, wie Micartafolio, Spezialhartgummisorten, Glimmer, gummifreie Preßmaterialien usw. notwendig.

Doch nicht nur vom mechanischen Standpunkte aus müssen diese Isolationsmaterialien verläßlich sein, sondern auch vom Standpunkt der elektrischen Isolierfähigkeit. Dies gilt ganz allgemein für Maschinen niedriger wie hoher Spannung. Für beide Arten der Maschinen verwendet man das gleiche Material, nur muß bei Maschinen hoher Spannung dafür gesorgt werden, daß besonders lange Kriechwege zwischen spannungführenden Teilen und geerdeten Konstruktionselementen des Bürstenapparates vorhanden sind.

Der bisher beschriebene komplette Bürstenapparat wird nun in irgendeiner Form am Lagerbock oder an der Grundplatte der Maschine befestigt und mittels Einzelstützen gegen das Magnetgestell versteift. Früher war es notwendig, den gesamten Bürstenapparat so anzuordnen, daß eine leichte Verschiebung desselben möglich war, und zwar geschah dies bei großen Einheiten mittels Schnecke und Handrad. Diese Not-

wendigkeit der leichten Verschiebbarkeit des Bürstenapparates hat aber
ihre Bedeutung seit dem Bau von Wendepolmaschinen verloren, welche ja
mit konstanter Bürstenstellung für alle Belastungen arbeiten. Es ist daher
nicht nur unnötig, sondern sogar als unzweckmäßig zu bezeichnen, wenn
Wendepolmaschinen mit einer verhältnismäßig komplizierten und teuren
Einrichtung versehen werden, die jedem Maschinenwärter die Möglichkeit
gibt, die Bürstenbrücke zu verstellen. Bei Wendepolmaschinen sollte
die Verschiebung der Bürstenbrücke einzig und allein dem Fachmann
möglich sein, und da es sich in diesem Falle bei richtig gebauten Maschinen
nur um eine einmalige Einstellung handelt, ist eine Spezialkonstruktion,
welche ein leichtes Verschieben der Bürstenbrücke gestattet, verfehlt.
Es kann speziell für große Einheiten von erheblichem Nachteil sein,

Abb. 31. Einanker-Umformer 725 kW 242 Volt 3000 A 750 U/min.
Stabiler Aufbau des Bürstenapparates der Drehstromseite bei
Wahrung guter Kühlungsverhältnisse.

wenn von nicht fachkundiger Hand eine Verstellung der Bürsten vorgenommen wird. Man sollte nicht vergessen, daß erhebliche Energien unter
den Bürsten einer großen Maschine frei werden können, wenn man durch
Verschieben der Bürstenbrücke aus der Neutralen zu weit herausgeht.

Als letzter Punkt, welcher für die konstruktive Anordnung eines
Bürstenapparates von Wichtigkeit ist, bleibt die Erwärmung zu nennen.
Für alle elektrisch beanspruchten Teile des Bürstenapparates, also
Sammelringe und Bürstenspindeln, sind entsprechend den freiwerdenden
Wärmemengen genügende Abkühlflächen vorzuschen. Der Bürstenapparat muß ferner so konstruiert sein, daß auch der Kommutator ab-
kühlen kann. Ein eng konstruierter Bürstenapparat mit einer ver-
schwenderischen Anordnung von massiven Gußteilen kann in bezug
auf mechanische Stabilität überdimensioniert sein und den ungün-

stigsten Einfluß auf die Kühlungsverhältnisse der Gesamtanordnung: Kommutator—Bürsten—Bürstenapparat haben.
Hier muß ein Kompromiß geschlossen werden, welches jedem dieser
drei Teile in bezug auf Abkühlung die notwendigen Lebensbedingungen
läßt. Der Einfluß der Erwärmung auf das Zusammenarbeiten der genannten drei Teile wird in dem Kapitel VI, 4 S. 69, untersucht. Die
Dimensionierung der Sammelringe bei Ableitung hoher Stromstärken wird als Sonderfrage für Kommutatoren in dem zweiten Hauptteil B. „Elektrische Fragen", Kap. XI, 4 S. 153, behandelt.

Der Bürstenapparat von Schleifringen wird nach denselben
Konstruktionsprinzipien aufgebaut wie derjenige von Kommutatoren.
Bei Betrachtung der Drehstromseite des Einankerumformers, Abb. 31,
erkennt man die stabile Befestigung der die Bürstenhalter tragenden
Traversen ohne mechanische Überdimensionierung derselben, da sonst
die Kühlung der Gesamtschleifringanordnung verschlechtert wird. Gute
Isolation und besonders reichliche Kriechwege müssen vorgesehen werden, da es sich bei Schleifringen meistens um Ablagerungen von Bronze-
staub handelt, der etwa die dreifache Leitfähigkeit des Graphitstaubes
hat. Und schließlich ist eine geeignete Materialauswahl sowie elektrisch
richtige Dimensionierung der Traversen und der Zuleitungen zu beachten.

Die Stromverteilung auf die Bürsten bei Ableitung hoher Wechselstromstärken wird als Sonderfrage für Schleifringe in dem Hauptteil B.
„Elektrische Fragen", Kap. XII, 2 S. 166, behandelt.

Kapitel VI.

Das mechanische Zusammenarbeiten der Teile.

1. Reibung und kritische Bürstengeschwindigkeit.

In den vorigen Kapiteln wurden die Einzelteile eines Stromabnahmeapparates, nämlich: Kommutator (Schleifring), Bürsten und Bürstenapparat bezüglich der Auswahl der Materialien, der Fabrikation und der wirksamen Kräfte besprochen. Im Folgenden soll das mechanische Zusammenarbeiten dieser Teile einem Studium unterzogen werden.

Es ist notwendig, dieses Studium auf die rein mechanischen Erscheinungen zu beschränken und elektrische Ursachen mit ihren Wirkungen nur dort anzuführen, wo es nicht zu umgehen ist. Denn der vor
einer fehlerhaften Maschine stehende Ingenieur muß in der Lage sein
die mechanischen und elektrischen Ursachen, die zu der Störung führten,
zu analysieren, um zweckentsprechende Angaben zur Behebung des
Übels machen zu können.

Das Sinnfälligste an einer laufenden Maschine ist die elektro-mecha-
nische Zusammenarbeit zwischen Kommutator und Bürsten bzw. Schleifring und Bürsten. Der mechanisch ruhige Lauf der Bürsten ist das

Grunderfordernis und die Voraussetzung für jede Stromabnahme. Hieraus folgt die Notwendigkeit, die Ursachen, welche die Zusammenarbeit von rotierendem Körper und Bürsten stören, zu untersuchen.

Unter diesen Störungsursachen steht an erster Stelle die Reibung mit ihren zahlreichen Folge- und Nebenerscheinungen. Die Betrachtung dieses Störungskomplexes ist um so wichtiger, als die Reibung auch in der Energiebilanz von Kommutator und Schleifring eine wichtige Rolle spielt.

Die durch Reibung verursachten Energieverluste machen nämlich, besonders bei großen Maschinen, ganz erhebliche kW-Beträge aus und beeinflussen die elektrischen Stabilitätsverhältnisse durch Erniedrigung der Übergangsspannung infolge Erhitzung des Kommutators in ungünstiger Weise. Daher ist von jeher das Augenmerk sowohl der Konstrukteure als auch der Bürstenfabrikanten darauf gerichtet gewesen, diese Verluste so gering wie möglich zu halten; denn je geringer die Reibungsverluste, eine desto größere Spanne ist für die elektrischen Verluste bei gleicher Kommutatoroberfläche vorhanden.

Nach den Gesetzen der Mechanik ist die Reibungszahl ϱ der gleitenden Bewegung definiert als das Verhältnis der Tangentialkraft R zur Normalkraft P, entsprechend Abb. 32.

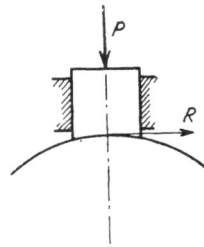

Abb. 32.
Reibungszahl ϱ
$= \dfrac{\text{Tangentialkraft } R}{\text{Normalkraft } P}.$

In dieser klaren und eindeutigen Form erscheint die Reibungskraft R nur bei physikalischen Meßanordnungen, also z. B. bei einem im Laboratorium aufgestellten Ring. Die Aufstellung und Lagerung des Ringes ist mit besonderer Sorgfalt vorgenommen, um Unbalancen und Erschütterungen zu vermeiden; das Material des Ringes ist chemisch und technologisch geprüft, die Oberfläche sorgfältig geglättet; der Bürstenhalter ist eine Spezialkonstruktion, in welche die Bürste genau eingepaßt ist; örtliche Erwärmung des Ringes wird durch entsprechende Dimensionierung in praktisch vernachlässigbaren Grenzen gehalten; die Raumtemperatur untersteht einer Kontrolle; kurzum, es wird mit Absicht alles getan, um äußere Einflüsse nach Möglichkeit auszuschalten zum Zwecke der Erzielung eindeutiger Vergleichszahlen.

Die Ergebnisse derartiger Messungen sind für die vier großen Bürstengruppen in der Abb. 33 zusammengestellt. Ähnlich wie bei der Zapfenreibung sind die Werte der Reibungszahl bei niedrigen Umfangsgeschwindigkeiten groß; sie streben dann einem Minimalwert zu, um danach wieder um ein weniges langsam zu steigen bis zur asymptotischen Annäherung an einen für die Versuchsmaterialien spezifischen Grenzwert. Dieser Wiederanstieg der Reibungsziffer findet aber erst im Gebiet solcher Umfangsgeschwindigkeiten statt, wie dieselben für technische Zwecke nur ganz selten bei Spezialkonstruktionen vorkommen.

Für die Berechnung des Energieverlustes durch Reibung würden die Kurven des Reibungskoeffizienten Abb. 33 eindeutige und verläß- liche Werte geben, wenn sich die Zusammenarbeit zwischen Ring und Bürste auch an der wirklichen Maschine in derselben eindeutigen Weise abspielen würde. Die Praxis ist jedoch von diesen idealen Verhältnissen weit entfernt. Die Gründe, welche zu einer Verschlechterung der Reibungsziffer führen und dadurch die Stromabnahme störend be- einflussen, seien im folgenden angeführt.

Das Nächstliegende ist eine Betrachtung der miteinander im Ein- griff stehenden Flächen, also die Bürstenlauffläche und die Ringober- fläche. Nur bei bester Fabrikation von Schleifringkörper, Bürste und Bürstenapparat einer Ma- schine, vermag man sich den idealen Verhältnissen zu nähern, und zwar unter der Voraussetzung, daß die Ma- terialien für Ring und Bür- ste entsprechend Umfangs- geschwindigkeit, Stromdich- dichte, zu erwartenden Un- regelmäßigkeiten in der Stromverteilung u.s.w. rich- tig gewählt wurden.

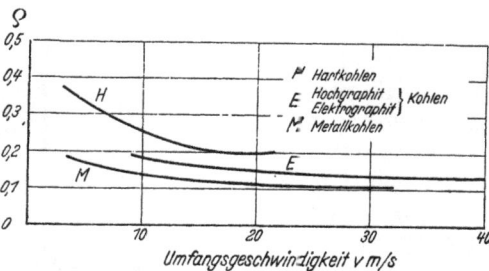

Abb. 33. Bürsten-Reibungszahl $\varrho = f(v)$, gemessen auf einem Schleifring.

Die richtige Auswahl kann nur und ausschließlich auf Grund von Erfahrungen, die sich auf eine sehr große Anzahl von Versuchen stützen, erfolgen. Die praktischen Vorversuche an Schleifringen sollen fest- stellen, in welchen Grenzen und unter welchen Betriebsbedingungen ein bestimmtes Ringmaterial mit einer bestimmten Bürstenqualität stabile Betriebsverhältnisse ergibt. Unter stabilen Betriebsverhältnissen ist hierbei zu verstehen, daß Ring und Bürste im Dauerbetrieb glatte Lauf- flächen zeigen, also mit dem der Gesamtordnung zugehörigen geringst- möglichen Reibungsverlust arbeiten.

Als Beispiel sei ein Bronzeschleifring gewählt, auf dem eine Anzah Metallbürsten mit 75 Gewichtsprozenten Metallgehalt bei 20 m/s Um- fangsgeschwindigkeit und einer Stromdichte von 15 A/cm² Wechsel- strom laufen. Diese Daten entsprechen erfahrungsgemäß einer guten Ausführung bei Schleifringen von 50 periodigen Einankerumformern.

Von einer solchen Einrichtung wird verlangt, daß sie sowohl strom- los wie unter Strom entsprechend den Stempeldaten der Maschine stabil im Sinne der vorigen Ausführungen arbeitet.

Diese Bedingungen sind gleich schwer. Im stromlosen Zustand schleift eine Metall-Graphitmischung auf Metall; und zwar in der Mehr- zahl der Fälle ohne Verwendung von Schmiermitteln, und doch darf keine gegenseitige „Verreibung" auftreten.

Laufen die Bürsten unter Strom, so findet zwar einerseits eine Erleichterung der Betriebsbedingungen dadurch statt, daß unter dem Einfluß des Stromüberganges sich auf Ring- und Bürstenfläche eine Patina zu bilden vermag. Diese schützt gegen Verreibungen. Dafür aber liegt die Gefahr nahe, daß bei einseitiger Überlastung einzelner Bürsten infolge ungleichmäßiger Stromverteilung das Bereich der Polierfähigkeit überschritten wird, womit Zerstörung der glatten Laufffläche, Staubentwicklung und Aufrauhen des Ringes verbunden ist.

Man sieht, wie nahe hier gut und böse beieinander liegt. Ist der Ring aber erst einmal aufgerauht, so ist es bis zur Riefenbildung nur ein kurzer Schritt. Gleichzeitig mit diesem Übergang zur Unstabilität, die einen Dauerbetrieb unmöglich macht, geht die Reibungsziffer sprungartig in die Höhe. Die zerstörenden Wirkungen addieren sich. Zur Metallverreibung kommt die Erhitzung durch die zusätzlichen Reibungsverluste; meistens setzt noch Bürstenfeuer ein, das mehr oder weniger unter der Bürstenlaufffläche bleibt und eine beschleunigte Verbrennung von Bürsten und Ringfläche hervorruft.

Fleckartig und streifenweise verbrannte Ringflächen geben infolge der Beschleunigungen und Verzögerungen, welche die Bürste hierdurch im Halter erleidet, abnorm hohe Reibungsziffern, besonders, wenn sich die Bürste infolge schlechter Führung im Halter verkanten und verschrägen kann. Es bilden sich dann zwei Laufflächen aus, zwischen denen die Bürste infolge des variablen Reibungszuges hin und her pendelt.

Aus diesen Beispielen, die in der Praxis leider nicht allzu selten vorkommen, geht hervor, wie schnell und wie weit man sich von den idealen Reibungsverhältnissen des Laboratoriumsversuches im wirklichen Betrieb zu entfernen vermag. Richtige Materialauswahl, zweckmäßige Konstruktion und Fabrikation sowie gute Pflege des Schleifringapparates durch verständiges, geschultes Personal ergeben aber auch unter schweren Arbeitsverhältnissen stabilen und sicheren Betrieb.

Die bisherigen Betrachtungen bezogen sich auf die Störungen, welche von der Reibung bei Schleifringanordnungen hervorgerufen werden und die mechanische Zusammenarbeit der Teile ungünstig beeinflussen. Hier hatte man es mit einer von Haus aus glatten Oberfläche und dementsprechend einer theoretisch konstanten Reibungskraft zu tun.

Beim Kommutator tritt durch die Unterteilung der metallischen Oberfläche infolge der Abstände zwischen den einzelnen Segmenten eine neue Erscheinung hinzu. Über den konstanten Reibungszug lagern sich zusätzliche Stöße, deren Zahl durch die Segmentfrequenz gegeben ist. Hieraus folgt, daß für einen Kommutator die Reibungszahl eine andere ist wie für einen Schleifring. Da Kommutatoren in der Mehrzahl der Fälle mit sog. „schwarzen" Bürsten besetzt zu werden pflegen, mißt man auch die Reibungszahlen dieser Bürsten im Laboratorium vornehmlich auf Kommutatoren und vermerkt dies gesondert.

Gerade in letzter Zeit sind von verschiedenen Stellen Sonderstudien über das mechanische Verhalten einer Bürste auf einem Kommutator gemacht worden. Interessant sind die Ausführungen des Aufsatzes in der E.T.Z. 1929, Heft 1, von Dr. Neukirchen: „Die Kommutatorbürste als Wackelkontakt", in welchem die Schwingungen der Bürste auf einem Kommutator untersucht werden.

Im folgenden sei eine ganz sinnfällige einfache Betrachtung über die gegenseitige mechanische Beeinflussung von Kommutator und Bürste angestellt.

Dem nach der praktischen Richtung hin orientierten Ingenieur ist durch Beobachtungen seit langem bekannt, daß bei einem bestimmten Kommutator und einer bestimmten Kommutatorumfangsgeschwindigkeit eine Bürste um so ruhiger läuft, je mehr Segmente dieselbe deckt und um so unruhiger im Halter sitzt, je weniger Segmente sie deckt. Umgekehrt ist natürlich auch die Kommutatorteilung selbst von korrespondierendem Einfluß auf die Bürste in der Weise, daß eine sehr feine Segmentteilung, wie z. B. bei Wechselstromkommutatormaschinen, den ruhigen Lauf der Bürsten ungünstig beeinflußt, während stärkere Segmente stabilere Reibungsverhältnisse ergeben. Sehr breite Segmente zeigen wieder, wenn auch nicht in solchem Maße, die ungünstigen Eigenschaften einer sehr feinen Segmentteilung, d. h. sie geben der Bürste zwar in der Zeiteinheit weniger, dafür aber härtere Impulse, als der feingeteilte Kommutator. Dies gibt besonders bei hohen Umfangsgeschwindigkeiten in Verbindung mit grober Segmentteilung schwierige Verhältnisse.

Kommutatorumfangsgeschwindigkeit, Segmentbreite und Bürstenbreite stehen also in engen Wechselbeziehungen zueinander, welche ich der Kürze halber als das Gesetz von der günstigsten Segmentbreite bezeichnen möchte. Es besagt, daß man zu jeder Umfangsgeschwindigkeit ein Gebiet günstigster Segmentbreiten angeben kann, bei welchen die vorteilhaftesten Bedingungen für ruhigen Lauf zu erzielen sind.

Erfahrungsgemäß liegt diese Zahl für die üblichen Umfangsgeschwindigkeiten bei 6 bis 8 mm breiten Segmenten, auf welchen eine Bürste von 2- bis 3facher Segmentbreite läuft.

Nun ist man aber aus elektrischen Gründen in der Wahl der Segmentteilung und in der Wahl der Bürstenbreite beengt, so daß es schwierig ist, die Forderungen der elektrischen Dimensionierung mit denen der günstigsten mechanischen Anordnung in Einklang zu bringen. Dies gilt ganz besonders für Wechselstromkommutatormaschinen, die bekanntlich mit feiner Segmentteilung und schmalen Bürsten arbeiten müssen. Bei dieser Gattung von Maschinen ist das Verhältnis von Bürstenbreite zur Segmentteilung wesentlich kleiner und daher mechanisch ungünstiger als bei Gleichstrommaschinen, bei denen sich für die üblichen

Spannungen die genannte Verhältniszahl von 2 bis 3 ganz allgemein ohne besondere Schwierigkeiten einhalten läßt.

Den weiteren Betrachtungen sei als Zahlenbeispiel ein Kommutator mit dem besagten günstigen Verhältnis von Segmentteilung zu Bürstenbreite zugrunde gelegt. Also z. B. ein Kommutator von 1500 mm Durchmesser und 648 Segmenten. Dies gibt eine Teilung von 7,3 mm. Die Bürstenbreite beträgt 16 mm, im Schräghalter ca. 18·4 mm, so daß 2,52 Segmente gedeckt werden. Bei 450 Umdrehungen pro Minute ist die Umfangsgeschwindigkeit 35,4 m/s, die Segmentfrequenz beträgt 4860 pro Sekunde.

Unter der Voraussetzung, daß die Konstruktion des Kommutators sowie des Bürstenapparates einwandfrei ist und eine Bürste mit einem in den üblichen Werten liegenden Reibungskoeffizienten verwendet wird, ist erfahrungsgemäß bei diesem Beispiel ein stabiler Betrieb bei 35 m/s Umfangsgeschwindigkeit zu erwarten.

Läuft ein derartiger Kommutator aus, so läßt sich sehr oft beobachten, daß, wenn die Umfangsgeschwindigkeit auf etwa 8 bis 10 m/s herabgesunken ist, die Bürsten unruhig zu laufen beginnen. Dies kommt daher, daß der Kommutator für eine Umfangsgeschwindigkeit von 35 m/s abgestimmt, nun in einen Bereich gekommen ist, in welchem die Reibungsverhältnisse labil werden.

Dieser labile Zustand besteht natürlich nicht dauernd; er hält aber so lange an, bis die Bürsten unter dem Einfluß der veränderten Reibungskräfte neue Laufflächen gebildet haben und auch der Kommutator korrespondierende Politurverhältnisse angenommen hat. Man kann auch beobachten, daß je nach der Auslaufdrehzahl bald diese, bald jene Bürste in Vibrationen gerät, je nachdem bei welcher Umfangsgeschwindigkeit das Gleichgewicht zwischen Reibungskraft, Masse der Bürste und Federdruck eine Störung erfährt.

Diese Störungserscheinungen des Gleichgewichts sind bei auslaufenden Maschinen im praktischen Betrieb von untergeordneter Bedeutung und spielen eine Rolle nur bei Reguliermotoren, deren Drehzahl über ein weites Regelbereich verändert wird.

Ein Analogon zu dieser Erscheinung, wodurch dieselbe vielleicht am besten erklärt wird, läßt sich aus Beobachtungen in der Natur geben. Es ist bekannt, daß, wenn Wirbelwinde über eine ruhige Wasserfläche streichen, eine Kräuselung des Wassers an ganz bestimmten Stellen beobachtet werden kann, während daneben Flächen sind, in denen die Oberfläche des Wassers unbeweglich ruht. Dies hängt damit zusammen, daß Windrichtung, Windstärke und die Nachgiebigkeit der Wasseroberfläche, d. h. deren Elastizität, einen Schwingungskreis bilden.

Eine andere sehr einfache Tatsache ist die folgende: Wenn man mit steil gestelltem Finger über eine Glasscheibe fährt, so ist bei einer ganz bestimmten Stellung und einem gewissen Druck des Fingers eine ruhige Gleitbewegung unmöglich; es findet eine springende Bewegung statt.

Dasselbe gilt für den labilen Reibungszustand zwischen Kommutator und Bürste; es ist auch bekannt, daß dieser Zustand mit einem Schlage beseitigt werden kann, wenn man mit einem Tuch über den Kommutator fährt. Dadurch werden die Reibungsverhältnisse geändert und die Schwingungen zum Abklingen gebracht.

Die gleiche reibungsmindernde Wirkung, die man durch Reinigen des Kommutators mit einem Tuch erzielt, tritt auch beim Übergang vom Leerlauf zur Belastung in Erscheinung. Es ist ein bekanntes Phänomen, daß man an allen größeren Maschinen mit dem Gehör die Verringerung des Reibungskoeffizienten wahrnehmen kann, wenn die Bürsten mit Strom belastet werden.

Für diese Erscheinung sind mannigfache Erklärungen gesucht und gegeben worden. Die einfachste Lösung hierfür ist vielleicht diese, daß durch den Stromübergang dauernd feinste Teilchen von der Kohle losgelöst werden, welche eine schmierende Wirkung ausüben. Es ist dies eine außerordentlich einfache Erklärung, welche sich nebenbei mit der Tatsache deckt, daß, wenn man eine Bürste stromlos auf einer Maschine laufen läßt, es sehr langer Zeit bedarf, bis sich dieselbe einläuft; hingegen bekommt eine Bürste in kurzer Zeit eine polierte Lauffläche, wenn die Maschine unter Strom arbeitet.

Dies bedeutet auch, daß die Abnutzung nur in geringstem Maße von der Umfangsgeschwindigkeit und zum größten Teil von der Strombelastung abhängt. Die Stärke der Abnutzung steigt je nach der Bürstenqualität zunächst proportional mit der Stromdichte, um bei Überlastung mindestens mit der zweiten Potenz der Stromdichte zu wachsen.

Die Verminderung der Reibung bei Stromdurchgang ist so prägnant, daß man besonders bei Bahnumformern und großen Bahnmotoren keiner Instrumente bedarf, um festzustellen, ob die Maschinen leerlaufen oder belastet sind. Mit dem Stromdurchgang bildet sich auch die Politur auf dem Kommutatorkupfer, ein feinster Überzug aus Kupferkarbonaten und Oxyden, der ebenfalls reibungsvermindernd wirkt.

Angenommen, der als Beispiel gewählte Kommutator von 1500 mm Durchmesser habe Politur. Läßt man nun denselben wieder hochlaufen, so kommt man in ein Gebiet der Stabilität, für welches die Maschine erprobt ist. Treten auch in diesem Gebiete nachher mechanische Unstabilitätserscheinungen auf, die sich in Schwingungen, dem bekannten Rasseln der Bürsten äußern, so müssen Änderungen, sei es an der Bürste, sei es am Bürstenhalter, getroffen werden, um diese Erscheinungen zu beseitigen.

Steigert man nun an diesem Kommutator weiter die Umfangsgeschwindigkeit, so kommt man in ein neues Gebiet der Unstabilität.

welches als die obere kritische Bürstengeschwindigkeit bezeichnet werden möge. Dieses Gebiet ist wesentlich gefährlicher als das Gebiet der unteren kritischen Geschwindigkeit, welches ja, wie bereits gesagt, an sich nur mehr oder weniger akademisches Interesse hat. Die Begründung liegt darin, daß diese untere Geschwindigkeit fast ausschließlich außerhalb der betriebsmäßig vorkommenden Kommutatorgeschwindigkeiten liegt und keinen Dauerzustand darstellt.

An den oberen Geschwindigkeitsbereich aber muß man mit Vorsicht herangehen; im Grunde ist es ja nichts anderes als dasjenige Gebiet, in welchem die stets vorhandenen Bürstenschwingungen vom Reibungszug und den Segmentstößen herrührend, eine solche Größe annehmen, daß eine ordnungsmäßige Stromabnahme und funkenfreie Kommutation unmöglich wird.

Die einzigen Mittel, die der Ingenieur in der Hand hat, um sich vor unliebsamen Überraschungen bezüglich der oberen kritischen Bürstengeschwindigkeit zu schützen, bestehen darin, praktische Erfahrungsgrenzwerte einzuhalten. Muß man aber aus irgendwelchen Gründen davon abweichen, so ist dafür zu sorgen, daß die bisher bewährten Ausführungsformen in bester Werkstattausführung verwendet werden.

Ergibt der Versuch, daß dies noch nicht ausreicht, so wird man dem Befund entsprechend, Konstruktionsänderungen vornehmen müssen, z. B. durch Verwendung von Spezialbürsten und Bürstenhaltern. Ist die Änderung erfolgreich, so bedeutet dies in jedem Fall einen technischen Fortschritt.

Wegen der Beeinflussung, welche der mechanische Lauf der Bürsten durch äußere Störungen an der Maschine erfährt, hat es praktisch keinen Zweck, hierüber theoretische Rechnungen anzustellen; ja es würde sogar den physikalischen Vorgängen widersprechen, wollte man durch Rechnung eine genaue Grenze für das Gebiet der oberen kritischen Bürstengeschwindigkeit festlegen. Man kann sich aber durch folgende Überlegung ein ungefähres Bild über den Bereich guter Arbeitsverhältnisse für Kommutator und Bürsten machen.

Unter der Voraussetzung eines einwandfreien Kommutators hängt die mechanische Unruhe der Bürste entsprechend der aus zwei Komponenten zusammengesetzten Reibungszahl ab von der Umfangsgeschwindigkeit und der Segmentfrequenz.

Da nun eine Bürste um so unruhiger läuft, je höher die Umfangsgeschwindigkeit v in m/s und je höher die Segmentfrequenz v_s ist, so ist das Produkt aus diesen beiden Faktoren ein Maß für die Größe der zu erwartenden Schwingungen der Bürste. Dieses Produkt sei als Vibrationsfaktor ε bezeichnet, sodaß sich ergibt:

$$\varepsilon = v \cdot v_s \qquad S = \text{Segmentzahl des Kommutators.}$$
$$n = \text{Drehzahl pro Minute,}$$

$$t_k = \text{Segmentteilung in mm,}$$
$$D = \text{Kommutatordurchmesser in m,}$$

$$v_s = S \cdot \frac{n}{60} = \frac{\pi D \cdot 1000}{t_k} \cdot \frac{n}{60} = 1000 \frac{v}{t_k}; \text{ eingesetzt:}$$

$$\varepsilon = 1000 \frac{v^2}{t_k} = c \frac{v^2}{t_k}; \text{ da } c = \text{konstant, ergibt sich:}$$

$$\varepsilon_0 = \frac{v^2}{t_k}.$$

Die folgende Zahlentabelle Abb. 34 gibt die Werte von ε_0 für die praktisch vorkommenden Umfangsgeschwindigkeiten und Segment-

$$\text{W e r t e \ d e s \ V i b r a t i o n s f a k t o r s } \varepsilon_0 = \frac{v^2}{t_k}$$

v_{komm} in m/s	Kommutatorteilung t_k mm											
	3	4	5	6	7	8	9	10	12	14	16	20
60	1200	900	720	600	515	450	400	360	300	257	225	180
50	833	625	500	417	357	312	278	250	208	178	156	125
40	533	400	320	267	228	200	178	160	133	114	100	80
30	300	225	180	150	128	112	100	90	75	64	56	45
20	133	100	80	66	57	50	44	40	33	29	25	20
10	33	25	20	17	14	12,5	11	10	8,5	7	6,5	5

Abb. 34. Gültig für Kommutator-Durchmesser von 100—2000 mm bei stationären Maschinen. Zwischen den starken Begrenzungslinien liegt das Gebiet günstiger Verhältnisse für mechanisch ruhigen Lauf der Bürsten. Bürstendeckung gleich 2 bis 3 Segmente.

teilungen an. Durch sinngemäße Einteilung der Zahlenreihe nach dem Satz von der günstigsten Segmentbreite (vgl. S. 42) läßt sich ein Gebiet abgrenzen, in welchem gute Bedingungen für mechanisch ruhigen Lauf gegeben sind.

In Abb. 35 ist die Kommutatorumfangsgeschwindigkeit als Funktion des Vibrationsfaktors aufgetragen. Die schraffierte Fläche zwischen den beiden dick ausgezogenen Kurven ist der Bereich, in welchem die Reibung als Störungsfaktor in solchen Grenzen bleibt, die man ohne Sonderkonstruktionen beherrscht. Der nicht schraffierte oberhalb der punktierten Linie liegende Teil zwischen den Kurven umfaßt das Gebiet der kritischen Geschwindigkeiten, welches wohl in den meisten Fällen eine Spezialanordnung des Bürstenapparates und eine Sonderkonstruktion des Kommutators erfordert.

Die äußeren Erscheinungen, an denen man feststellen kann, wann man in ein Gebiet der kritischen Bürstengeschwindigkeit gekommen ist, machen sich auf mechanische Weise durch Vibration der Bürste, auf elektrische Weise durch Bürstenfeuer bemerkbar. Das Bürstenfeuer schwankt im Takte der Segmentfrequenz. Dies läßt sich folgendermaßen feststellen: Läuft der Anker im Dunkeln und betrachtet man die Fahnen des Ankers, so scheinen dieselben, vom Bürstenfeuer

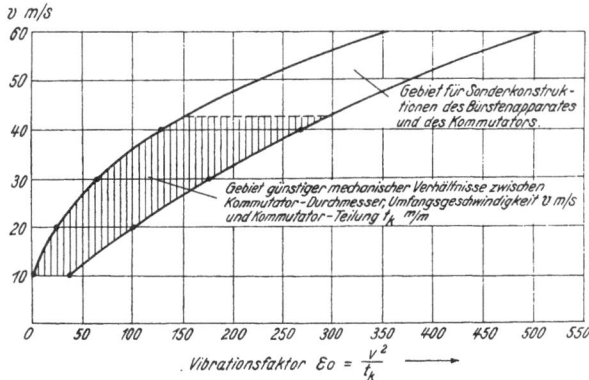

Abb. 35. Die Kurven $v = f(\varepsilon_0)$ gelten für Kommutatoren von 100 bis 2000 mm Dmr. bei stationären Maschinen und einer Bürstendeckung von 2 bis 3 Segmenten.

der ablaufenden Kante beleuchtet, im Raume stillzustehen. Es tritt also eine Resonanzerscheinung auf zwischen dem Ankerstrom und der mechanischen Kippbewegung der Bürste.

Für stationäre Maschinen, welche auf gutem Fundament aufgebaut sind und gleichzeitig eine gute Wartung genießen, wird man im allgemeinen selbst bei hohen Kommutatorumfangsgeschwindigkeiten brauchbare Betriebsverhältnisse erzielen, d. h. selbst wenn man nahe am Bereich oder im Bereich der kritischen Bürstengeschwindigkeit arbeitet, wird der störende Einfluß auf die Kommutatoren in seiner Größe nicht so stark sein, daß der Betrieb unmöglich wird. Dies beweisen zahlreich ausgeführte Gleichstromturbogeneratoren mit sehr hohen Umfangsgeschwindigkeiten für Dauerbetrieb, wenngleich hinzugefügt werden muß, daß diese Maschinen immer einen hohen Grad der Empfindlichkeit aufweisen. Schon die Anordnung eines Gleichstromdampfturbinenaggregats mit 3 statt 4 Lagern kann derartige Störungen von außen über die Welle in den Kommutator bringen, daß das Bürstenfeuer mit keinem Mittel zu unterdrücken ist.

Die Frage nach der obersten Grenze der zulässigen Kommutatorumfangsgeschwindigkeit ist viel umstritten und hängt stark von dem Verwendungszweck der Maschine ab, z. B. ob es sich um Dauerbetrieb oder kurzzeitigen Betrieb handelt, ferner wo eine

Maschine aufgestellt wird, wie die zu erwartende Pflege ist, ob Bahn-
oder elektrochemischer Betrieb vorliegt usw.

In der Abb. 36 ist die Kommutatorgeschwindigkeit als Funktion
des Durchmessers für eine Anzahl ausgeführter Maschinen aufgetragen,
die während einer langen Zeit im Betrieb beobachtet werden konnten.

Die hierdurch festgelegten Zahlen über den Kommutatordurchmesser beziehen sich aber, wie bisher alle Betrachtungen über die Rei-

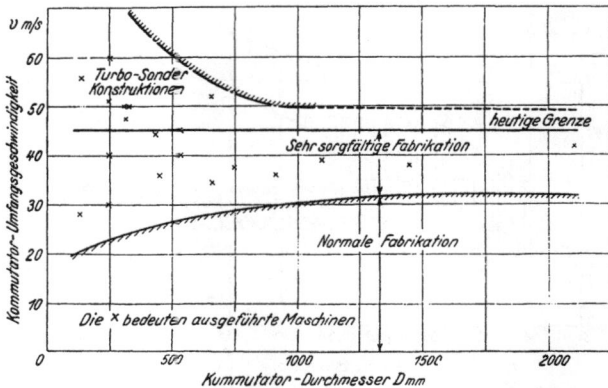

Abb. 36. Kommutator-Umfangsgeschwindigkeit v, dargestellt als
Funktion des Kommutator-Durchmessers D für stationäre Maschinen.

bung und ihre Folgeerscheinungen, auf rundlaufende Kommutatoren
und einwandfreie Bürstenapparate, wie in den früheren Kapiteln beschrieben. Außerdem gelten die Kurven, Abb. 35 und 36 nur für
stationäre Maschinen.

Beim Bahnbetrieb, speziell bei Lokomotivmotoren mit hohen
Bürstengeschwindigkeiten, wird der mechanische Lauf durch fremderregte Störungsschwingungen derartig beeinflußt, daß man auf die
hohen Werte der Kommutatorgeschwindigkeiten, welche man im stationären Betrieb noch wagen kann auszuführen, verzichten muß.

Betrachtungen über die Reibungsverhältnisse bei Klein-Kommutatoren.

Es wurden den bisherigen Studien nur Kommutatoren großen und
mittleren Durchmessers zugrunde gelegt. Man kann aber das Kapitel
über die Reibungsverhältnisse an Kommutatoren nicht abschließen,
ohne einen Blick auf die Kommutatoren von kleinsten Maschinen zu
werfen, wie sie zum Antrieb von Ventilatoren, Staubsaugern, Spezial-
gebläsen usw. Verwendung finden.

Diese Kleinmotoren besitzen Kommutatordurchmesser von ca. 20 bis
45 mm bei Drehzahlen von 2000 bis 12000 pro Minute. Diese Daten
ergeben im Gegensatz zu großen Kommutatoren kleine Umfangs-

geschwindigkeiten und hohe Winkelgeschwindigkeiten. Die Bürsten werden daher nicht so sehr von der Segmentfrequenz als vielmehr von den periodisch mit jeder Umdrehung wiederkehrenden Stößen bei ungleicher Massenverteilung von Welle und Kommutator beansprucht.

Es wäre zwecklos, sich auf eine wissenschaftliche Untersuchung, ja selbst auf eine laboratoriumsmäßige Untersuchung zwecks Fixierung von Reibungsdaten einzulassen. Dies hat folgende Gründe:

Die Kommutatoren werden in Massenfabrikation hergestellt, was zur Folge hat, daß dieselben keine Präzisionsarbeit sein können und daher in bezug auf Teilung und Massenausgleich oft zu wünschen übrig lassen. Der Glimmer wird bei diesen kleinen Kommutatoren nicht ausgekratzt; man überläßt es den Bürsten, hervorstehende Glimmerteilchen wegzuschleifen, weil es sich gezeigt hat, daß bei ausgekratztem Glimmer der Kommutator auf die schmalen Bürsten wie eine Säge wirkt. Die Schwingungen der Bürsten werden noch dadurch verstärkt, daß auch die Halter keine Präzisionsware sind, so daß besonders bei abgelaufener Bürste und verringertem Bürstendruck ein Wackeln in der Führung unvermeidlich eintritt.

Ferner befinden sich in diesen Kleinmotoren nur zwei Bürsten total. Jede abhebende Bewegung einer Bürste vom Kommutator bedeutet also die teilweise, manchmal ganze Unterbrechung des induktiven Anker- und Feldstromkreises, was starkes Bürstenfeuer zur Folge hat. Letzteres wird bei Speisung mit Wechselstrom noch durch die Transformator-EMK unter der Bürste erhöht.

Aus Gründen der Vereinfachung der Fabrikation wird auch manchmal die gleiche Segmentzahl für 110 und 220 Volt gewählt, so daß für die obere Klemmenspannung hohe Segmentspannungen und ungünstige Kommutierungsverhältnisse vorliegen.

Wenn trotz dieser Schwierigkeiten diese Kleinmotoren praktisch zufriedenstellenden Betrieb ergeben, so liegt dies daran, daß die an sie gestellten Forderungen von den Betriebsbedingungen für Maschinengattungen großer Leistungen grundverschieden sind. So stellt man keine sehr hohen Ansprüche an die Kommutatoren bezüglich ihres Aussehens. Ferner handelt es sich bei diesen Motoren niemals um Dauerbetrieb, sondern stets um kurzzeitige Belastung. Außerdem spielt die Abnutzung von Kommutator und Bürste keine fundamentale Rolle. Man versucht auf diesen Maschinen verschiedene Bürstenqualitäten im Prüffeld und verwendet dann diejenige, welche den Kommutator sauber hält, die längste Betriebsstundenzahl ergibt und das immer zu findende Bürstenfeuer auf ein erträgliches Maß herabsetzt.

2. Störungen durch eigenerregte mechanische Schwingungen.

Nachdem in den vorigen Kapiteln die allgemeinen Arbeitsverhältnisse von Kommutator, Bürsten und Bürstenapparat erläutert wurden, sollen im folgenden die Störungen betrachtet werden, welche durch Fehler an diesen Einzelteilen entstehen. Diese Fehler können demnach auftreten:

a) am Kommutator bzw. Schleifring,
b) an den Bürstenhaltern,
c) an den Bürsten.

Die von Fehlern an diesen Konstruktionsteilen hervorgerufenen Schwingungen werden im folgenden als eigenerregte Schwingungen bezeichnet, da sie von Eigenteilen der Maschine herrühren im Gegensatz zu den fremderregten Schwingungen, welche durch außerhalb der Maschine liegende Störungen entstehen. Diese werden in einem späteren Abschnitt behandelt. Zunächst stehen die eigenerregten Schwingungen zur Diskussion und es sei mit der Betrachtung der unter a) genannten Störungen, welche vom Kommutator bzw. Schleifring ausgehen, begonnen.

a) Eigenerregte mechanische Schwingungen vom Kommutator.

Bei der Rotation eines Kommutators müssen notwendigerweise mechanische Schwingungen auftreten, wenn der Schwerpunkt desselben nicht in Mitte Achse liegt. Bei der Beschreibung des Kommutators wurde darauf hingewiesen, daß z. B. ungleichmäßige Verteilung des Kupfers am Umfange eine derartige Schwerpunktsverlagerung und damit eine Unbalance hervorrufen kann. Selbstverständlich können an dieser Verlagerung in gleicher Weise Preßteller und Nabe beteiligt sein. Im Interesse des mechanisch ruhigen Laufs der Bürste ist es aber notwendig, daß die Unbalance des Kommutators auf ein Mindestmaß zurückgeführt wird. Da aber der Kommutator mit dem Anker bzw. den Schleifringen ein komplettes Ganze bildet, so muß sich diese Forderung gleicherweise auf die anderen auf der Welle sitzenden, mitrotierenden Teile beziehen. Ehe man daher nach Schwingungserregern am Kommutator sucht, muß festgestellt werden, ob der Anker als Ganzes bestmöglich austariert ist.

Das Ausbalancieren eines Ankers ist natürlich um so schwieriger, je länger seine Baulänge und je höher seine betriebsmäßige Drehzahl liegt. Aber gerade dann ist das Austarieren im Interesse einer sicheren Stromabnahme besonders notwendig.

Voraussetzung für ein erfolgreiches Ausbalancieren ist eine mechanisch richtige Dimensionierung aller Teile des Ankers und ein einwandfreies Material bei Wellen, Naben usw., so daß die Einwirkung von magnetischen Kräften sowie Beschleunigungs- oder Verzögerungsdrücken ohne Einfluß auf die Massenverteilung im Anker bleibt. Bei Maschinen mit kurzem Kommutator genügt bei kleinen Drehzahlen ein statisches

Auswuchten. Bei langen Kommutatoren sollte man auch bei verhältnismäßig niedriger Drehzahl immer auf das dynamische Auswuchten zurückgreifen. Da die heutigen dynamischen Auswuchtverfahren mittels Spezial-Balanciermaschinen darauf beruhen, die Zusatzgewichte in zwei Tarierebenen, am Kommutator und am Anker, in der Nähe der Lagerstellen anzuordnen, so bleiben für den Fall, daß sich die Unbalance in der Mitte zwischen den Lagerstellen befindet, noch immer große Momente übrig, welche die Konstruktionsteile des Ankers und im besonderen die Welle beanspruchen und einen ruhigen Lauf des Kommutators unmöglich machen.

Um auch diese Momente noch aufheben zu können, muß man Anker, Kommutator und Schleifringkörper so konstruieren, daß diese Teile längs der Welle sich einzeln gut auswuchten lassen, ohne daß der Anker zusammengebaut ist. Der komplette Anker zeigt dann bei der endgültigen Nachtarierung nur noch kleine Momente, die eine geringe Beanspruchung für die Welle ergeben. Mit diesem Verfahren erzielt man einen ruhigen Lauf, der selbst für den Betrieb der schnellaufendsten Kommutatormaschinen ausreicht.

Das sorgfältige Auswuchten eines Ankers vor Einbau in die Maschine ist auch insofern von großer Wichtigkeit, weil das Nachbalancieren an einer fertig montierten Maschine beim Kunden sich stets wesentlich schwieriger gestaltet als auf der Balanciermaschine der Fabrik.

In der Praxis trifft man Maschinen, welche allen Balancierkünsten zum Trotz unruhig bleiben. Diese Maschinen haben in den meisten Fällen mechanische Defekte im Anker und zwar kommt es z. B. vor, daß die Kommutatornabe nicht festsitzt oder daß sich ein Keil im Anker bewegt usw. Außer diesen Fällen, welche an sich durch Nacharbeit behoben werden können, gibt es aber Maschinen, bei denen die durch die Rotation bedingte elastische Deformation des Ankers so groß wird, daß sich seine Einzelteile verziehen. Erfolgt dieses Verziehen in der Weise, daß beim Lauf immer derselbe Zustand eintritt, so kann man auch mit derartigen Ankern noch Betrieb machen, wenn die Kommutatoren bei der Betriebsdrehzahl abgeschliffen werden. Deformiert sich aber ein Teil im Anker derart, daß beim Lauf nicht immer derselbe Endzustand erreicht wird, so hat man es mit einem Fehler im organischen Aufbau des Ankers zu tun, der durch Balancieren nicht zu beheben ist. Dieser Fehler macht sich am Kommutator dadurch bemerkbar, daß die Größe der Kommutatorvibrationen unvorhergesehenen Schwankungen unterworfen ist. Eine Abhilfe ist im allgemeinen nur durch eine Konstruktionsänderung des Ankers möglich.

Beim Auswuchten eines Ankers wird derselbe lediglich in seinen beiden Lagerstellen gehalten, während die übrigen Teile des Ankers frei im Raum rotieren. Nach Einbau in die Maschine aber erfahren die etwa noch vorhandenen Schwingungen an verschiedenen Stellen eine

Dämpfung. Diese Dämpfungen sind nach Abb. 37 gegeben durch die
Gesamtzahl der Bürsten auf dem Kommutator (I), durch die Gesamtzahl der Bürsten auf den Schleifringen bei Umformern (II), sowie durch
die zentrierenden magnetischen
Kraftwirkungen der Ströme in
den Ausgleichsleitungen der Ankerwicklung (III). Vermag so
der Anker als Ganzes auf jeden
seiner Teile Vibrationen zu
übertragen, so ist auch umgekehrt oft der Kommutator
selbst der Schwingungserreger.

Es ist bekannt, daß die
über den Schwalbenschwänzen
der Segmente sitzenden Bürsten mehr zu Vibrationen neigen

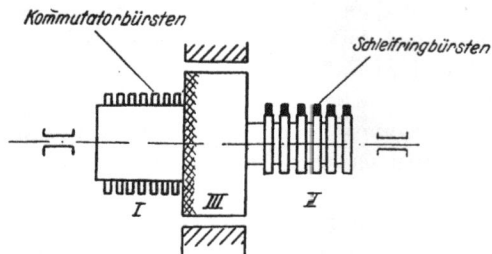

Abb. 37. Die Schwingungen des Ankers infolge Unbalance werden an den Stellen *I* und *II* durch die
Gesamtheit der Bürsten, an der Stelle *III* durch
die zentrierenden magnetischen Kraftwirkungen der
Ströme in den Ankerausgleichsleitungen gedämpft.

als die in der Mitte des Kommutators befindlichen; dies gilt im besonderen
für die über den Schwalbenschwänzen der Ankerfahnenseite laufenden
Bürsten.   Der Grund hierfür liegt darin, daß das Widerstandsmoment
der Segmente infolge der Querschnittschwächung an den Schwalbenschwänzen kleiner ist als über der Mitte und daß speziell diejenigen
Stellen der Segmente, an welche die Fahnen gelötet sind, von letzteren
zusätzliche Schwingungsbeanspruchungen erleiden.   Sofern es sich nicht
um Kommutatoren sehr hoher Umfangsgeschwindigkeiten handelt,
bleibt diese Störungsquelle in praktisch vernachlässigbaren Grenzen.

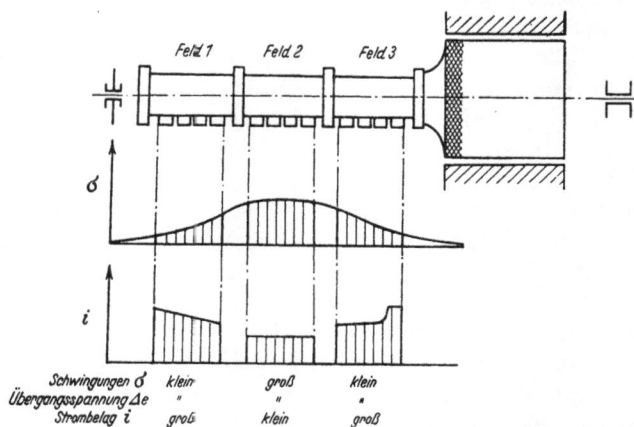

Abb. 38. Stromverteilung auf die Bürsten eines Gleichstrom-Turbogene-
rators, verursacht durch mechanische Vibrationen des Kommutators.

Daß indes die Schwingungen eines Kommutators längs der Segmente
zu sehr erheblichen Störungen der Stromabnahme führen können, ergibt
die Untersuchung an einem Turboanker, der in Abb. 38 veranschaulicht

ist. Der Kommutator nimmt den größeren Teil der Baulänge des Ankers ein. Die beiden Festpunkte für den Kommutator sind einerseits das kommutatorseitige Außenlager, andererseits die magnetischen Kräfte der Ströme in den Ankerausgleichsleitungen in Verbindung mit dem Feldsystem. Die größten Schwingungen können sich daher in dem Mittelfeld des dreiteiligen Kommutators ausbilden und konnten hier durch die auf die Bürsten ausgeübten Stöße beobachtet werden. Die Folge dieser Verteilung der Schwingungsamplituden σ auf die drei Felder des Kommutators war, daß die Bürsten des Mittelfeldes eine solche Erhöhung der Übergangsspannung Δe erfuhren, daß sie nur wenig Strom führten. Die Hauptlast mußte daher von den beiden Außenfeldern abgenommen werden, welche dadurch erheblich überlastet wurden. Durch diese ungleichmäßige Verteilung des Stromes auf die Kommutatoroberfläche wurde das Kupfermaterial der Außenfelder angegriffen. Ferner wurden die Bürsten dieser Felder gezwungen, über dem Knie ihrer Stromspannungscharakteristik zu arbeiten, wodurch sich eine ungleichmäßige Stromverteilung auf die Bürsten pro Feld einstellte. Die Folge war eine abermalige Überbelastung speziell einzelner Bürsten. Dies konnte man an den teilweise verbrannten Bürstenlaufflächen, dunkel gefärbten Bürstenlitzen und der partiell verstärkten Riefenbildung auf dem Kommutator feststellen und diese Erscheinungen waren nur als Folge der mechanischen Vibrationen des Kommutators, mit der die elektrische Unstabilität Hand in Hand geht, zu buchen.

Doch nicht allein die Unbalance stört den ruhigen Lauf der Bürsten, sondern auch jede noch so geringfügige Abweichung der Kommutatoroberfläche von der Kreisform stört den Gleichgewichtszustand der Stromabnahme. Im folgenden sollen die Abweichungen von der Kreisform sowie die Auswirkung dieser Abweichungen in ihren schwächsten Formen bis zu den extremsten Fällen betrachtet werden.

Zu der geringsten, aber darum besonders häufigen Abweichung von der Kreisform gehört der durch unsachgemäßes Abdrehen oder Abschleifen erzeugte Oberflächenzustand eines Kommutators. Wird z. B. ein Kommutator mittels einer groben Karborundumscheibe abgeschliffen, so wird die Oberfläche desselben aufgerissen und aufgerauht und man kann schon mit bloßem Auge die Verletzungen der Oberfläche in Form von kleinen Widerhaken und Rissen erkennen. Gerade bei solchen Kommutatoren sind die Bürsten der beste Indikator für die Unzulänglichkeit des Zustandes der Oberfläche. Die Bürsten schwärzen in kürzester Zeit den Kommutator und dies ist dadurch zu erklären, daß sich der Graphit in diese feinen Risse hineinsetzt und festbrennt. Wird daher ein Kommutator mittels grober Scheibe abgeschliffen, so muß ein Nachschleifen der Oberfläche mit feinem Karborundumpapier erfolgen, um wenigstens dadurch die Widerhäkchen fortzunehmen. Das gilt ganz besonders dann, wenn der Kommutator bei voller

Drehzahl der Maschine abgeschliffen wurde. Jedoch ist das Aufrauhen der Kommutatoroberfläche noch das durch unsachgemäß vorgenommenes Schleifen entstehende kleinere Übel. Das größere tritt immer dann auf, wenn der Support, mittels welchem die Schleifscheibe geführt wird, nicht schwingungsfrei angeordnet war. Man erhält dann als Resultat des Schleifens nicht einen Kreis, sondern ein unregelmäßiges Vieleck; also eine Kommutatoroberfläche mit Bergen und Tälern. Die tiefer herausgeschliffenen Stellen werden dann von der Bürste nicht berührt und der Stromübergang bleibt lediglich auf die erhabenen Stellen der Kommutatoroberfläche beschränkt. Dies bedeutet eine lokale Erhitzung des Kommutators; die stromführenden Stellen pflegen schwarz anzubrennen und das Kupfer nimmt die typische rote Hitzefarbe an.

Durch diese Ausführungen soll indes nicht gegen das Abschleifen von Kommutatoren mittels Karborundumscheibe an sich propagiert werden; nur soll darauf hingewiesen werden, daß es notwendig ist, beim Abschleifen größte Sorgfalt obwalten zu lassen. In dieser Hinsicht erfordert das Abdrehen mittels Stahls bei geringer Schnittgeschwindigkeit etwas weniger Vorsicht. Man muß die Frage, ob Abschleifen oder Abdrehen, auch sehr vom Standpunkt der zu behandelnden Maschine betrachten. Ja, man kann sogar manchmal eine kreisrunde Oberfläche nur durch Abschleifen erzielen; so z. B.

Von der Schleifscheibe weggeschliffen

abgewickelte Schleifringoberfläche
Kanten der Bürste

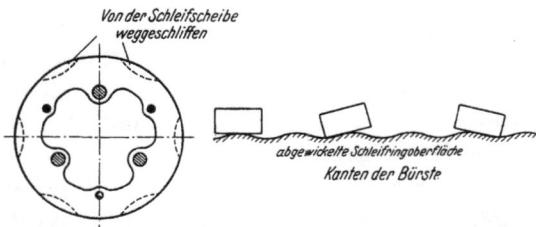

Abb. 39. Schleifring, abgeschliffen mit Karborundumscheibe bei zu hohem Anpressungsdruck.

bei Gleichstromturbo-Kommutatoren älterer Konstruktion sowie bei Einfach-Kommutatoren großer Länge, die sich bei voller Drehzahl in einem anderen Beharrungszustand befinden als im Stillstand; die sich also verspannen.

Dasselbe, was für die Kommutatoren gesagt wurde, gilt sinngemäß für Schleifringe. Auch hier kann man sagen, daß das Abdrehen, wenn möglich, dem Abschleifen vorzuziehen ist. Dies gilt im besonderen für solche Schleifring-Konstruktionen, welche sich unter hohem Anpressungsdruck der Schleifscheibe zu deformieren vermögen. Unter diesen Umständen wird beim Abschleifen der Ringe aus dem Ringumfang nicht ein Kreis, sondern ein Vieleck mit soviel Ecken, wie Befestigungsanschlüsse und Versteifungen im Innern des Ringes vorhanden sind, s. Abb. 39. Bei einem an den Schleifringen eines Einankerumformers beobachteten Fall kam dieser Mangel erst zum Vorschein, als man Bürsten auf die Ringe setzte und die Maschine in Betrieb nahm. Die Ringe verursachten bereits bei Leerlauf des Umformers erhebliches Bürstenfeuer in Verbindung mit einem hohen Reibungston. Die er-

habenen Punkte der Ringoberflächen wurden ausschließlich zur Stromleitung herangezogen, während die tiefsten Stellen von den Bürsten
überhaupt nicht berührt wurden. Das Bürstenfeuer fraß die Ringe
an, die Bürste verkantete sich in den Haltern, ein Betrieb wurde unmöglich. Es ging auch nicht an, diese Erhöhungen und Vertiefungen
mittels Karborundumpapiers oder mit Hilfe von Schleifmitteln auszugleichen. Man mußte den ganzen Bürstenapparat wieder abbauen und
nun bei geringer Drehzahl die Ringe mit einem Stahl abdrehen.

Wie man sieht, führt bereits die Behandlung von Ring- bzw. Kommutatoroberfläche durch unsachgemäßes Abdrehen oder Abschleifen
zu ganz erheblichen Störungen im Bürstenlauf und in der Stromabnahme.
Dies sind jedoch zunächst die einfachen Störungen, welche aus Fehlern
der Kommutatoroberfläche entstehen. Geht man einen Schritt weiter,
so sind diejenigen Störungen zu nennen, welche durch z u r ü c k s t e h e n d e
S e g m e n t e gegeben sind.

In dem Kapitel I S. 11 über den Kommutator und seine Baustoffe
wurde auseinandergesetzt, wie die Bildung derartiger zurückstehender
Segmente aus dem inneren Kräfteschluß des Kommutators zu erklären
ist. Hier interessiert nun die Frage, welche Wirkung diese Segmente
auf den Lauf der Bürste ausüben. Handelt es sich nur um ein einzelnes
Segment, so ist dieser Fehler zwar nicht gerade betriebsstörend, jedoch
insofern beunruhigend, als dem einen zurückstehenden Segment zu irgendeiner Zeit auch andere folgen können. Bedeckt die Bürste etwa zwei
bis drei Segmente, so wird dieselbe über ein einzelnes zurückstehendes
Segment hinweggleiten und elektrische Störungen nicht verursachen.
Stehen jedoch mehrere Einzelsegmente zurück und vielleicht unglück-
licherweise in der Kommutator-Polteilung, wie Abb. 40 darstellt, so

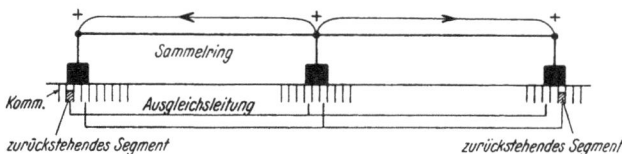

Abb. 40. Kommutator mit zurückstehenden Segmenten in Polteilung. Es fließen Ausgleichsströme über den Sammelring zwischen
Bürstenspindeln gleicher Polarität.

wird hierdurch zunächst eine elektrische Störung eintreten. Es entsteht nämlich eine Unsymmetrie zwischen den Spindeln, deren Bürsten
3 Segmente bzw. nur 2 Segmente decken; die letzteren werden gewissermaßen aus der Polteilung geschoben. Sind die Ausgleichsleitungen
stark genug, diese Differenz noch auszugleichen, so werden die an-
liegenden Segmente nicht erheblich beeinflußt. Fließen jedoch die Ausgleichsströme über die Sammelringe, so müssen notwendigerweise die
vor- und zurückliegenden Segmente anbrennen und aus dem elektrischen
Schaden wird im Laufe der Zeit auch ein mechanischer, weil die Bürste

über die angebrannten Segmente nicht mehr ruhig hinweggleiten kann. Man hat also folgendes Bild: Aus einem zunächst mechanischen Fehler entsteht ein elektrischer, und der elektrische Fehler erweitert wiederum den mechanischen zu einer solchen Größe, daß der ursprünglich ruhige Lauf der Bürsten empfindlich gestört wird.

Wesentlich schlimmer als diese Erscheinung ist aber diejenige des unregelmäßigen Anfleckens der Segmente auf dem ganzen Kommutatorumfang. Das bedeutet in jedem Fall einen mechanischen Defekt des Kommutators. Unter diesen Bedingungen ist selbstverständlich an eine geregelte Stromabnahme überhaupt nicht zu denken, und es muß je nach Maßgabe der Größe des Defekts entweder der Kommutator abgedreht werden oder, wenn sich diese Erscheinung auch nach dem Abdrehen wieder einstellt, ein vollkommenes Zerlegen des Kommutators und eine Revision der Einzelteile, wie in Kapitel I S. 10 besprochen, stattfinden. Ein allmählich sich steigerndes unregelmäßiges Anflecken, verbunden mit einem immer unruhiger werdenden Lauf der Bürsten, ist eine Erscheinung, welche man bei sehr großen Kommutatoren als notwendiges Übel während der ersten Betriebsmonate in Kauf nimmt und aus welchem nicht auf einen an sich falschen Aufbau geschlossen werden darf. Ein großer Kommutator braucht eben eine gewisse Zeit, um sich, wie man sagt, zu setzen. Ist die Periode der Formveränderungen unter dem Einfluß der wechselnden Erhitzung und der Zentrifugalkräfte vorüber, so wird durch einmaliges sauberes Überdrehen eine dauernd stabile und runde Oberfläche erzielt.

Streng zu unterscheiden von diesen unregelmäßigen Anfleckungen eines Kommutators sind die manchmal zu beobachtenden ganz gleichmäßigen Anfleckungen, z. B. jedes zweiten oder dritten Segments. Diese Anbrennungen infolge Bürstenfeuers in regelmäßigen Abständen vermögen, wenn sie stärker werden, mechanische Schwingungen der Bürste auszulösen. Dadurch wird die Stromabnahme mechanisch gestört und das Bürstenfeuer verstärkt. Hier addieren sich also wieder elektrische und mechanische Wirkungen; jedoch im Gegensatz zu dem Beispiel der unregelmäßigen Segmentanfleckungen ist die Ursache in diesem Falle elektrischer Natur mit einer darauffolgenden mechanischen Auswirkung. Es läßt sich also kurz die Regel aufstellen, daß ein Kommutator mit unregelmäßiger Anfleckung mechanisch krank ist, während bei regelmäßigen Anfleckungen der Fehler elektrischer Natur ist. Eine einzige Ausnahme vielleicht zu dem letzteren Fall, welcher aber schließlich nur dadurch die Regel bestätigt, ist der der angebrannten Segmente bei Bahnmotoren. Hier ist aber der Fehler in einer falschen Bedienung des Motors zu suchen, indem der Fahrer den Wagen öfters mit angezogener Bremse anzufahren sucht.

Als weitere Steigerung in der Deformation der Kommutator-Oberfläche infolge Bürstenfeuers sind dann die bereits mit gewöhnlichen Meßinstrumenten feststellbaren Vertiefungen zu nennen, denen in regelmäßigen oder unregelmäßigen Abständen Buckel folgen. Diese Verwüstungen an einem Kommutator sind natürlich als Betriebszustand überhaupt nicht mehr diskutabel. Es gibt keine Stromabnahme mehr ohne erhebliches Bürstenfeuer, selbst bei elektrisch gut ausgelegter Maschine. Die Bürsten werden elektrisch durch das Feuer und mechanisch durch die Stöße zerstört und die Brandstellen auf dem Kommutator erfahren unter dem Einfluß der Hammerwirkung der Bürste und der Funkenbildung eine gesteigerte Verschlechterung.

Und doch gibt es Betriebsverhältnisse mit so schweren Arbeitsbedingungen, daß früher oder später ein derartiger schlechter Zustand des Kommutators sich herauszubilden vermag. Dies gilt im besonderen für den Vollbahnbetrieb. Man hat daher die Beanspruchungen, welche speziell von derartigen Kommutatoren auf die Bürsten ausgeübt werden, auch theoretisch untersucht. Es sei an dieser Stelle auf die Arbeit von F. Zeug „Eine Studie über das gegenseitige dynamische Verhalten von Kohle und Kommutator" hingewiesen, welche im Januar-Heft 1929 der Zeitschrift „Elektrische Bahnen" erschienen ist, ferner auf den bereits erwähnten Artikel von C. Bodmer „Fortschritte im Bau von Bahnmotor-Kollektoren". Diesen Rechnungen liegt die Annahme zugrunde, daß es sich um Vertiefungen im Kommutator von sinusförmiger bzw. parabolischer Form handelt, wobei zu sagen ist, daß diejenige Annahme einer Deformation der Praxis am nächsten kommen dürfte, welche sich aus den physikalischen Vorgängen bei der Fabrikation bzw. den Zerstörungen, welche der Kommutator unter schweren Betriebsbedingungen erleidet, ergibt. Bezugnehmend auf die oben genannten Arbeiten sei angenommen, daß die Bürste von der Masse M unter dem Anpressungsdruck P über eine Höhendifferenz ΔR fallen muß, Abb. 41, und daß der übrige Teil der Kommutatoroberfläche nach einer Spirale mit fast verschwindender Neigung geformt ist. Die Massenverteilung von Druckbügel und Feder ergibt einen Schwerpunkt, der dem Drehpunkt des Bügels viel näher liegt

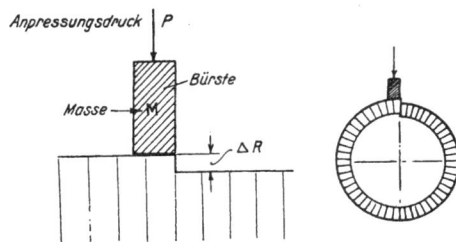

Abb. 41. Kommutator mit Segmentstufe.

als der Schwerpunkt der Bürste. Man kann daher für sehr kleine Werte von ΔR die Masse von Bügel und Feder vernachlässigen.

Es ergibt sich nach dem Fall-Gesetz:

$$P = M \cdot b; \qquad v = b \cdot t; \qquad \Delta R = \frac{b \cdot t^2}{2}; \text{ hieraus folgt:}$$

$$v_{ms} = \sqrt{2 \Delta R \frac{P}{M}} \qquad t_{sk} = \sqrt{2 \Delta R \frac{M}{P}}$$

Zahlenbeispiel: $\Delta R = 0,0001$ m

$$M = \frac{\text{Gewicht}}{9,81} = \frac{0,0981 \text{ kg}}{9,81} = 0,01$$

$P = 2$ kg

mit diesen Zahlenwerten folgt:

$$v = 0,2 \text{ m/s} \qquad t = 0,001 \text{ s.}$$

Die Zeit, während welcher sich die Bürste in der Luft befindet, beträgt also 0,001 Sekunden. Um Anbrennungen am Kommutator gering zu halten, muß der Kontakt so schnell wie möglich wieder hergestellt werden. Bei einem 50periodigen Umformer beträgt aber die Zeit, während welcher ein Segment von der Bürste einer Polarität bis zur Bürste der anderen Polarität wandert, 0,01 Sekunden. Demnach würde also die Bürste während $^1/_{10}$ der Polteilung in der Luft schweben. Nimmt man an, daß der entstehende Lichtbogen etwa den 10fachen Spannungswert der Übergangsspannung bei festem Kontakt hat, so ist die Polteilung auf $^1/_{10}$ Länge 10fach überlastet, auf $^9/_{10}$ Länge normal belastet, also wächst die Wärmebeanspruchung des Kommutators auf jeder Polteilung zeitlich nacheinander infolge der Segmentstufe auf ca. den doppelten Wert.

Während die Bürste in der Luft schwebt, ist zwar die Reibungsarbeit Null, an ihre Stelle tritt aber im Moment des Wiederaufsetzens der Bürste auf den Kommutator die Schlagarbeit.

Die bisherigen Betrachtungen bezogen sich auf einen während der Rotation axial nicht bewegten Kommutator. Dann gehört zu jeder Bürstenlauffläche ein bestimmter Streifen in der Lauffläche des Kommutators, welche aufeinander eingepaßt sind. Jede Lageveränderung des Ankers in axialer Richtung bedeutet demnach eine Störung der festen Eingriffsverhältnisse, denn eine Wellenbildung der Kommutatoroberfläche ist, selbst wenn noch so gering, praktisch immer vorhanden.

Betriebsmäßig tritt diese axiale Lagenveränderung des Ankers bei Maschinen ohne Wellenspiel im allgemeinen nicht ein. Erfolgt sie dennoch plötzlich aus äußeren Ursachen, wie z. B. Änderung der Richtung und Stärke des Riemenzuges, der Erregung, der Drehzahl, so ergibt dies eine mechanische Beunruhigung der Bürsten und eine Verschlechterung der Stromabnahme. Die besten Gegenmittel sind solche, welche von vornherein Riefen- und Wellenbildungen auf ein Mindestmaß beschränken. Zu diesen gehört außer guter Pflege und Sauberhaltung das Wellenspiel.

Es gibt Maschinen, welche auf Grund ihrer Auslegung in den magnetischen Verhältnissen, manchmal sogar durch einen Fabrikationsfehler, wie Schrägstellung der Statorschichtung, ein eigen erregtes Pendeln des Ankers zeigen. Normalerweise ist dies aber nicht der Fall. Man ist daher gezwungen, eine automatische Einrichtung an dem einen Wellenende anzuordnen, welche den Anker in einer pendelnden Bewegung erhält. Diese Bewegungsenergie wird aus der rotierenden Masse des Ankers geschöpft und erhält eine jedesmalige Dämpfung durch eine Feder, welche den Anker in axialer Richtung zurücktreibt. Durch eine solche Anordnung wird sowohl Riefen- wie Wellenbildung bei geeigneter Versetzung der Bürsten auf ein geringes Maß beschränkt. Die Formgebung der Bürstenflächen selbst ist hierbei nicht ganz gleichgültig. Die Abb. 42 läßt erkennen, daß die schmale Bürste *A* gegen die mechanischen Beanspruchungen durch das Wellenspiel viel empfindlicher ist wie eine klotzförmige Bürste *B*. Die schmale Bürste *A* wird strengere Toleranzen im Halter erfordern, damit kein Kippen auftritt. Wenngleich dieser Vorgang des Pendelns, besonders bei Maschinen mit großen Ankerdurchmessern, langsam und geregelt vor sich geht, müssen sich notwendigerweise unter der Bürste beim Kippen zwei Laufflächen ausbilden, von welchen, je nach der Stellung des Ankers, immer nur die eine trägt. Wenn damit auch noch kein Bürstenfeuer eintritt, so wird auf alle Fälle der aktive Querschnitt verringert, was

Abb. 42 a—c. Einfluß des Wellenspiels auf die Bewegung der Bürste im Halter.

eine höhere spezifische Belastung von Bürsten und Ring bzw. Kommutator hervorruft. Hieraus ergibt sich, daß auch der Halter sein Teil dazu beitragen kann, um störend auf die Zusammenarbeit zwischen den rotierenden Teilen und Bürsten einzugreifen.

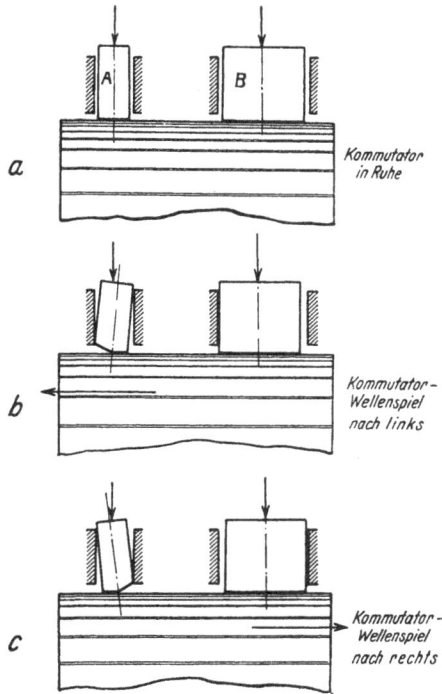

b) Eigenerregte mechanische Schwingungen vom Bürstenhalter.

Eine Bürste wird im Halter um so besser geführt werden, je sauberer die Innenflächen des Kastens bearbeitet sind. Die Größe der zulässigen Toleranz zwischen Bürste und Halter hängt vom Konstruktionsprinzip des Halters ab. In Erkenntnis der Wichtigkeit dieser Daten sind dieselben auch in dem bereits einmal erwähnten DIN-Blatt V.D.E. 2900 festgelegt. Bei zu großer Toleranz wird die Bürste im Halter rasseln, und denselben speziell bei genieteten Halterkonstruktionen, allmählich

ausschlagen. Ebenso kann auch eine zu enge Führung der Bürsten
im Halter zu Störungen Veranlassung geben, indem sich die Bürste
im Halter festklemmt, besonders dann, wenn der Bürste durch Staub-
ablagerungen jede Beweglichkeit genommen wird. Das eine Übel ist genau so groß wie das andere. Selbstverständlich kann der Fehler auch
an der Maßhaltigkeit der Bürste liegen. Da es aber im allgemeinen
weniger schwierig ist, eine Bürste auf genaues Maß herzustellen als die
Innenflächen eines Bürstenhalterkastens, so wird der Fehler meistens
an dem Halter zu suchen sein.

Aber auch gut fabrizierte Halter können dadurch Störungen ver-
anlassen, daß sie falsch montiert werden. Gegen einen zu großen Abstand des Halterkastens vom Kommutator sind wohl durchweg sämtliche Bürstenhalter, welches Konstruktionsprinzip ihnen auch zugrunde
liegen mag, empfindlich.

Als Maß kann man angeben, daß der Abstand vom Kommutator
im allgemeinen 2 mm nicht überschreiten soll. Senkrecht stehende Halter,
bei welchen sich die Bürste sowieso nach der einen Drehrichtung einstellt, sind in bezug auf diesen Abstand nicht so empfindlich wie gerade
der Reaktionshalter, dessen Kräfteverteilung die genaueste Einhaltung
des richtigen Sitzes, also gleiche Abstände an der ablaufenden wie auflaufenden Bürstenkante, erfordert. Vergleiche Abb. 23. Ferner kann auch
der beste Bürstenhalter zu Störungen führen, wenn die vom Kommutator
kommenden mechanischen Beanspruchungen und das Arbeitsprinzip des
Halters nicht aufeinander abgestimmt sind. So ist es z. B. ein Unding,
auf den Kommutator einer stationären Maschine, welcher mit 40 m/s Umfangsgeschwindigkeit läuft, einen einfachen, senkrecht stehenden Bürstenhalter Abb. 18 zu setzen, der seinen Zweck auf einer Maschine kleiner
Leistung bis z. B. 20 m/s Umfangsgeschwindigkeit ausgezeichnet erfüllt,
oder es wäre ein Fehlgriff, Schräghalter, die sich auf großen stationären Maschinen bestens bewährt haben, auf Bahnmotoren aufsetzen
zu wollen.

Die meisten Störungen werden aber von Bürstenhaltern nicht auf
Grund unzweckmäßiger Auswahl oder schlechter Fabrikation hervorgerufen, sondern entstehen als Folge falscher Einstellung des
Druckes sowie der Druckänderung als Funktion der Bürsten-
länge. Es wurde bereits gesagt, daß ein zu geringer Bürstendruck zu
Vibrationen Veranlassung gibt und bei vielen Halterkonstruktionen ist
als Fehler zu bemängeln, daß eine Erniedrigung des Bürstendruckes
automatisch mit der Senkung des Druckbügels bei abgelaufener Kohle
erfolgt. In diesem Falle addieren sich zwei Übel: nämlich der verringerte
Anpressungsdruck geht Hand in Hand mit einer wesentlich schlechteren
Führung der Bürste im Kasten infolge ihrer verkürzten Länge. Dieser
Übelstand macht sich bei kürzer werdender Kohle durch allmählich
immer unruhiger werdenden Lauf bemerkbar.

Dies läßt sich sehr gut durch einen Laboratoriumsversuch illustrieren, dessen Ergebnisse in der Abb. 43 dargestellt sind. Die beiden stark ausgezogenen Kurven sind Stromspannungskurven, gemessen an zwei Bürsten in Schräghaltern auf einem Kommutator bei konstantem Bürstendruck, konstantem Strom und konstanter Umfangsgeschwindigkeit, jedoch bei verschieden langer Bürste. Man sieht, daß die halb so lange Bürste trotz Konstanthaltung des Druckes unruhiger läuft (Kurve b), also eine höhere Übergangsspannung aufweist wie die Bürste, welche infolge ihrer doppelt so großen Länge gute Führung im Kasten hat

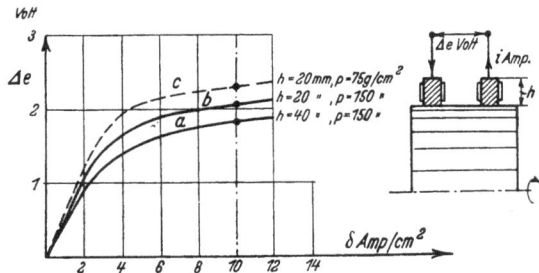

Abb. 43. Stromspannungs-Charakteristik $\varDelta e = f(\delta)$ zweier elektrographitierter Bürsten bei variabler Bürstenhöhe und variablem Bürstendruck.

(Kurve a). Erniedrigt man außerdem den Bürstendruck bei kurzer Kohle, so wird die Übergangsspannung noch größer (Kurve c), die Bürste läuft mechanisch noch unruhiger.

Dieser Versuch wurde mit elektrographitierten Bürsten ausgeführt. Verwendet man Hochgraphitbürsten, so sind die Spannungsdifferenzen zwischen den Kurven a, b und c kleiner. Dies bedeutet — und deckt sich mit der allgemeinen Erfahrung —, daß Hochgraphitbürsten infolge ihrer größeren mechanischen Elastizität auch unter ungünstigen Führungsverhältnissen noch mechanisch ruhig zu laufen vermögen, eine Tatsache, die sich im übrigen auch an der Bürstenlauffläche ausprägt. Versuche mit verschiedenen Bürstensorten auf der Prüfeinrichtung Abb. 43 ergaben unter gleichen Arbeitsbedingungen bei sämtlichen Hochgraphitbürsten glatte, polierte Laufflächen, während bei elektro-

Abb. 44. Laufflächen zweier elektrographitierter Bürsten, entnommen der Prüfeinrichtung Abb. 43, nach mehrstündiger Belastung mit 10 A/cm² gemäß Kurve Abb. 43 c.

graphitierten Bürsten zum Teil matte Streifen unter der Mitte der Lauffläche entstanden; das heißt, die Bürste hat an dieser Stelle unter der Lauffläche gebrannt. In Abb. 44 sind die Laufflächen zweier elektrographitierter Versuchsbürsten dargestellt. Die Streifenbildung hat, dies sei besonders betont, mit Kommutierungserscheinungen nichts zu tun.

Welche enorme Wichtigkeit die Führung der Bürste im Halter hat und was für Möglichkeiten sich ergeben, wenn es gelingt, die Radial-vibration des Rotationskörpers an der Wurzel zu beseitigen und nicht erst diese an der Bürste angreifenden Kräfte dämpfend zu beeinflussen, zeigt der folgende klassische Versuch an einem Schleifring Abb. 45.

Bei seitlich laufender Bürste kann man den Ring mit viermal so hohen Strom-dichten belasten bei fast viermal so hoher Geschwin-digkeit, wie bei der Anord-nung derselben Bürste auf der Peripherie des Ringes. Und dabei ist die Über-gangsspannung als Maß für die Güte des Laufs und die Größe der Erwärmung bei vierfachem Strom nur halb so groß wie bei der peri-pheren Bürstenanordnung.

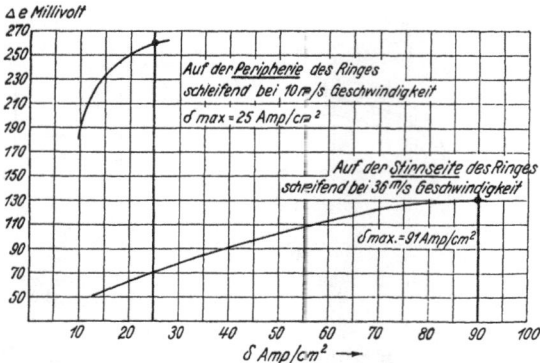

Abb. 45. Stromspannungs-Charakteristik einer Metall-bürste, gemessen auf einem Schleifring.

Es ergeben sich bei dieser Anordnung überhaupt prinzipiell ganz andere spezifische Belastungsmöglichkeiten. Denn selbst bei hohen Ringum-fangsgeschwindigkeiten ist ein so guter Kontakt vorhanden, daß so-wohl die elektrischen als auch die mechanischen Verluste unerwartet klein werden. Hier kann man annehmen, daß der Reibungskoeffizient tatsächlich in der Praxis so klein wird, wie er im Laboratorium unter gleichen Bedingungen gemessen wurde. Ich erwähne diesen Versuch, weil seine Auswertung ja in der Praxis speziell auf Flachkommutatoren des öfteren versucht worden ist. Es liegt auf der Hand, daß derartige Konstruktionen für kleine Kommutatorleistungen nur in Spezialfällen anwendbar sind trotz der enormen Vorteile, welche die seitliche Anord-nung bezüglich der Bürste mit sich bringt.

c) Eigenerregte mechanische Schwingungen der Bürste.

Aber nicht nur der Halter allein, sondern auch die Bürste kann von sich aus zur Erregung von mechanischen Schwingungen beitragen; allerdings nur in Wechselwirkung mit Halter und Kommutator und eigentlich auch nur unter zwei Bedingungen. Die eine wurde bereits bei der Betrachtung des Halters genannt. Sie ist dadurch gegeben, daß die Bürste auf falsches Maß geschliffen wurde und dadurch ein über-mäßiges Spiel im Halterkasten aufweist. Als zweite, von der Bürste selbst ausgehende Störungsquelle, ist die Reibungsziffer der Bürsten-qualität zu nennen. Nicht die Höhe der Reibungsziffer an sich ist ausschlaggebend, sondern die Unterschiedlichkeit der Reibungsziffer einer Anzahl von Bürsten gegenüber der erfahrungsgemäß für diese Qualität festliegenden Reibungszahl. Umfangsgeschwindigkeit und Bürsten- halterkonstruktion sind für einen bestimmten Reibungskoeffizienten mit einer gewissen Toleranz eingestellt. Fällt nun die Reibungsziffer erheblich aus diesem Rahmen heraus, so sind mehr oder weniger regelmäßige Schwin- gungen, Rasseln oder Tanzen der Bürste zu erwarten.

Die von Kommutator, Bürstenhaltern und Bürsten erregten Eigenschwingun- gen werden nun von der Masse des gesamten Bürstenappara- tes aufgenommen, wenn diese Konstruktion stabil ist. Bei unzureichender Verspannung

Abb. 46. Mechanischer Schwingungskreis: Kommutator ÷ Bürsten ÷ Bürstenjoch ÷ Lagerbock÷ Grundplatte : Bürstenjochversteifung ÷ Bürsten : Kommutator.

und sehr langen Kommutatoren können sich die Schwingungen über den Bürstenträger und den Lagerbock fortpflanzen. Die Grundplatte bildet den Rückschluß.

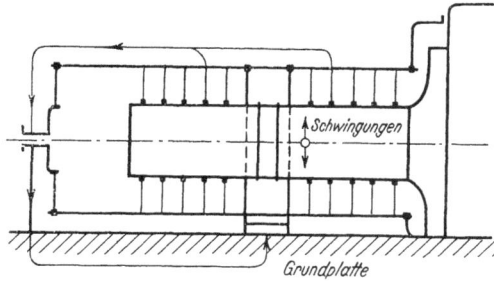

Diesen Vorgang veranschaulicht Abb. 46. Das Mitschwingen der Grundplatte wird durch einen soliden Aufbau derselben vermieden.

3. Störungen durch fremderregte mechanische Schwingungen.

Es wurde im vorigen Abschnitt 2 „Eigenerregte mechanische Schwingungen" gezeigt, daß die Grundplatte bei solidem Aufbau für eigenerregte Schwingungen als Dämpfungsfaktor wirkt. Bei fremd- erregten Schwingungen wirkt sie gerade umgekehrt als Vermittler dieser Schwingungen nach den empfindlichen Teilen des Bürsten- apparates. Hierfür lassen sich außerordentlich viele Beispiele aus der Praxis angeben.

Unter diese Kategorie gehören diejenigen Motoren, die in unmittel- barer Nähe der Arbeitsmaschine sitzen und mit dieser auf gemeinsamer gußeiserner Grundplatte montiert sind, z. B. alle Werkzeugmaschinen, Hobelbänke, Shaping-Maschinen, Stanzen und ähnliche Maschinen, bei denen eine rotierende Bewegung in eine hin- und hergehende umge- wandelt wird, unter deren Stößen die Antriebsmotoren zu leiden haben.

Zahllos sind ferner die Fälle, in denen fremderregte Schwin- gungen durch deren direkte mechanische Weiterleitung störend auf die Stromabnahme wirken. Diese verschiedenen Möglichkeiten seien an Beispielen näher besprochen.

Die bekannteste Art der Weiterleitung der von einem Motor er- zeugten Energie nach der Arbeitsmaschine erfolgt mittels Riemen. Ist die Riemengeschwindigkeit groß und hat der Riemen gegen allen Gebrauch ein ungünstig gelegenes Schloß oder eine Nähstelle, so wird bei jedesmaligem Vorbeigleiten des Riemenschlosses über die Riemenscheibe ein Schlag auf die Welle des Motors und damit auch auf den Kommutator ausgeübt. Um diese Störung praktisch auszuscheiden, wird ja bekanntlich die Riemenscheibe auf die dem Kommutator abgelegene Seite gesetzt.

Ein motorischer Antrieb über Zahnräder kann ebenfalls zu erheblichen Störungen der Stromabnahme am Kommutator führen. Bei einem 100-kW-Gleichstrommotcr, der auf ein Zahnradgetriebe arbeitet, waren die von den Zahnrädern auf den Anker ausgeübten Schwingungsstörungen so stark, daß ein Antrieb absolut unmöglich war. Es wurde erst lange an falscher Stelle gesucht, um eine Erklärung für das Bürstenfeuer zu finden, welches von einer ganz bestimmten Drehzahl an einsetzte und sich mit höher werdender Umfangsgeschwindigkeit erheblich verstärkte. Schließlich wurde gefunden, daß die Nutenzahl des Ankers bzw. die Segmentzahl ein Vielfaches der Zähnezahl des angetriebenen Hauptzahnrades war. Der Anker des Motors kam infolge des mit der Stellung der Nuten unter dem Polbogen pulsierenden Drehmoments in Resonanzschwingung über den Eingriff des Ritzels mit dem Hauptzahnrad. Man kann sich den Vorgang in der Weise vorstellen, daß der konstanten Winkelgeschwindigkeit des Ankers eine Relativgeschwindigkeit, die von der Nutenzahl des Ankers und der Zähnezahl des Hauptzahnrades abhängt, überlagert wird, wodurch eine Zitterbewegung des Ankers und damit eine Störung der Kommutierung auftrat. Dieser Fehler war mit einem Schlage beseitigt, als durch Wahl einer ungraden Nutzahl im Anker ein Störungsglied in diesen Schwingungskreis gebracht wurde.

Sehr vielseitig sind auch die Störungen an einer Kommutatormaschine durch direkte Kupplung mit anderen Maschinen. Als einfachster Fall für diese Anordnung sei die Kupplung eines Gleichstrommotors mit einem Ventilator erwähnt. Diese Motoren haben meistens eine hohe Drehzahl und die geringste Unbalance des Ventilators wirkt sich am Kommutator aus. Ein Fall verdient hier Erwähnung, bei welchem es ebenfalls einer langen Reihe von Beobachtungen bedurfte, bis die Ursache zu der Störung der Kommutierung als Defekt an dem Ventilator gefunden wurde. Ein loser Ventilatorflügel schlug nach außen und erzeugte dadurch Vibrationen am Kommutator, welche sich als weißliches Bürstenabhebfeuer kundgaben. Wurde die Maschine vom Ventilator entfernt, ging sie einwandfrei. Daraufhin ergab eine eingehende Untersuchung des Ventilators den oben beschriebenen Defekt.

Nicht nur die Kupplung mit Arbeitsmaschinen, sondern auch mit anderen elektrischen Maschinen führt oft zu Störungen der Stromabnahme, deren Ursache an allen möglichen Stellen, nur nicht an der mechanischen Zusammenkupplung der Maschinen selbst gesucht wird.

Die bekannteste Form der Kupplung von elektrischen Maschinen besteht in der sogenannten Dreilagerausführung, bei welcher ein Drehstrommotor mit einem Gleichstromgenerator zusammengesetzt ist gemäß Abb. 47. Hierbei erhält die Gleichstrommaschine nur ein Lager kommutatorseitig, während das andere Wellenende des Gleichstromankers über einen Flansch mit der Welle des Drehstrommotors verbunden ist. Es gehört im allgemeinen zur Seltenheit, daß bei großen Einheiten die mechanische Zusammenkupplung über den Flansch derart ausgeführt wird, daß der Kommutator schlägt. Eine unsachgemäße Kupplung und ein schlagender Kommutator sind indes zwei Übelstände, von welchen der letztere als Ursache des ersteren anzusprechen ist. Durch Ausrichten der Kupplung pflegt auch gleichzeitig das Schlagen des Kommutators behoben zu sein.

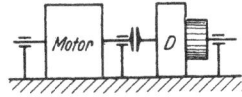

Abb. 47. Kupplung zweier Maschinen in Dreilager-Ausführung.

Schwieriger wird der Fall, wenn nicht eine, sondern mehrere Maschinen, z. B. ein Asynchronmotor mit zwei Gleichstrommaschinen gekuppelt ist. Bei einer derartigen Anordnung, wie in Abb. 48 dargestellt, kommt als neuer Störungsfaktor die zweite Gleichstrommaschine gegenüber dem vorher besprochenen Fall hinzu. Bei solchen Aggregaten ist die mechanisch richtige Lage der Welle von grundlegender Bedeutung für den Lauf der Kommutatoren. Es muß eine sogenannte „natürliche Lage" der Welle angestrebt werden, wie dieselbe der Gewichtsverteilung und der Länge der Abstände zwischen den Lagerböcken entspricht. Man versteht unter natürlicher Lage der Welle diejenige, bei welcher die Reibung ein Minimum für die gesamte Anordnung wird; dies bedeutet, daß die Außenlager, welche an den Kommutatoren der beiden Gleichstrommaschinen stehen, gegenüber den beiden Mittellagern gehoben werden müssen, wie in Abb. 49 übertrieben dargestellt.

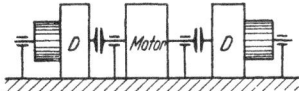

Abb. 48. Motorgenerator in Vierlager-Ausführung.

Jede andere Anordnung der Lager muß größere Reibung und damit auch größere Schwingungen, unter denen die Stromabnahme zu leiden hat, ergeben.

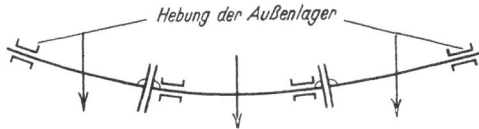

Mitunter ist es aber auch notwendig, noch mehr wie drei

Abb. 49. Lage der Welle und richtige Anordnung der Außenlager des Maschinensatzes Abb. 48.

Maschinen miteinander zu kuppeln. Derartige Aggregate findet man z. B. in Elektrizitätswerken, wo zwei Ausgleichsmaschinen und zwei Ladedynamos miteinander gekuppelt sind. Ferner bei Schweißmaschinenaggregaten und Ilgnerumformern. Es ist keine Seltenheit, daß bei derartig langen Einheiten, welche eine insgesamt starr gekuppelte Achsenlänge von 10 bis 15 m und mehr erreichen, ein Wellenteil Schwingungen ausführt, der Kommutierungsstörungen hervorruft. Es ist dies die Erscheinung, daß mit einer unter einer Anzahl ganz gleichgebauter Maschinen kein einwandfreier Betrieb zu erzielen ist.

Diese aus der Kupplung mehrerer Maschineneinheiten sich ergebenden Schwingungen und Kommutierungsstörungen werden natürlich um so erheblicher, je höher die Drehzahl des Aggregates ist. Eine Sonderstellung auf diesem Gebiet der hochtourigen Maschinen nehmen die mit Turboinduktoren direkt gekuppelten Maschinen ein.

Ein Turborotor ist ein langer, walzenförmiger Körper, an dessen Ende der Anker der Erregermaschine freifliegend angebaut ist. Derartige Rotoren werden mit 1500 bzw. 3000 Touren gebaut. Je schwerer nun ein derartiger Rotor ist, desto schwieriger wird es bei gleicher Drehzahl sein, die Schwingungen durch dynamisches Balancieren zu beseitigen. Jede Unbalance des Rotors pflanzt sich über das Lager nach dem freischwebenden Kommutator der Erregermaschine fort und ruft dort Störungen im mechanisch ruhigen Lauf der Bürsten und damit in der Kommutierung hervor. Diese Störungen werden dadurch besonders schwerwiegend, weil von dem Betrieb dieser Erregermaschine auch der Betrieb des ganzen Turbogenerators abhängt. Eine Störung an dieser verhältnismäßig kleinen Maschine bedeutet gleichzeitig den Ausfall einer Maschineneinheit, welche die 50- bis 200fache Leistung der Erregermaschine besitzt. Außerdem müssen derartige Turbogeneratoren monatelang durchlaufen, so daß es auch nicht möglich ist, dem Kommutator die notwendige Wartung angedeihen zu lassen. Es ist bekannt, daß schon die zu beiden Seiten des Induktors sitzenden Schleifringe bei den hohen Umfangsgeschwindigkeiten von 40 bis 60 m/s zu erheblichen Schwierigkeiten bei der Stromabnahme, hervorgerufen durch Vibrationen, Veranlassung geben und diese Ringe sitzen doch noch innerhalb der Hauptlager. Wieviel eher können daher Schwingungsstörungen am Erregeranker auftreten, welcher außerhalb des Lagers sitzt und dessen Kommutator außer der Stromleitung noch die Aufgabe der Kommutierung zu erfüllen hat. Fliegend angeordnete Erregermaschinen werden daher zweckmäßig auch nur für kleinere Leistungen gewählt. Für größere Leistungen, etwa von 10000 kVA an, wird die Erregermaschine gesondert mit zwei Lagern ausgeführt und mit dem Wellenstumpf des Turbogenerators, wie in Abb. 50 dargestellt, gekuppelt.

Doch nicht nur sehr hochtourige Maschinen, sondern auch Langsamläufer können durch fremderregte Schwingungen Störungen erleiden. Es seien alle diejenigen Maschinen genannt, welche mit Dieselmotoren und Dampfmaschinen direkt gekuppelt sind. Die Stöße, welche speziell Dieselmotoren auf das Fundament ausüben, führen je nach Anordnung zu mehr oder weniger starken Schwingungen der Bürstenbrücke. Auch spielt der Ungleichförmigkeitsgrad des Antriebsmotors eine Rolle. Gleichstrommaschinen sind in bezug auf Ungleichmäßigkeiten in der Winkel-

Abb. 50. Erregermaschine eines Drehstrom-Turbogenerators.
Ausführung mit zwei Lagern.

geschwindigkeit außerordentlich empfindlich und man kann bei langsam laufenden Dieselmotoren mitunter ein im Takte der Zylinder-
explosionen auftretendes Bürstenfeuer beobachten. Auch langsam-
laufende Dampfmaschinenantriebe führen durch ihre Rückstöße auf das
Fundament Störungen in der Stromabnahme herbei. Moderne Dampfmaschinen pflegt man daher zusammen mit der Gleichstrommaschine
auf einem beweglichen Fundament aufzubauen, so daß diese Einheit gewissermaßen auf einem Tisch mit 4 Beinen steht Abb. 51. Dieser be-
bewegliche Tisch nimmt die von der
Kolbenbewegung herrührenden Stöße auf
und macht die Gleichstrommaschine
schwingungsfrei.

Auch die Betriebe in Walzwerksan-
lagen geben infolge ihrer Rauheit Anlaß
zur Erregung fremder Schwingungen.
In diesen Anlagen ist bei großen Leistungen der Antriebsmotor mit den Walzen starr gekuppelt, und es treten im

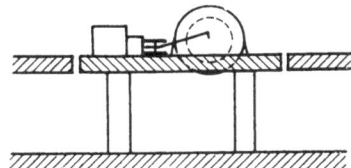

Abb. 51. . Dampfmaschine mit direkt
gekuppeltem Gleichstromgenerator,
auf einem tischförmigen schwingenden
Fundament angeordnet.

Moment des Eingriffs von Walze und Walzgut sehr große Stöße auf,
welche von dem Motoranker und durch die Elastizität der Welle
aufgenommen werden müssen. Alle Teile werden daher so reichlich
und mit so hochliegender Eigenschwingungszahl dimensioniert, daß

selbst diese Stöße keine Vibrationen anzuregen vermögen. Notwendig ist es allerdings, den Bürstenapparat nicht am Lagerbock, sondern über irgendwelche Traversenkonstruktionen an der Grundplatte oder dem Fundament zu befestigen. Auch die elektrische Dimensionierung von Walzwerksmotoren trägt diesen Stößen Rechnung. Man ordnet reichliche Bürstenzahlen sowie Kompensationswicklung an. Gefährlich ist nur derjenige Fall, bei dem infolge einer durch Stoß auftretenden Verzögerung ein Segment länger unter den Bürsten liegt, als dies der Kommutatorumfangsgeschwindigkeit entspricht. Durch diese Verzögerung wird das Segment hoch beansprucht und wenn sich dies zufällig über demselben Segment mehrfach wiederholt, so ist durch die Art des Betriebes eine Gefährdung des Kommutators gegeben.

Als rauhester, schwingungsreichster Betrieb ist aber der Bahnbetrieb anzusprechen. In Erkenntnis dieser Tatsache ist ja auch der Bürstenapparat von Bahnmotoren eine Spezialkonstruktion, wie bereits an verschiedenen Stellen erwähnt. Straßenbahnmotoren erhalten Schwingungen von den Zahnrädern besonders dann, wenn die Lager von Motoren und Triebrädern schon etwas ausgelaufen sind. Ferner wird der gesamte Motor bei Tatzenlageranordnung durch das elektrische Schalten und das hierbei ständig wechselnde Drehmoment zwischen den Abfangefedern hin und her geschleudert. Vor allem aber sind die Stöße zu erwähnen, welche von den Schienen über die Triebräder auf den unabgefederten Teil der Tatzenlagermotoren ausgeübt werden. Schlechter Unterbau, ausgelaufene Lager, Kreuzungen und Weichen und im besonderen auch flache Stellen in den Rädern erhöhen diese Stöße. Eine ununterbrochene Reihenfolge von Erschütterungen des Motors und damit der Bürsten und des Bürstenapparates sind die Folge. Man ist denselben nur durch Sonderkonstruktionen auf Grund vieler Erfahrungen gewachsen. Die Bahnmotoren für Vollbahnbetriebe sind in dieser Beziehung etwas günstiger, wenn sie hochgelagert im abgefederten Fahrgestell ruhen, jedoch sind dafür die Kommutator-Umfangsgeschwindigkeiten, besonders im stromlosen Lauf, sowie die Stöße der Gestänge und die Stöße von den Schienen bei hohen Fahrgeschwindigkeiten sehr erheblich. Man muß Fahrten in elektrischen Schnellzugs-Vollbahnlokomotiven oder auch Fahrten in Überlandstraßenbahnen bei geöffnetem Motor gemacht haben, um die enormen mechanischen Beanspruchungen aller Einzelteile von Bahnmotoren beurteilen zu können. Daß unter diesen Beanspruchungen natürlich der empfindliche Bürstenapparat und damit die Stromabnahme und die Kommutierung ganz besonders zu leiden haben, bedarf keiner besonderen Erwähnung. Gerade der Bahnbetrieb ist heute bei seiner großen Ausdehnung ein solches Spezialgebiet geworden, daß alle mit Bahnmotoren in Verbindung stehenden mechanischen Schwingungsfragen einer außerhalb des Rahmens dieser Arbeit liegenden Sonderbearbeitung würdig sind.

4. Der Einfluß der Erwärmung auf die Teile.

Es seien zunächst die Wärmequellen diskutiert, welche am Kommutator bzw. Schleifring und dem Bürstenapparat wirksam sind.

Als hauptsächlichste Wärmequellen am Komutator sind zu nennen:

1. Die Stromwärmeverluste durch Stromübergang zwischen Bürste und Kommutator; hierzu gehören als Anhang die Verluste, welche in der Bürste und deren Armatur frei werden,
2. die Verluste durch Reibung,
3. die Verluste durch Wirbelströme und Stromwärmeverluste in den Segmenten des Kommutators und
4. die Stromwärmeverluste in den Bürstenspindeln, Sammelringen oder Traversen.

Es werden zunächst die unter den ersten drei Ziffern genannten Verluste und ihre Wirkungen in kalorischer, mechanischer und elektrischer Beziehung betrachtet, um anschließend zu untersuchen, welche Möglichkeiten und Hilfsmittel vorhanden sind, um diese Verlustwärme abzuführen. Die Größe der Verluste durch Stromübergang am Kommutator ergeben sich nach der üblichen Berechnung aus dem Produkt $J(\Delta e_1 + \Delta e_2)$, wobei J den gesamten Strom und $\Delta e_1 + \Delta e_2$ den Summenspannungsabfall der Bürsten an den Plus- und Minusspindeln bedeutet. Dieser Wert in Kilowatt wird auf der Kommutatoroberfläche und den Bürstenberührungsflächen in Wärme umgesetzt.

Es muß indes gesagt werden, daß diese Art der Berechnung nur eine Annäherung an die wirklichen Verluste darstellt. Denn der wirklich auftretende Wert wird einerseits durch die Güte der Kommutierung, andererseits aber auch durch die Art der Stromverteilung auf die Bürsten pro Spindel stark beeinflußt. Die Größe der wirklich unter der Bürste infolge des Stromübergangs auftretenden Verluste wird in Verbindung mit den Bürsten-Potentialkurven im Teil B Kap. IX S. 99 des Näheren untersucht. Es sei hier nur angedeutet, daß dieser Wert stark von der Maschinengattung, ob Gleich- oder Wechselstrom, abhängt; ferner von der elektrischen Auslegung der Maschine und deren konstruktiven Durchführung usw., so daß diese Verlustzahl ein Mehrfaches der aus dem Produkt von Strom $\times$ mittlerer Übergangsspannung gerechneten Verluste werden kann. Dies gilt besonders für sehr kleine Maschinen, deren Kommutator-Übergangsverluste infolge Bürstenfeuers so groß werden können, daß das Kupfer der Segmente buchstäblich verdampft. Man bezeichnet diese Erscheinung als Wärmetod des Kommutators. Eine ähnliche Erscheinung kann man im übrigen auch bei großen Kommutatoren beobachten, welche unter schweren Kurzschlüssen bzw. unter Segmentverbrennungen infolge Erdschlusses gelitten haben. Teile der Kommutatoroberfläche werden verglüht und verdampft.

Der zweite oben genannte Einfluß, welcher die Stromwärmebeanspruchung der Kommutatoroberfläche und der Bürsten ungünstig beeinflußt, ist durch ungleichmäßige Stromverteilung auf die einzelnen Bürsten einer Spindel gegeben.

Die Ursachen hierzu, die in dem Teil B Kap. XI, S. 153 behandelt werden, seien zunächst außer Diskussion gestellt. An Stelle der gleichmäßigen Erwärmung der Kommutatoroberfläche tritt bei Überlastung einzelner Bürsten eine örtliche Überhitzung. Dies kann der Kommutator noch ohne Schaden zu nehmen vertragen, sofern keine Anbrennungen der ablaufenden Segmentkanten stattfinden; denn die Wärme kann infolge der guten Wärmeleitfähigkeit des Kupfers abfließen.

Viel ungünstiger liegen dagegen die Verhältnisse bei der Bürste. Als ruhender Körper ist bei dieser die freiwerdende Energie zunächst an eine kleine Fläche, die Lauffläche, gebunden. Die Größenordnung dieser Energie wird unkontrollierbar, wenn mit der Überlastung Bürstenfeuer einsetzt.

Direkte Kühlluft tritt nur wenig an die Bürsten heran, da dieselben ganz in den Halterkästen eingebettet sind. Ist der Halterkasten sauber gereinigt, so vermag die Bürste einen Teil ihrer Wärme an den Halter als Körper guter Wärmeleitfähigkeit abzugeben. Betriebsmäßig muß man aber damit rechnen, daß sich zwischen Bürste und Kastenwänden wärmeisolierende Staubteilchen anhäufen, wodurch die Wärmeabgabe der Bürste über den Halter beeinträchtigt wird.

Die an der Bürstenlauffläche erzeugte Stromwärme fließt dann zum größeren Teil nach der kupfernen Armatur und den Litzen. Diese aber sind in dem oben genannten Fall der ungleichmäßigen Stromverteilung durch den erhöhten Bürstenstrom bereits kalorisch überlastet. Eine Zeitlang wird die Litze der erhöhten Wärmezufuhr widerstehen. Dann beginnt sie zu verglühen; dadurch erniedrigt sich ihre Leitfähigkeit und die Bürste wird für die Stromabnahme untauglich. Sie schaltet sich von selbst aus, sie stirbt ab. Aber tatsächlich nicht von den inneren eigenen Verlusten, sondern durch Wärmeleitung von der Hauptwärmequelle, der Bürstenlauffläche. Durch diesen Ausfall einzelner Bürsten wird natürlich die Unstabilität in der Gesamtstromabnahme verstärkt und dasselbe Schauspiel wiederholt sich an anderen Bürsten. Dieselben üben also bei der Verteilung der Stromübergangsverluste auf sich selbst und auf den Kommutator einen schwerwiegenden Einfluß aus. Gleichmäßige Stromverteilung ist daher schon aus Gründen der Wärmebilanz von Bürste und Kommutator anzustreben.

Im Gegensatz zu den Verlusten durch Stromübergang sind die Reibungsverluste als Wärmequelle ziemlich gleichmäßig auf die ganze Länge des Kommutators verteilt. Über den Reibungskoeffizienten selbst sowie über die verschiedenen Ursachen, welche zu einer Erhöhung der

Reibungsverluste führen, ist in dem Kapitel über Bürstenreibung und kritische Bürstengeschwindigkeit eingehend gesprochen worden. Vom Standpunkt des Umsatzes der Reibungsarbeit in Wärme ist nur von Interesse, daß eine gleichmäßig bearbeitete Kommutatoroberfläche von Bürsten gleicher Qualität bestrichen wird. Bürsten mit fremden Beimischungen sowie Kommutatoroberflächen, welche mit Drehstählen verschiedener Güte bearbeitet worden sind, geben natürlich ebenfalls lokal heißere Flächenteile, was besonders im Leerlauf der Maschine durch unregelmäßig verteilte Anlauffarben gekennzeichnet wird.

Als dritte Wärmequelle sind die Stromwärmeverluste und die Verluste durch Wirbelströme in den Segmenten zu nennen. Die ersteren sind quantitativ von unerheblicher Bedeutung. Abb. 52 zeigt

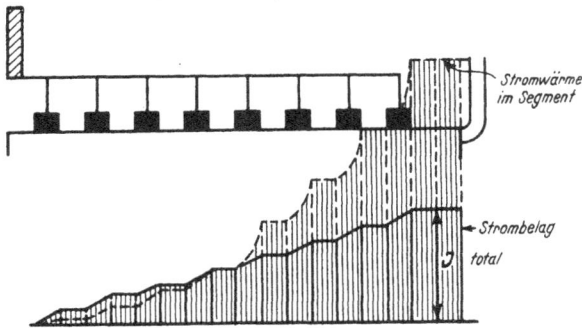

Abb. 52. Strombelag und Stromwärme eines Segments bei gleichmäßiger Verteilung des Spindelstromes auf die Bürsten.

den Strombelag und die Stromwärmeverluste eines Segmentes bei gleichmäßiger Stromverteilung auf die Bürsten einer Spindel. Das Segment ist an der Fahnenseite am höchsten, an der Sammelringseite kalorisch am geringsten belastet. Die Wirbelstromverluste sind durch die Größe der zeitlichen Änderung des Kraftflusses, welcher das Segment in dem Augenblick umschließt, wo es sich gerade unter der Bürste befindet, gegeben. Vor und hinter der Bürste ist der Strom im Segment gleich Null. Die Kraftlinienbilder Abb. 30 S. 35 lassen erkennen, daß die Wirbelstromverluste am kleinsten werden, wenn die Stromabnahme an der Fahnenseite und über Mitte Kommutator Abb. 30a und c erfolgt, und am größten, wenn der Strom an der Lagerbockseite des Kommutators abgenommen wird, Abb. 30b. Diese Wirbelstromverluste sind für Maschinen normaler Spannungen ohne Bedeutung und werden erst von Interesse bei Niederspannungsmaschinen. Es gibt dann zu ihrer Bekämpfung verschiedene Mittel, so z. B. die bereits aus fabrikatorischen Gründen bei breiten Segmenten angewendete Aufteilung derselben in zwei halb so starke, die entweder mit oder ohne Glimmerzwischenlage aneinandergesetzt werden.

Nachdem im Vorigen die Wärmequellen, welche in und an der Oberfläche des Kommutators wirksam sind, besprochen wurden, ist die Frage zu beantworten, wie sich der Kommutator gegenüber dem Angriff dieser Wärmeenergie verhält.

Als wichtigstes Erfordernis ist anzuführen, daß unter dem Einfluß der Erwärmung eine Deformation des Kommutators nicht auftreten darf. Der innere Kräfteschluß der Segmente tangential gegeneinander, muß auch bei Erhitzung gewahrt bleiben. Hier spielt der Glimmer zwischen den Segmenten eine segensreiche Rolle. Derselbe wirkt gewissermaßen wie ein Wärmespeicher, der den Erwärmungs- und Abkühlungsvorgang zeitlich dämpft. Diese Trägheit des Kommutators gegen Erwärmung und Abkühlung ist von besonders günstigem Einfluß, wenn bei Maschinen, welche betriebsmäßig hohe Stöße auszuhalten haben, plötzlich große Wärmeenergien an einzelnen Stellen des Kommutators frei werden. Dies gilt z. B. bei Walzenzugmotoren für den Moment, wo der glühende Block zwischen die Walzen kommt und der Anker eine plötzliche Verzögerung in Verbindung mit einem hohen Stromstoß erleidet. Ferner ist ein klassisches Beispiel für diese Stromverhältnisse der Bahnbetrieb, wo bekanntlich die höchsten Ströme dann auftreten, wenn der Motor noch stillsteht. Ebenso ungünstig liegt umgekehrt der Fall, wenn sich Bahnmotoren auf sehr hoher Drehzahl befinden; dann sind die Übergangsverluste klein und die Lüftung, die quadratisch mit der Drehzahl steigt, ganz besonders intensiv, so daß in diesem Betriebszustand der Kommutator eine starke Abkühlung erfahren wird.

Ein Kommutator wird also um so lebensfähiger sein, je geringer die Endtemperatur ist, welche er im Dauerbetrieb erreicht. Es ist daher das wichtigste Erfordernis, für gute Kühlungsverhältnisse zu sorgen. In welcher Weise wird nun von einem Kommutator die Wärme abgeleitet? Dies erfolgt:

1. Durch Ventilation,
2. durch Strahlung,
3. durch Leitung.

Bei einem Einfach-Kommutator, wie in Abb. 53 dargestellt, wird der größte Teil der in Wärme umgesetzten Energie durch Ventilation von der rotierenden Oberfläche abgeführt. Es sei zunächst angenommen, daß die Kommutatorfahnen verkordelt sind, sodaß dieselben praktisch für die Wärmeabfuhr ausgeschaltet sind. Ferner liege an der Innenbohrung der Segmente ein Mika-Zylinder, sodaß durch Strahlung von der inneren Segmentfläche nach der Ankerbuchse keine Wärme abgegeben wird. Die Daten des Kommutators Abb. 53 sind folgende:

600 mm Durchmesser, 600 U/min, dies ergibt eine Kommutator-Umfangsgeschwindigkeit von 18,8 m/s.

Es sind 8 Bürstenspindeln mit 12 Bürsten pro Spindel vorhanden; Abmessung der Bürstenlauffläche 20 × 32 mm. Bei 660 A pro Spindel ist die Stromdichte unter der Bürste 8,6 A/cm² und aus der

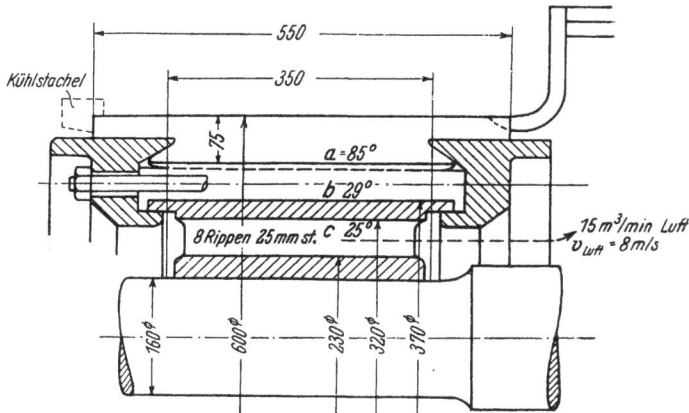

Abb. 53. Einfach-Kommutator 600 mm Dmr.

Charakteristik der Bürstenqualität ergibt sich hierfür ein Summenspannungsabfall von 1,2 Volt.

Die Bürstenreibungszahl ist = 0,25. Mit diesen Angaben errechnen sich folgende Kommutatorverluste:

Reibungsverluste . . . = 2900 W,
Übergangsverluste . . = 3200 „
Gesamtverluste . . . = 6100 W.

Bei einer metallischen Kommutator-Oberfläche von 103 dm² ist dieselbe demnach mit 59 W pro dm² beansprucht.

Aus der Erfahrung bei ausgeführten Maschinen ergibt sich, daß man bei dieser spezifischen Wattbelastung bei Einfach-Kommutatoren etwa 60° Übertemperatur an der Kommutatoroberfläche erhält. Läßt man nun den Mikazylinder fort, so wird ein Teil der Wärme durch Strahlung und Leitung nach dem inneren Teil des Kommutators abgeführt. Dieser Betrag ist jedoch sehr gering im Verhältnis zu den durch Ventilation abgeführten Verlusten, wie die folgende Rechnung ergibt: Die Temperatur der Innenbohrung der Segmente sei gleich der Temperatur der Kommutatoroberfläche, also 60° über + 25° Raum = 85° C. Durch Strahlung geht von der Fläche a nach der Fläche b (Abb. 53) eine gewisse Wärmemenge über. Die Temperatur der Innenfläche der Nabe (b) sei mit 29° angenommen, die Temperatur der von der Kühlluft bestrichenen Außenfläche der Nabe, (Fläche c), ist gleich der Raumtemperatur, also gleich 25° C. Nach dem Boltzmannschen Strahlungsgesetz (vgl. Binder: Über Wärmeübergang auf ruhige oder bewegte Luft, 1911, Verlag Knapp, S. 4, Figur 1) ergibt sich für eine Temperaturdifferenz von 85 auf 29^C ein Wärmetransport von 290 W pro m² und Sekunde. Auf eine Nabenoberfläche (Fläche b) von 0,4 m² gehen demnach 156 W über. Dieser Wert wird durch Luftwirbel zwischen b und c noch etwas erhöht, sodaß man mit einer durch Strahlung transportierten Wärmemenge zwischen den Flächen a und b von etwa 170 W pro Sekunde rechnen kann.

Nach der obengenannten Arbeit von Binder, S. 29, errechnet sich aber die durch Leitung in der Nabe von b nach c transportierte Wärmemenge Q pro Sekunde aus der Formel:

$$Q^{kW} = 1,1 \cdot v \cdot \sigma \, (\tau_w - \tau_o)$$

$v = $ Luftmenge in m³/s $= 0,25$ (Abb. 53),

$\sigma = $ Ausnutzungsfaktor der Luft $= 0,16$ (Tabelle Binder, S. 96),

$\tau_w - \tau_0 = 29^0 - 25^0$ C.

Mit diesen Zahlen ergibt sich:

$$Q = 0,176 \text{ kW} = 176 \text{ W}.$$

Die errechneten Werte von 170 und 176 W pro Sekunde stimmen genügend genau überein (Annäherungsmethode), sodaß die der Rechnung zugrunde gelegte Temperatur der Nabeninnenfläche von 29^0 C zurecht besteht. Wie man aus der Rechnung ersieht, ist der durch Strahlung von den Segmenten nach dem inneren Teil des Kommutators abgeführte Wärmebetrag von 170 Watt nur ein sehr kleiner Teil der Gesamtverluste von 6100 W und die Hauptkühlung erfolgt durch Ventilation von der rotierenden Oberfläche. Eine Entfernung des Mikazylinders dürfte daher eine Temperaturerniedrigung des Kommutators von nur einigen Grad Celsius bringen.

Weitere Kühlmöglichkeiten des Kommutators sind gegeben durch Anbringung von Kühlstacheln an den Segmenten (Abb. 53) und man kann etwa die Hälfte der Oberfläche dieser Kühlstacheln zur wirksamen Oberfläche des Kommutators als Kühlfläche hinzuzählen. Dieselben kühlen durch Leitung, Strahlung sowie durch Ventilation, besonders wenn dieselben durch eine Haube abgedeckt werden, welche dem angesaugten Luftstrom eine bestimmte Richtung verleiht. Werden die Ankerfahnen nicht verkordelt, so bringen auch diese einen weiteren Gewinn an Kühlung. Kurze Fahnen geben wenig Nutzen, weil am anderen Ende die Ankerwicklung als Heizkörper sitzt. Bei Fahnen von etwa 150 mm Länge ab jedoch kann man bereits mit derselben Kühlwirkung wie bei den Kühlstacheln rechnen, wobei als wirksame Oberfläche etwa $\frac{1}{4}$ der Fahnenlänge bei einseitig gerechneter Oberfläche eingesetzt werden kann.

Bei Maschinen großer Leistung pflegt man zur Verbesserung der Kühlung den Kommutator zu unterteilen, wodurch Doppel- bzw. Dreifach-Kommutatoren entstehen. Die Einzelkommutatoren sind durch Fahnen miteinander verbunden, welche zu Versorgungszentren von Kühlluft für die ganze Kommutatoroberfläche werden. Diese Wirkung läßt sich weiterhin dadurch verstärken, daß man vor dem Kommutator an der Lagerbuchsseite besondere Saugstutzen vorsieht, welche Kühlluft nicht aus dem warmen Maschinenhaus, sondern aus dem Keller bzw. Frischluft von außerhalb des Maschinenhauses ansaugen. Aus diesen zahlreichen Konstruktionen sieht man, wie der gründlichen Kühlung des Kommutators alle nur erdenkliche Sorgfalt zugewendet wird in Erkenntnis der Tatsache, daß die Erzielung stabiler thermischer, mechanischer und elektrischer Betriebsverhältnisse am Kommutator von fundamentaler Bedeutung für eine geregelte Stromabnahme ist.

Die bisherigen Ausführungen über den Einfluß der Erwärmung auf den Kommutator gelten in ganz sinngemäßer Weise auch für Schleifringe. Leider werden die Wärmeverhältnisse von Ringen manchmal zu wenig beachtet, wodurch sich dann notwendigerweise Mißerfolge ergeben müssen. Setzt man z. B. die Wärmeverhältnisse eines Kommutators in Vergleich mit dem zugehörigen Satz Ringe eines Dreiphasenumformers und untersucht, wie Vor- und Nachteile bezüglich der Wärmeabfuhr verteilt sind, so ergibt sich etwa folgendes Bild:

Die Gesamtenergie, die man von der Gleichstromseite abnimmt, muß einschließlich der durch den Wirkungsgrad gegebenen Verluste auf der Drehstromseite zugeführt werden. Da die Größe der Spannung ohne Einfluß auf die Energieverluste an den Ringen und am Kommutator ist, so sind nur die Ströme in Vergleich zu setzen. Am Kommutator wird abgeführt: 2 × der Gesamtstrom bei einem Spannungsabfall, der gleich 1 gesetzt werden soll. An den Schleifringen wird 3 × der Gesamtstrom abgeführt bei einem entsprechenden Spannungsabfall von etwa der Größenordnung 0,5. Die reinen Stromübergangsverluste verhalten sich demnach wie 2 für den Kommutator zu 1,5 bei den Ringen. Die Reibungsverluste dürften ca. 2:0,5 für die beiden Vergleichsobjekte gesetzt werden. Diese Verlustziffern, ins Verhältnis zu dem am Kommutator und an den Schleifringen vorhandenen kühlenden Oberflächen gesetzt, ergeben eine Bilanz, welche die relativ hohe Belastung der Ringe im Vergleich zum Kommutator darlegt.

Bezüglich der Stromverteilung auf die Gesamtheit der Bürsten ist unbedingt der Kommutator im Vorteil gegenüber den Ringen; denn es werden einerseits auf Kommutatoren Bürsten mit relativ hohen Spannungsabfällen verwendet, die eine gewisse Sicherheit für die Stromverteilung gewährleisten; außerdem hat man schon Bedenken, bei Kommutatoren 20÷25 Bürsten pro Spindel anzuordnen, die Dimension der Bürsten längs den Lamellen zu etwa 30 mm angenommen.

Die der Bürstenspindel gleichwertige Anordnung entspricht aber auf der Drehstromseite eines Umformers einem kompletten Ring mit seinen parallel geschalteten Bürsten. Bei Schleifringen aber muß man bei hohen Stromstärken pro Ring 40 bis 50 Metallbürsten anordnen, die im Interesse geringer Stromwärmeverluste eine möglichst kleine Übergangsspannung haben sollen. Hieraus folgt, daß eine stabile gleichmäßige Stromverteilung auf diese Bürsten wesentlich schwerer zu erreichen ist als am Kommutator. Außerdem werden durch eine derartige Vollbesetzung des Ringes mit Bürsten fast auf dem ganzen Umfang die Kühlungsverhältnisse außerordentlich verschlechtert. Dazu kommt auch, daß die Ringe oft in einer solchen Schleifringkörperkonstruktion gehalten werden, daß eine Wärmeabfuhr nach innen nicht möglich ist. Wenn daher Konstruktionen verwendet werden müssen, welche nach innen keinerlei Kühlung zulassen und welche auch nach außen eine voll besetzte Ringoberfläche aufweisen, so ist das einzige Hilfsmittel in künstlicher Ventilation bzw. in der Wahl sehr großer Durchmesser gegeben. Allerdings ist dann auch zu berücksichtigen, daß mit zunehmendem Durchmesser bei einer bestimmten Drehzahl die Reibungsverluste wachsen.

Ein überhitzter Schleifringkörper ist natürlich nicht nur unstabil und nicht einmal für kurzzeitigen Betrieb zu gebrauchen, sondern bildet eine Quelle der Gefahr für die ganze Maschine und das Personal, weil überhitzte Ringe oft zu einem übermäßigen Bürstenverschleiß und damit zu schweren Kurzschlüssen führen können.

Wegen der Wichtigkeit gerade dieser Betrachtungen über Stromverteilung und Erwärmung von Schleifringkörpern bei hohen Wechselstromstärken soll dieses Problem in dem Hauptteil B ,,Elektrische Fragen" Kap. XII,2 S. 166 einer gesonderten Betrachtung unterzogen werden. Die übermäßige Erwärmung eines Schleifringkörpers hat jedoch auch noch andere Erscheinungen zur Folge, welche nicht weniger folgenschwer sind. An erster Stelle steht der Einfluß der Erwärmung auf die räumliche Ausdehnung der Ringe. Je nach dem verwendeten Material ist dies von größerer oder geringerer Bedeutung.

Ein Verziehen des Ringes um $1/_{10}$ mm bei Temperaturen über 100^0 C vermag den mechanischen Lauf einer Bürste bei hohen Umfangsgeschwindigkeiten bereits empfindlich zu stören. Ferner ist bekannt, daß, wenn Ringe aus Bronze Temperaturen von 100^0 überschreiten, die Oberfläche dieses Materials technologische Veränderungen erleidet, derart, daß eine Umlagerung der Gußkristalle stattfindet. Die Folge kann sehr wohl plötzlich einsetzendes Stauben der Metallbürsten sein.

Allgemein kann man sagen, daß, je geringer die Wärmeleitfähigkeit des Materials ist, aus welchem die Ringe hergestellt sind, desto größere Aufmerksamkeit ist den Kühlflächen und der Kühlhaltung der Ringe entgegenzubringen.

Zum Schluß wäre noch ein kurzes Wort über den Einfluß der Erwärmung auf Bürstenspindeln, Sammelringe und Traversen zu sagen. Die Verluste in den Bürstenspindeln des Kommutators sind gering, weil dieselben schon aus mechanischen Gründen sehr stabil ausgeführt werden und außerdem die Klemmstücke der Bürstenhalter die Dimensionierung der Spindeln verstärken. Die Verluste in den Sammelringen indes können immerhin bei großen Maschinen Beträge von einigen kW ausmachen. Bezüglich der Erwärmung spielen sie jedoch keine Rolle, weil sehr große Abkühlflächen für diese Konstruktionsteile zur Verfügung stehen.

Die Traversen für die Bürstenhalter von Schleifringen sind ebenfalls Träger von Stromwärmeverlusten. Da sie aber schon aus konstruktiven Gründen reichlich dimensioniert werden müssen, so sind die elektrischen Verluste im allgemeinen vernachlässigbar. Sie können indes eine merkliche Erwärmung aufweisen, wenn bei hohen Wechselstromstärken Bronze statt reinen Kupfers verwendet wird. Sowohl die elektrische wie die mechanische Wärmeleitfähigkeit der Bronze ist erheblich niedriger als diejenige von Kupfer und daher wird die Überlastung einzelner Partien der Traversen begünstigt.

Nach dieser Besprechung der mechanischen Fragen, welche Kommutator, Schleifring und Bürstenapparat von elektrischen Maschinen betreffen, werden im folgenden Hauptteil B elektrische Fragen des Bürstenproblems im Elektro-Maschinenbau behandelt.

Hauptteil B.

Elektrische Fragen des Bürstenproblems.

Kapitel VII.

Die elektro-physikalischen und chemischen Vorgänge zwischen Ring und Bürste.

Alle mechanischen Fragen, welche mit dem Bürstenproblem verbunden sind, wurden absichtlich an den Anfang dieser Arbeit gestellt. Um so leichter lassen sich nach Darlegung der mechanischen Störungsquellen die elektrischen Einflüsse übersehen.

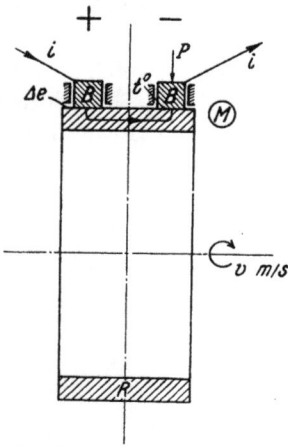

Abb. 54. Schleifring-Versuchsanordnung.

Welches sind nun die äußeren Erscheinungsformen und sonstigen Auswirkungen der elektrischen Vorgänge zwischen Ring bzw. Kommutator und Bürsten? Als Ausgangspunkt der Betrachtungen sei eine Versuchsanordnung, nämlich ein Schleifring mit zwei nebeneinander laufenden Bürsten zugrunde gelegt, denen Gleichstrom zugeführt wird, Abb. 54. Für die elektro-physikalischen und chemischen Vorgänge an dieser Versuchseinrichtung sind die folgenden Variablen und deren gegenseitiges Abhängigkeitsverhältnis von Bedeutung:

1. Der Strom i Amp.,
2. die Übergangsspannung einer Bürste Δe Volt,
3. die Temperatur t^0 Cel.,
4. der Bürstenanpressungsdruck p g/cm²,
5. die Umfangsgeschwindigkeit v m/s,
6. das Material B der Bürste bzw. R des Ringes und
7. das umgebende Medium M.

Beginnt man mit dem Strom, so ist zunächst die Frage zu beantworten, welche Wege dem Strom beim Durchgang von der Bürste nach dem Ring und umgekehrt gegeben sind? Der Stromdurchgang kann erfolgen:

a) Durch metallische Leitung. Die Laufflächen von Ring und Bürste sind an verschiedenen Punkten in einem Zeitmoment in so festem Kontakt miteinander, daß der Stromübergang wie über zwei fest miteinander verbundene Leiter erfolgt.

Wird die Stromdichte aus irgendwelchen Gründen in diesen Punkten sehr groß, so findet ein Verglühen der miteinander im Eingriff stehenden Partikelchen an diesen Stellen statt. Die Stromleitung erfolgt dann

b) durch einen Lichtbogen. Man kann dieselbe auch als Gasdurchgang bezeichnen, wobei die Luft oder ein Gas die Stromleitung übernimmt. Schließlich kann die Leitung des Stromes auch gegeben sein

c) durch einen Elektrolyt. Diese Art der Stromleitung findet z. B. statt, wenn sich Wasserdampf der Luft zwischen Ring und Bürste befindet. Bei Stillstand des Ringes kann dann ein Polarisationsstrom fließen, dessen EMK durch den Zustand von Ring und Bürstenlauffläche sowie durch die Art des Elektrolyten gegeben ist. Bei Bewegung ist dieser Polarisationsstrom ohne Bedeutung, da sich die Laufflächen unter dem Einfluß des Arbeitsstromes und infolge mechanischer Reibung dauernd ändern; dafür aber verursacht der Arbeitsstrom elektrochemische Wirkungen (Politurbildung).

Diese drei Arten der Stromleitung können sich nun zu ganz verschiedenen Anteilen zusammensetzen. Bestimmend hierfür sind die jeweiligen Konstruktionsanordnungen und Betriebsbedingungen, welche durch die eingangs aufgezählten Variablen definiert sind.

Um also einen Einblick in die Vorgänge der Stromleitung und ihre Komponenten zu erhalten, muß man untersuchen, wie sich die einzelnen Variablen beeinflussen.

An erster Stelle steht der Versuch, welcher die Beziehungen zwischen Strom und Übergangsspannung darlegt. Die Bedingung lautet also:

$$\Delta e = f(i); \qquad t^o, p, v, B, R, M = \text{konst.}$$

Das Resultat einer derartigen Messung sind die bekannten Stromspannungskurven. Unbedingte Voraussetzung für diese Messung ist, daß außer der Variation der Stromstärke und der mit der Stromstärke veränderlichen Übergangsspannung alle anderen Variablen, also Temperatur, Druck, Umfangsgeschwindigkeit, Material und umgebendes Medium, konstant gehalten werden, wie in der Bedingungsgleichung dargelegt. Die Übergangsspannung erscheint also bei diesem Versuch als die Summe aller derjenigen Erscheinungen, welche als Möglichkeiten der Stromleitung unter a) bis c) beschrieben wurden. Bei Durchführung dieses Versuches ist es notwendig, um zu einheitlichen, für eine Bürstenqualität spezifischen Resultaten zu kommen, daß die eigentliche Messung erst dann erfolgt, wenn ein Gleichgewichtszustand der Meßanordnung erreicht ist. Die beiden aufeinander schleifenden Materialien von Ring und Bürste müssen sich in einem solchen Endzustand befinden, daß merkbare Veränderungen

während der Messung ausgeschlosen sind. Die Messungen bedürfen
der Hand eines sehr geschickten Experimentators, weil die Konstanthaltung der übrigen Variablen außerordentlich schwierig ist.
Die Beherrschung der Konstanthaltung von Temperatur, Druck, Geschwindigkeit und des umgebenden Mediums liegt in den Grenzen
des technisch Möglichen. Schwer hingegen ist es, den Zustand des
Materials, also der Bürstenlauffläche und der Ringoberfläche in
einem solchen Zustand zu erhalten, daß derselbe für alle zu irgendeiner
Zeit gemessenen Werte einwandfreie Vergleichszahlen ergibt. Das kommt
daher, daß infolge des Stromübergangs beide miteinander im Eingriff
stehenden Flächen einer dauernden Veränderung unterworfen sind.

Am Pluspol der Versuchsanordnung fließt der Strom von der
Bürste nach dem Ring; man bezeichnet ihn auch als den anodischen
Pol. Durch diesen Stromübergang werden feinste Teilchen von der
Bürste losgelöst und elektrolytisch auf den Ring niedergeschlagen. Die
Stärke und die Art dieses Niederschlages ist von der Stromdichte, von
den verwendeten Materialien sowie von dem umgebenden Medium ab-
hängig. Im praktischen Betrieb ist diese als „Politur" bezeichnete
Schicht in Form eines Überzuges auf der Lauffläche eine außerordentlich
erwünschte, ja geforderte Erscheinung im Interesse der Lebensdauer
des Ringes bzw. des Kommutators.

Es ist klar, daß gleichzeitig mit dieser chemischen Veränderung
der Ringoberfläche eine Veränderung in der Größe der Übergangsspannung bei einer bestimmten Stromdichte vor sich gehen muß, und man
sieht hieraus, wie durch eine während des Versuchs erfolgende Zustandsänderung die Meßresultate beeinflußt werden. Daher muß bei Labora-
toriumsversuchen, die zum Zwecke der Aufstellung von Vergleichszahlen vorgenommen werden, besonders auf die Veränderung der Materialien infolge des Stromüberganges geachtet werden.

Am Minuspol fließt der Strom vom Ring nach der Bürste; man
bezeichnet ihn auch als den kathodischen Pol. Da für denselben die
gleiche Bedingung, nämlich ein elektrolytischer Vorgang, gegeben ist,
so findet man auch durch den Versuch die Tatsache bestätigt, daß sich
feinste Teilchen des Ringes lösen und, in Stromrichtung wandernd, auf
der Lauffläche der als Kathode wirkenden Bürste niedergeschlagen
werden. Wenn dieser Vorgang nicht in der gleichen sinnfälligen Weise
vor sich geht, wie die Graphitablagerung auf dem Ring, herrührend vom
Pluspol, so liegt das daran, daß die Loslösung von Metall schwerer erfolgt
als die Bildung eines elektrolytischen Niederschlages aus Graphit.

Eins ist aber auf alle Fälle am kathodischen Pol zu verzeichnen,
nämlich, daß eine Politurbildung des Ringes wie am anodischen Pol infolge der Stromrichtung unmöglich ist. Dies wirkt sich auch in der Praxis
dadurch unangenehm aus, daß die Bildung einer schützenden Hülle nicht
nur in Fortfall kommt, sondern daß der Ring sogar elektrolytisch ange-

griffen wird. Hierfür sind typische Beispiele aus der Praxis die Ringe von Turboinduktoren. Während der mit anodischen (positiven) Bürsten besetzte Ring sich poliert, bleibt der mit kathodischen (negativen) Bürsten besetzte meistens matt und zeigt besonders bei unsorgsamer Pflege in Kürze Riefenbildung und Bürstenfeuer. Diese Zustandsänderung der Ringoberflächen hat natürlich einen ganz erheblichen Einfluß auf die Größe der Übergangsspannungen. Ein mechanisch glatter, strompolierter Ring kann eine Steigerung der Übergangsspannung auf den 2- bis 3fachen Wert erzeugen, während die Bürstenübergangsspannung auf einem rauhen Ring auf den 10. Teil der normalen Übergangsspannung und noch tiefer zu sinken vermag. Diese Erscheinungen werden im Kapitel B XII, 1 Seite 163, durch Messungen belegt werden.

Diese Änderungen der Übergangsspannung als Funktion des Zustandes der Ringoberfläche sind streng zu unterscheiden von der Differenz zwischen den Übergangsspannungen, welche durch das polare

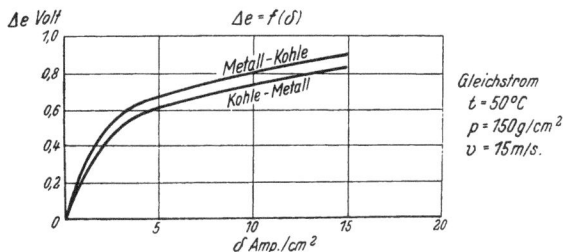

Abb. 55. Stromspannungs-Charakteristik $\Delta e = f(\delta)$ einer Kohlenbürste, gemessen für beide Stromrichtungen auf der Versuchseinrichtung Abb. 54.

Verhalten der Bürsten gegeben sind. Unter dem polaren Verhalten der Plus- und Minusbürsten versteht man den Unterschied in den Übergangsspannungen unter Voraussetzung einer blanken und reinen Ringoberfläche. Der Unterschied zwischen diesen Spannungen ist verhältnismäßig gering, wie dies aus Abb. 55 hervorgeht. Die Übergangsspannung liegt für die Stromrichtung Kohle—Metall etwas niedriger als für die Richtung Metall—Kohle.

Eine Erklärung für das polare Verhalten ist durch folgende Überlegung gegeben:

An der positiven Bürste, bei welcher also der Strom von der Bürste nach dem Ring fließt, ist die Bürste Anode, der Ring Kathode. Am negativen Pol hingegen ist der Ring Anode und die Bürste Kathode.

Nun ist bekannt, daß eine Lichtbogenbildung nur bei heißer Kathode möglich ist. Infolgedessen wird die Lichtbogenbildung am Pluspol infolge der guten Kühlungsverhältnisse des als Kathode wirkenden Ringes unterdrückt, während die Lichtbogenbildung an der negativen Bürste infolge der ungünstigen Kühlungsverhältnisse der als Kathode wirkenden Bürste unterstützt wird.

Bei der Messung Abb. 55 waren diese Lichtbögen selbstverständlich nicht äußerlich wahrnehmbar, jedoch bilden dieselben unter ungünstigen Betriebsverhältnissen die Grundlage für die Zerstörung des

Bezeichnung		Motor + Pol Dynamo — Pol	Motor — Pol Dynamo + Pol
Stromrichtung		Kohle —→ Kommutator	Kommutator —→ Kohle
Polarität		Bürste ist Anode	Bürste ist Kathode
Wirkungen	am Kommutator	Politurbildung auf Kommutator	Komm. wird angegriffen Kupferansatz Bürste
	an der Bürste	Komm. ist gekühlte Kathode, daher Unterdrückte Lichtbogenbildung unter der Bürste	Bürste ist geheizte Kathode, daher Begünstigte Lichtbogenbildung unter der Bürste
Übergangs-spannung △		kleiner	größer
Empfindlichkeit in Bezug auf Kommutierung		größer	kleiner
		unter Voraussetzung normaler Kommutierungsbedingungen	

Abb. 56.

anodischen Ringes und damit einer gänzlichen, vorher unbestimmbaren Änderung der Übergangsspannung.

In der obigen Tabelle Abb. 56 ist das polare Verhalten der Bürsten zusammengestellt.

In der Praxis begnügt man sich wegen des geringen Unterschiedes

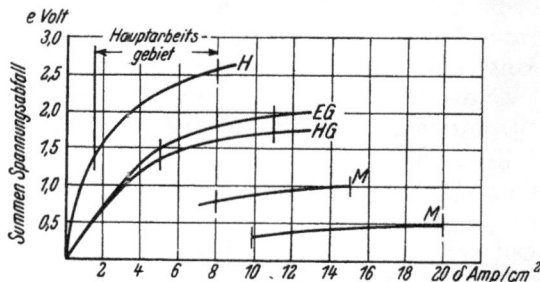

Abb. 57. Stromspannungs-Charakteristiken der vier Hauptgruppen von Bürstenqualitäten.
Hartkohlen H / Elektographitkohlen EG / Hochgraphitkohlen HG / Metallkohlen M.

zwischen der Übergangsspannung von Plus- und Minusbürste damit, den Summen-Spannungsabfall anzugeben.

In den Abb. 57 sind derartige Stromspannungskurven dargestellt, die auf demselben Ring für verschiedene Qualitäten unter sonst gleichen

Bedingungen aufgenommen wurden. Es liegen z. B. für Hartkohlen die Übergangsspannungen wesentlich höher als für Hochgraphit- und elektrographitierte Kohlen, während die Bürsten mit Metallgehalt bezüglich ihrer Übergangsspannung den untersten Bereich der Spannungsskala einnehmen. Fragt man sich, wieweit diese Kurven verlängerbar sind, so kann man feststellen, daß für die einzelnen Qualitätsgruppen ziemlich eindeutig bestimmte Grenzen festliegen. Es gilt das allgemeine Gesetz, daß die spezifische Belastungsfähigkeit um so höher ist, je niedriger die Übergangsspannung ist. Es ist ja auch allgemein bekannt, daß man Hartkohlen mit hohen Übergangsspannungen etwa im Mittel bis 7 A/cm² belastet, während Metallbürsten spezifische Belastungen unter gleichen Bedingungen bis 25 A/cm² und mehr erreichen. Werden diese Grenzen im Dauerbetrieb überschritten, so wird die Stromleitung unter Zerstörungserscheinungen unstabil. Sowohl die Lauffläche der Bürsten als auch die des Ringes zeigen Veränderungen in der Weise, daß am Pluspol die Politur verschwindet und eine Aufrauhung des Ringes erfolgt. Am Minuspol wird die Aufrauhung verstärkt und es brennen Löcher in die Lauffläche der Bürste ein. Das Gefüge der Kohle löst sich gewissermaßen auf, indem die bei niedriger Temperatur verbrennbaren Teile zuerst abgespalten werden. Gleichzeitig mit diesem Vorgang erhöht sich die Temperatur, wodurch ein neuer Faktor auftritt, der zur Vergrößerung der Unstabilität beiträgt. Mit zunehmender Temperatur nimmt bekanntlich die Übergangsspannung ab. Dieselbe ist eine Funktion der Temperatur; also $\Delta e = f(t^o)$; i, p, v, B, R, $M =$ konst. Diese Abnahme der Übergangsspannung mit zunehmender Temperatur kommt daher, daß die Kohle einen negativen Temperaturkoeffizienten hat. Messungen über das Abhängigkeitsverhältnis zwischen Übergangsspannung und Temperatur sind außerordentlich diffizil, weil im besonderen bei höheren Temperaturen die Politurbildung beschleunigt wird, wodurch wiederum ein Anstieg der Übergangsspannung hervorgerufen wird. Der Einfluß des negativen Temperaturkoeffizienten der Kohle wird daher manchmal überschätzt und zur Erklärung von Erscheinungen herangezogen, die andere Ursachen haben. Besonders bei der Anordnung von vielen Bürsten pro Spindel pflegt man auf diese Eigenschaft der Kohle hinzuweisen, wenn einzelne Bürsten oder die Bürsten einzelner Spindeln feuern. Hiergegen kann mit Sicherheit behauptet werden, daß bei Nichtüberschreitung der verbandsmäßigen Kommutator- und Ringtemperaturen eine ungleichmäßige Stromverteilung nicht aus dem Temperaturkoeffizienten der Bürste allein resultiert. Es treten die Einflüsse wie: Gesamtanordnung des Stromabnahmeapparates, Größe der Nennübergangsspannung der Bürstenqualität, ihre Charakteristik sowie ihr Verhältnis zur Wicklungsanordnung, Größe und Gleichmäßigkeit des Bürstendruckes, Zustand der Kommutatoroberfläche und anderes ebenfalls bestimmend hervor.

Die Einführung des Druckes als Variable ergibt die Beziehung:
$$\varDelta\,e = f\,(p); \qquad i,\ t^0,\ v,\ B,\ R,\ M = \text{konst.}$$
Die Kurve Abb. 58 zeigt die Abhängigkeit der Übergangsspannung vom Druck bei konstanter Stromdichte. Man sieht, daß mit steigendem Bürstendruck die Übergangsspannung abnimmt, d. h. der Anteil der metallischen Leitung und wohl auch des elektrolytischen Stromdurchgangs nimmt zu, während der Anteil der Leitung durch Lichtbögen abnimmt. Das Umgekehrte tritt bei verringertem Bürstendruck ein. Die metallische Leitung und der elektrolytische Stromdurchgang werden geringer, während die Stromleitung über Lichtbögen an Bedeutung zunimmt. Dies macht sich durch allmählich auftretendes Feuer unter

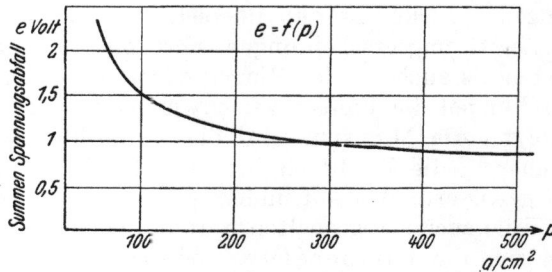

Abb. 58. Bürsten-Übergangsspannung in Abhängigkeit vom
Druck $e = f(p)$.

der Bürste bemerkbar. Mit größer werdendem Abstand zwischen Ring und Bürste wird der Stromdurchgang immer mehr durch Lichtbögen gebildet. Damit wächst die Übergangsspannung, bis ein labiler Zustand eintritt und die vorhandene Spannung zur Aufrechterhaltung des Stromes nicht mehr ausreicht; der Strom wird unterbrochen. Ein interessanter Fall aus der Praxis für diesen Vorgang ist die automatische Abschaltung der Hilfsphase bei Einphasen-Asynchronmotoren. Die durch Öffnung eines Hebels bewirkte Unterbrechung erfolgt nicht plötzlich, sondern der Strom wird über einen Lichtbogen noch eine Zeitlang aufrecht erhalten, wie dies an den Brandspuren des Ringes zu beobachten ist. Die Spannungen sind hierbei, wie aus der Lehre über die Abschaltung induktiver Stromkreise bekannt, ganz erheblich. Ebenso ist aus der Elektro-Schweißtechnik bekannt, daß Lichtbögen erhebliche Spannungen zu verschlucken vermögen.

Die Abhängigkeit der Übergangsspannung von der Umfangsgeschwindigkeit unter Konstanthaltung der übrigen Variablen ist gegeben durch:
$$\varDelta\,e = f\,(v); \qquad i,\ t^0,\ p,\ B,\ R,\ M = \text{konst.}$$
Auf die absolute Größe der Übergangsspannung hat die Umfangsgeschwindigkeit keinen Einfluß. Eine Sonderstellung nimmt nur das polare Verhalten der Bürsten bei Stillstand ein. Für v gleich Null ver-

mag man keine Polarität festzustellen, d. h. man hat nur metallische Leitung. Es sei auf den Aufsatz von Binder „Die Vorgänge an den Bürsten von Schleifringen und Stromwendern" verwiesen, erschienen in den Veröffentlichungen des „Siemenskonzerns", Bd. II, 1922, in welchem die Tatsache, daß eine Polarität erst in dem Moment auftritt, wenn eine Rotation beginnt, beschrieben und durch Versuche belegt wird. Die Anteile am Stromdurchgang, die durch Vorhandensein von Lichtbögen bzw. eines Elektrolyten an der Trennfläche gegeben sind, kommen für den Zustand der Ruhe bei einem metallisch guten Kontakt in Wegfall. Bei Rotation hingegen treten diese beiden Komponenten wieder in Erscheinung und damit auch das polare Verhalten der Bürsten.

Dies ist eine sehr wichtige Feststellung. Demnach ist also das polare Verhalten der Bürsten primär nicht durch die Stromrichtung, sondern durch die Unvollkommenheiten der Stromleitung an den Trennflächen zwischen Ring und Bürsten gegeben.

Erst diese Unvollkommenheiten des Kontaktes lassen sekundär die unterschiedlichen Wirkungen der Stromrichtung auf Spannungsabfall und Oberflächenzustand hervortreten.

Je unruhiger die Bürste läuft, desto mehr werden Lichtbögen im status nascendi Gelegenheit haben, sich an dem Stromdurchgang zu beteiligen. Die hohen Zacken in der Übergangsspannung, welche man mittels Oszillographen bei unruhigem Lauf der Bürsten messen kann, sind tatsächlich keine Übergangsspannungen im Sinne Ohmscher Widerstände mehr, sondern Spannungswerte von Lichtbögen.

Als nächste Variable ist das Material zu betrachten. Während die Bürste einen bestimmenden Einfluß je nach ihrer Qualität auf die Größe der Übergangsspannung hat, ist das Ringmaterial mit seinen wenigen Varianten in dieser Beziehung von untergeordneter Bedeutung. Es spielt bezüglich der Übergangsspannung nicht das Material des Ringes an sich eine Rolle, als vielmehr der Zustand der Ringoberfläche. Dies wurde bereits eingehend besprochen.

Von Interesse ist noch die Betrachtung des Einflusses, welchen das umgebende Medium des jeweiligen Aufstellungsortes auf die Übergangsspannung ausübt und was für Störungen durch dasselbe hervorgerufen werden können. Der Aufstellungsort für die überragende Mehrzahl von Maschinen ist ein solcher, wo als Medium am rotierenden Kontakt Luft der normalen Zusammensetzung in Frage kommt. Die Veränderung des Luftdruckes in den auf der Erde vorkommenden Höhenlagen als Montageort für Maschinen ist ebenfalls ohne Bedeutung auf die Stromabnahme. Sowie aber fremde Beimengungen in der Luft sind, können ganz erhebliche Störungen auftreten.

Feste Beimengungen in der Luft in Form von Staub vermögen die Oberfläche eines Kommutators in kurzer Zeit durch Riefenbildung zu zerstören. Dieser Schaden wird noch vermehrt, wenn sich in der Luft Wassernebel befinden, also die Maschinen in Räumen aufgestellt sind, deren Luft einen hohen Gehalt an Feuchtigkeit besitzt. Infolgedessen wird die Anordnung Ring-Bürste oder Kommutator-Bürste zu einer ausgesprochen elektrochemischen Zelle. Man kann daher speziell an dem Pol, bei welchem der Strom vom Ring zur Bürste läuft, eine Neigung zu Kupferansatz an der Bürstenlauffläche beobachten. Das Kupfer wird elektrolytisch vom Ring nach der Bürstenfläche transportiert und dort galvanisch niedergeschlagen. Nach Reinigung der Bürstenfläche wird Abhilfe gegen den Kupferansatz mitunter dadurch erzielt, daß man den Bürstendruck an den kathodischen Bürstenspindeln verstärkt. Die gleiche Erscheinung des Kupferansatzes findet man bei zu stark gefetteten oder imprägnierten Bürsten, wenn die Tränkmasse unter dem Einfluß der Erwärmung austritt oder verdampft.

Noch viel schlimmer wird das Übel, wenn die Luft mit Nebeln von chemisch wirksamen Flüssigkeiten erfüllt ist. Die Gase, welche in den chemischen Fabriken am häufigsten auf die elektrischen Maschinenanlagen zur Auswirkung kommen, sind Schwefelsäure in Akkumulatorenräumen, Chlor und Salpetersäure. Während Chlorgase vornehmlich das Kommutatorkupfer angreifen, wirkt Salpetersäure speziell auf die Kontaktstellen der Armaturen von Hochgraphitbürsten, und zwar dadurch, daß Graphit dazu neigt, Salpetersäure aufzusaugen. Ammoniakgase, die in Brauereien vorkommen, sind weniger gefährlich, begünstigen aber doch auch z. B. speziell bei Graphitkohlen die Riefenbildung am Kommutator und Schleifring. Schweflige Säure, H_2, SO_3, wirkt geradezu verheerend auf alle kupfernen Teile einer elektrischen Maschine. Maschinen, welche in solchen Räumen arbeiten müssen, dürfen praktisch niemals stillgesetzt werden, andernfalls bezieht sich die Oberfläche des Kommutators bzw. Schleifrings in kürzester Zeit mit einem Belag von schwefelsaurem Kupfer, der jede Stromabnahme unmöglich macht.

Als letzter Punkt der physikalischen Vorgänge zwischen Ring und Bürste ist noch die reibungvermindernde Wirkung des Stromes zu besprechen.

Bereits in dem Kapitel A VI, 1 S. 44 über die Reibung wurde hierfür eine Erklärung gegeben, dahingehend, daß beim Stromdurchgang feinste Graphitteilchen von der Bürste losgelöst werden, welche infolge ihrer glättenden Wirkung eine Herabsetzung des Reibungskoeffizienten bewirken. Diese Erklärung ist noch weiter ausgebaut worden, indem man die Entstehung eines Gaspolsters zwischen Kommutator und Bürste als Folge des Stromübergangs annimmt. Die Entstehung desselben kann man sich so vorstellen, daß an den äußeren, von Luft gut umspülten Partien der Bürstenlauffläche infolge der kleinen punktförmigen Lichtbögen der von der Bürste losgelöste Kohlenstoff zu Kohlenoxyd bzw. Kohlendioxyd verbrennt. An den inneren Partien der Laufflächen hingegen findet keine Verbrennung mehr statt, sondern nur eine Art Verdampfung oder Zerstäubung des Kohlenstoffes in feinster Pulverform, was wie ein Schmiermittel wirkt. So läßt sich z. B. beobachten, daß bei längerem Betrieb bzw. bei hohen Stromdichten feinster Kohlenstaub sich an den unteren Teilen von Bürsten und Haltern infolge molekularer Adhäsion und elektrostatischer Anziehung ablagert. Diese pulverisierte Kohle und die Gasschicht wirken reibungvermindernd, indem sie die Schwingungen der Kohle im Halter dämpfen und der Bürste eine Richtkraft verleihen, vermöge der sich dieselbe im Halter auf kleinste Reibungsarbeit einstellt.

Diese Erscheinung, welche zweifelsohne einen die Kommutierung erleichternden und kommutatorerhaltenden Einfluß ausübt, ist außerordentlich sinnfällig. Ein klassisches Beispiel für diese Reibungserscheinungen sind die Lokomotivmotoren. Bei langen Talfahrten ohne Strom geben die Bürsten ein lautes kreischendes Geräusch. Dementsprechend zeigt auch der Kommutator eine metallblanke Oberfläche. Diese Talfahrten fürchtet der Bahnfachmann am meisten, weil bei diesen infolge der erhöhten Reibungsverluste Kommutatorverreibungen auftreten können. Sobald aber der Motor eingeschaltet wird, ist das Bürstengeräusch nach ca. 1 bis 2 Sekunden ganz erheblich gedämpft. Nach einer Stromfahrt hat der Kommutator die blank geriebene Oberfläche verloren und dafür Politur erhalten. Die Farbe des Kommutators ist direkt ein Kriterium dafür, ob der Motor zwischen zwei Stationen vornehmlich mit oder ohne Strom betrieben wurde. Wird der Motor wieder abgeschaltet, so bleibt das geringe Bürstengeräusch noch kurzzeitig bestehen, worauf das Kreischen wieder einsetzt. Man wird durch diese Beobachtungen zu der vorher erläuterten Annahme gedrängt, daß beim Einschalten bzw. Ausschalten zwischen Kommutator und Bürsten wägbare Stoffe entstehen bzw. verschwinden.

Kapitel VIII.

Die Meßmethoden der Kommutierung in der Praxis.

Die bisherigen Ausführungen über die elektrophysikalischen und chemischen Vorgänge am rotierenden Kontakt sollen nun als Rüstzeug zur kritischen Betrachtung des Stromabnahmeproblems bei Kommutatormaschinen dienen.

Der prinzipielle und in seinen Auswirkungen tiefgreifende Unterschied zwischen der Stromabnahme bei Kommutatoren gegenüber demjenigen bei Ringen liegt darin, daß der Bürste außer der Aufgabe der Stromleitung noch eine zweite Aufgabe, die der Stromwendung zudiktiert wird und im folgenden soll gezeigt werden, wie und unter welchen Veränderungen die Bürste ihre Aufgabe als Mittlerin in der Stromwendung bei Gleichstrommaschinen ausfüllt und wo die Grenzen ihrer Leistungsfähigkeit in dieser Beziehung liegen.

Man kann wohl sagen, daß die Theorie der Kommutierung, welche seit dem Beginn des Baues von Gleichstrommaschinen von namhaften Köpfen zum Gegenstand eingehender wissenschaftlicher Untersuchungen gemacht wurde, heute als sehr abgerundetes Gebiet vor uns liegt. Wissenschaltliche Arbeiten geben in mathematischer Form über die zahlreichen komplizierten Vorgänge Aufschluß, welche sich während des Kommutierungsvorganges unter der Bürste abspielen. Man ist in der Lage, aus der Kurzschlußstromkurve die Stromdichten zu bestimmen, aus den Stromdichten die Bürstenspannungen und aus dem Produkt von Bürstenspannung und Stromdichte die spezifische Stromwärme zu errechnen. Auch die Umkehr dieses Rechnungsweges, aus den gemessenen Bürstenpotentialkurven die Kurzschlußkurve zu ermitteln, ist gangbar und in der technischen Literatur an verschiedenen Stellen zu finden. Diesen Rechnungen liegen aber Vereinfachungen zugrunde, weil es sonst unmöglich ist, den Vorgang der Kommutierung in irgendeine mathematisch faßbare Form zu bringen. Alle diejenigen Erscheinungen, welche nun jenseits dieser Vereinfachungen liegen, müssen auf einem anderen Wege geklärt werden.

Daß diese vereinfachenden Annahmen mitunter aber eine sehr entscheidende Rolle auf den Verlauf der Kommutierung ausüben, erkennt man z. B. bei der Überlegung, daß der Übergangswiderstand einer Bürste mit zunehmender Temperatur abnimmt. Daß dieser Faktor von Einfluß auf den gesamten Kommutierungsvorgang sein kann, wird durch die Erscheinung der Zunahme des Bürstenfeuers mit der Erwärmung des Kommutators bestätigt. Indes gibt es noch eine große Anzahl anderer Einflüsse, welche gleichzeitig mathematisch nicht faßbar sind, so z. B. der Einfluß des inneren Widerstandes einer Bürste auf den Verlauf und die Größe der Kurzschlußströme. Ferner die Veränderung, welche die Kommutierung durch die Umbildung der Bürstenlaufflächen und der Kommutatoroberfläche, also durch die Politurverhältnisse erleidet und schließlich alle die Momente, welche den mechanischen Lauf der Bürste, wie im Hauptteil A „Mechanische Fragen" behandelt, störend beeinflussen.

Hier setzt die Tätigkeit des Prüffeldingenieurs ein. Die Meßmethoden und die Mittel, welche dem Theoretiker wie dem Praktiker zur Verfügung stehen, sind die gleichen, ja man kann sagen, daß dem Praktiker, durch dessen Prüffeld Maschinen aller Größen und der verschiedensten Wicklungen laufen, an Maschinenmaterial wesentlich mehr zur Verfügung steht als dem Theoretiker. Während jedoch der letztere sich die Zeit nehmen kann, eingehende Studien unter Verwendung von Spezialmeßanordnungen zu machen, muß der Praktiker den Forderungen der Wirtschaft entsprechen, d. h. eine Maschine steht ihm immer nur eine begrenzte Zeit zur Verfügung und er muß sich zur Untersuchung der Kommutierung solcher Mittel bedienen, welche zur Klärung irgendwelcher Schwierigkeiten keiner namhaften Veränderungen an irgendwelchen Teilen der Maschine bedürfen.

Er ist also bezüglich der Verwendung der durch sein Prüffeld laufenden Maschine als Untersuchungsobjekt außerordentlich beengt. Aus diesem Grunde hat sich im Laufe der Jahrzehnte ein festes System von Messungen herausgebildet, deren Auswertungen in Verbindung mit persönlichen Erfahrungen in den meisten Fällen ausreichenden Aufschluß über die Fehlerquellen geben. Ist aber der Fehler bekannt, so ist damit auch der Weg zur Abhilfe und das Ziel, die Freigabe einer einwandfreien Maschine zum Versand, erreicht. Außerdem reichen diese Messungen auch aus, Neuland be-schreiten zu können und die Gelegenheit hierzu ist durch Spezialkonstruktionen und Erstausführungen des öfteren gegeben.

Man wird keine Messungen an den Bürsten einer Maschine zwecks Feststellung ihrer Kommutierungseigenschaften machen, ohne sich vorher vergewissert zu haben, an welcher Stelle des Kommutators die Bürsten stehen. Es ist daher notwendig, unabhängig davon, welche Stellung die Bürsten später im Betriebe erhalten, zunächst die Neutrale festzustellen, und zwar muß diese Feststellung möglichst genau erfolgen. Tut man dies nicht, so erschwert man sich die Analyse von später auftretenden Störungen.

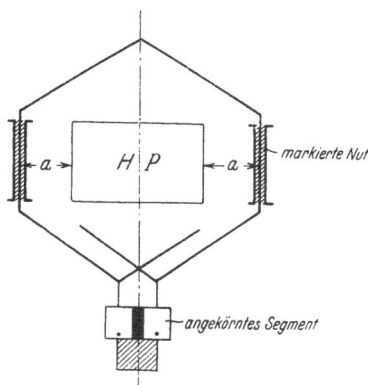

Abb. 59. Schleifenwicklung mit einem Stab pro Nut. Bürste steht in neutraler Zone.

Zur Bestimmung der Neutralen gibt es verschiedene Methoden; die natürlichste ist die geometrische. Voraussetzung für die Einstellung der Bürsten nach diesem System ist die Markierung der Nuten, in welchen die zueinander gehörenden Spulenseiten einer Schablone liegen, sowie die Markierung der Segmente, an welche die Enden der bezeichneten Spulenseiten führen. Man bringt dann den Anker in eine solche Stellung, daß die auf den Nutenkeilen bezeichneten Spulenseiten symmetrisch zum Hauptpol liegen und man braucht dann nur die Bürsten auf die Mitte der angekörnten Segmente zu stellen, wie in Abb. 59 dargestellt.

Die Abb. 60 u. 61 veranschaulichen das gleiche System der geometrischen Einstellung der Bürsten in die Neutrale für einige Wicklungsanordnungen.

Praktisch ist die Einstellung der Bürsten nach diesem System dann nicht ausführbar, wenn die Spulenseiten nicht markiert sind; auch hat man nicht immer die Gewißheit, daß die Markierung richtig entsprechend der Wicklungsanordnung erfolgte. In diesem Falle greift man dann zu einer **elektrischen Methode**, welche als Induktionsmethode bezeichnet wird. Die Messung erfolgt in der Weise, daß bei stillstehender Maschine die Felderregung abwechselnd ein- und ausgeschaltet wird und die in der Ankerwicklung transformatorisch induzierten Spannungen

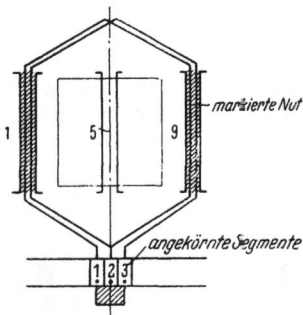

Abb. 60. Schleifenwicklung mit 2 Stäben pro Nut. Bürste steht in neutraler Zone.

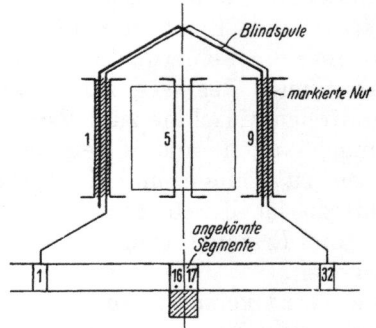

Abb. 61. Serienwicklung mit zwei Stäben pro Nut. Bürste steht in neutraler Zone.

mittels eines an die Plus- und Minusspindeln gelegten Voltmeters gemessen wird. Die neutrale Stellung der Bürste wird durch den kleinsten Ausschlag des Instruments gekennzeichnet. Diese Methode ist indes nicht sehr genau, da das Meßresultat stark vom Zustand der Bürstenlaufflächen — meistens sind dieselben eben erst eingeschliffen worden — abhängt. Außerdem kommen weitere Fehler in die Messung durch grobe Lamellen- und Nutenteilung. Je nach der Stellung des Ankers wird man verschiedene „Neutralen" herausmessen.

Eine andere elektrische Methode, welche keiner besonderen Schaltung für das Magnetfeld bedarf, besteht in der Messung der Bürstenübergangsspannung bei Leerlauf als Dynamo.

Es ist wichtig, daß diese Messung nicht bei Motoren angewendet wird, selbst wenn dieselben leer laufen, da bereits durch den Anker-Leerlaufstrom eine Verzerrung des Bürstenpotentials stattfindet. Man mißt also die Übergangsspannung an der auflaufenden und ablaufenden Kante und die Neutrale ist bestimmt durch gleiche Ausschläge des Instrumentes an den beiden Bürstenkanten. Die Spannung pflegt in der Mitte der Bürste einen etwas höheren Wert aufzuweisen.

Eine sehr gebräuchliche Abart dieser Messung besteht darin, daß man zwei Spitzen gleichzeitig auf dem Kommutator schleifen läßt, und

zwar im Abstand der Bürstenbreite. Überstreicht man nun im Leerlauf
den Kommutator, so kommt man an eine Stelle, bei welcher das Volt-
meter durch Null hindurchgeht. Es ist dies diejenige Stelle, wo sich
die Segmentspannungen gegenseitig
aufheben und dadurch die Neutrale
kennzeichnen.

Es sei hier eine kurze Be-
merkung über die mechanische Art
der Ausführung dieser Potentialmessungen gemacht. Es ist wichtig, daß die eine Spitze nicht auf
die Bürste selbst gedrückt wird,
weil ja mit jeder Druckverände-
rung die Übergangsspannung der
Bürste beeinflußt wird. Die andere
Spitze darf nur den Kommutator
und nicht an irgendeiner Stelle
den Bürstenhalter oder die Kohle
selbst berühren und wird unter leichtem Druck auf den rotierenden Kommutator aufgelegt, Abb. 62.

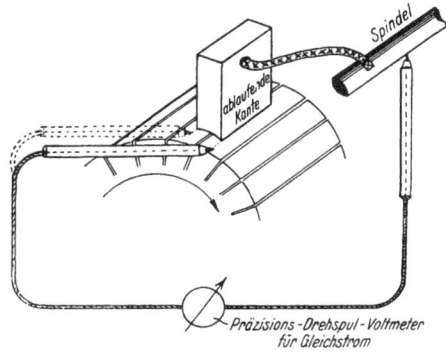

Abb. 62. Praktische Ausführung der Potentialmessungen an Bürsten.

Gleich wichtig für das Resultat der Messungen ist nicht nur ihre
mechanische Ausführung, sondern auch die Art der verwendeten
Instrumente. Man pflegt für die Potentialmessungen an Kommutatoren im allgemeinen Präzisions-Drehspulvoltmeter für Gleichstrom
zu verwenden mit einem Meßbereich von 3 Volt. Diese Instrumente
zeigen selbstverständlich nur den zeitlichen Mittelwert, d. h. den
Gleichstromwert der unter der Bürste auftretenden pulsierenden Gleichspannung und nicht die überlagerten hochfrequenten Wechselspan-
nungen an.

Verwendet man parallel zu diesem Gleichstrominstrument ein Prä-
zisions-Drehspul-Wechselstromvoltmeter, welches den Effektivwert der
Spannung mißt, so hat man eine Kontrolle über den Fehler, den man
bei Messungen mit einem Gleichstrominstrument begeht. Das Wechselstrominstrument kommt also den wirklichen Spannungsverhältnissen
unter der Bürste durch Angabe der Effektivwerte bereits näher.
Bei Parallelschaltung zweier solcher Instrumente zeigt auch das
Wechselstrominstrument einen höheren Wert als das Gleichstrominstrument an.

Für solche Fälle, bei denen zur Klärung irgendwelcher Kommutierungsvorgänge die absolute Größe der Bürstenspannungen
festgestellt werden muß, bedient man sich des Oszyllographen,
welcher den wirklichen zeitlichen Verlauf der gemessenen Spannung
aufzeichnet.

Kapitel IX.

Die Bürsten-Potential-Kurve der Gleichstrom-Maschine und die Energie, die zwischen Bürste und Kommutator frei wird.

Die Meßmethode der Bürstenübergangsspannung mittels eines Präzisions-Gleichstrominstruments wurde an einer kleinen wendepollosen Gleichstrommaschine ausgeführt und in den Abb. 63a—g dargestellt. Es ist dies der Typ einer Maschine, bei welcher man infolge ihrer kleinen Leistung noch ohne Wendepole auskommt, und bei der die Bürsten streng in der Neutralen für alle Belastungszustände stehen bleiben. Man benutzt diese Anordnung, um den Vorteil des Rechts- und Linkslaufes zu gewinnen und erzielt denselben durch eine reichliche Neutrale, also einen großen hauptfeldfreien Raum zwischen den Polspitzen der Hauptpole. Was an den Diagrammen der Bürsten-Potentialkurven besonders auffällt, ist zunächst die ausgeprägt auftretende Polarität sowie die mit zunehmender Belastung immer mehr wachsende Spannung an der ablaufenden Bürstenkante. Da die Bürstenspannungen ein Maß für die Stromverteilung unter der Bürste sind, folgt hieraus, daß mit zunehmendem Ankerstrom die bei geringer Belastung noch praktisch lineare Stromverteilung eine Verzerrung nach der ablaufenden Kante hin erfährt. Diese Erscheinung ist für die Bürste in dieser klassischen Form von fundamentaler Bedeutung und ist der Ausgangspunkt für alle weiteren Betrachtungen über die Bürste als Stromabnehmer und kommutierender Faktor bei Gleichstrommaschinen. Dieselbe muß daher näher besprochen werden.

Man hat durch die Anordnung: Kommutator—Bürsten einen mit großer Geschwindigkeit bewegten Schaltapparat vor sich. Lägen in der Ankerwicklung nur Ohmsche Widerstände, so würde praktisch die lineare Stromverteilung aufrechterhalten bleiben, d. h. indem die im Kurzschluß unter der Bürste befindliche Spule von der einen Bürstenkante zur anderen wandert, ändert sie ihr Stromvolumen linear von einem positiven zu einem negativen Endwert. Diese Voraussetzung für die lineare Belastung der Bürstenlauffläche wird durch die magnetische Trägheit der kurzgeschlossenen Spule zu Fall gebracht. Die zeitliche Abnahme und Wiederzunahme des Spulenstromes bleibt hinter der Drehgeschwindigkeit des Kommutators zurück. Dies Zurückbleiben wird gegen Ende der Stromwendung, die ja als ganzer Turnus von der Spule erfüllt werden muß, eingeholt, aber nur mittels einer Stromverdrängung nach der ablaufenden Bürstenkante, also zu Lasten der Bürstenlauffläche.

Gemäß diesem Vorgang tritt also eine Belastung der ablaufenden Bürstenkante zugunsten einer Entlastung der auflaufenden Bürstenkante ein. Man findet Analogien zu diesem Vorgang unter der Bürste auch an anderen Konstruktionsteilen elektrischer Maschinen sowie an Vorgängen in der Natur. So kann man z. B. die Verschiebung des Hauptkraftflusses durch die Ankerrückwirkung und damit die Zunahme der Induktion unter der einen Polspitze und die Abnahme unter der entgegengesetzten Polspitze bildlich leicht darstellen. Ebenso ist der Begriff der Stromverdrängung in einem massiven Leiter durch Wirbelströme ein geläufiges Bild. Noch viel einfacher wird der Vorgang der Stromverdrängung unter der Bürste durch das bekannte Bild eines Stromlaufes erläutert, der eine plötzliche Biegung macht; das Wasser drängt sich nach der Außenseite des Stromlaufes, während die Innenseite entlastet wird. Ferner findet man in der Strömungslehre ein außerordentlich sinnfälliges Analogon zur Stromverteilung unter der Bürste, welches direkt zu der heute allgemein anerkannten klassischen Kommutierungstheorie von der Superposition eines Wirkstromes mit einem Kurzschlußstrom führt.

So kann man den Durchgang der Luft zwischen zwei Flügeln _F-F_ eines Gebläses, Abb. 64, in zwei Bewegungen zerlegen. Die Hauptbewegung entspricht einer Strömung gleicher Dichte auf den Gesamt-

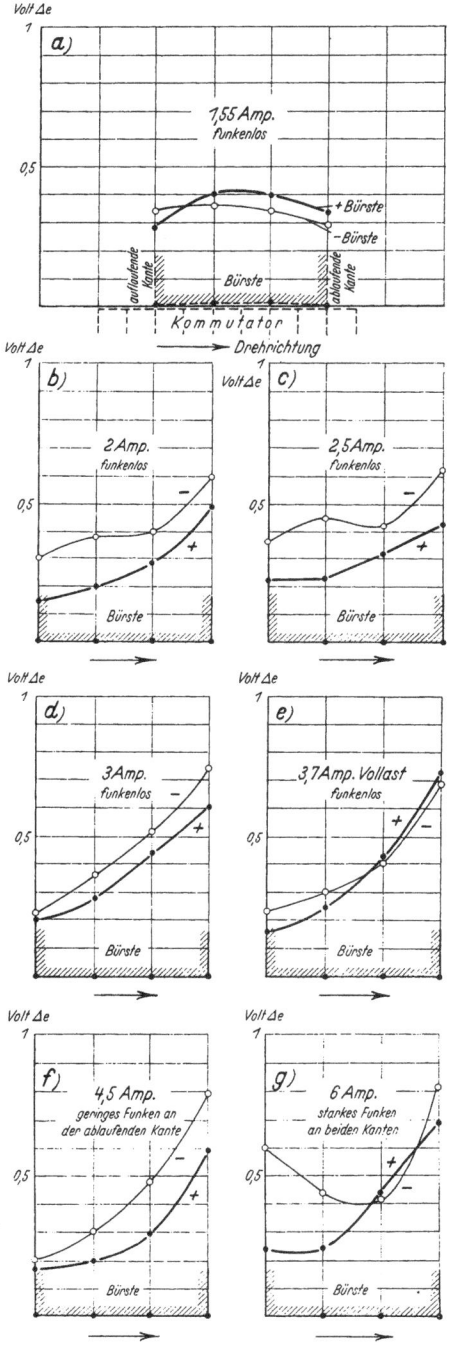

Abb. 63a—g. **Bürsten-Potentialmessungen** an einem wendepollosen Gleichstrommotor 0,55 kW 220 Volt 3,8 A 720 U/min
Bürstenqualität: Hartkohlen
Bürstenlauffläche: 10×20 mm².

durchtrittsquerschnitt. Die zweite Bewegung entsteht als Störungs-
strömung dadurch, daß die in einem Schaufelkasten eingeschlossenen
Luftmoleküle bei einer Umdrehung des Rades ebenfalls eine volle Umdrehung in sich ausgeführt haben müssen.

Dieses Bild deckt sich in anschaulichster Weise mit der Verteilung
des elektrischen Stromes bei der Kommutierung. Einer Umdrehung
des Rades entspricht der volle Turnus der Stromwendung einer Spule.
Der rotierende Störungsstrom in dem Schaufelkasten wird zu Null,

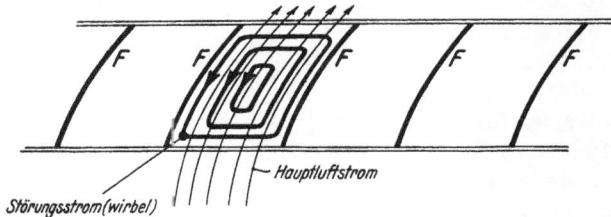

Abb. 64. Luftströmung zwischen zwei Flügeln eines Gebläses.

wenn die Reibung an den Wänden unendlich groß ist; dann fließt nur
die Hauptströmung in linearer Verteilung auf den Durchtrittsquerschnitt.
Analog wird der Kurzschlußstrom in der Bürste zu Null, wenn der
Übergangswiderstand der Bürste unendlich groß ist; dann findet keine
Ablenkung des Wirkstromes statt, man hat konstante Stromdichten
unter der Bürste, also gradlinige Kommutierung.

Die Bedingung des unendlich großen Übergangswiderstandes ist
aber nicht erfüllbar. Es wird also stets der Störungswirbel der Kurzschlußströme auftreten, indem die in der kommutierenden Spule wirksame EMK der Selbstinduktion auf einen Stromkreis von endlichem
Widerstandswert arbeitet.

Nach dieser Darlegung sind die Abb. 65a—e leicht verständlich.
Das Bild a zeigt den Wirkstrom J und den Kurzschlußstrom ik unter der
Bürste in Form von Stromlinien dargestellt. In Abb. 65b ist die Superposition von Wirkstrom und Kurzschlußstrom ausgeführt. Dies Bild
stellt den einfachsten Fall dar, daß sich die Kurzschlußströme symmetrisch um die Mittelachse der Bürste gruppieren, wodurch eine Erhöhung der Stromdichte an der ablaufenden Kante und eine Erniedrigung an der auflaufenden Kante hervorgerufen wird. Es muß noch festgestellt werden, daß der Gesamtstrombelag der Bürstenlauffläche nur
verlagert, aber nicht in seiner Größe verändert wird. Das Er-
regerzentrum der Kurzschlußströme muß nicht unbedingt in der Mitte
der Bürste liegen, es kann auch, wie in Abb. 65c dargestellt, nach einer
Seite verlagert sein. Dies hängt von der Größe der Selbstinduktion
der kurzgeschlossenen Spule, dem Verhältnis der Ohmschen Widerstände
von Bürsten und Wicklung sowie von dem Verhältnis der Segment-

teilung zur Bürstenbreite ab. Nun kann der Grenzfall eintreten, daß der Kurzschlußstrom an einer Bürstenkante gleich groß und entgegengesetzt dem Wirkstrom wird Abb. 65 d. Für diesen Grenzfall hat man an der einen Bürstenkante als resultierende Stromdichte den Wert Null und für diesen Grenzfall gilt ebenfalls noch der Satz vom unveränderten Strombelag. Wird hingegen die Stromdichte des Kurzschlußstromes an irgendeiner Stelle der Bürstenlauffläche größer als diejenige des Wirkstromes an diesem Punkte, so zeigt Abb. 65 e, daß auf jeden Fall eine Vergrößerung des Gesamtstrombelages unter der Bürste durch die Kurzschlußströme auftritt. Diese Feststellung ist von Wichtigkeit für die Bewertung der Kommutierung vom Standpunkt der unter der Bürste freiwerdenden Energie.

Soweit die Strom verteilung unter der Bürste, abgeleitet aus der Superposition von Wirkstrom und Kurzschlußstrom. Für irgend eine be-

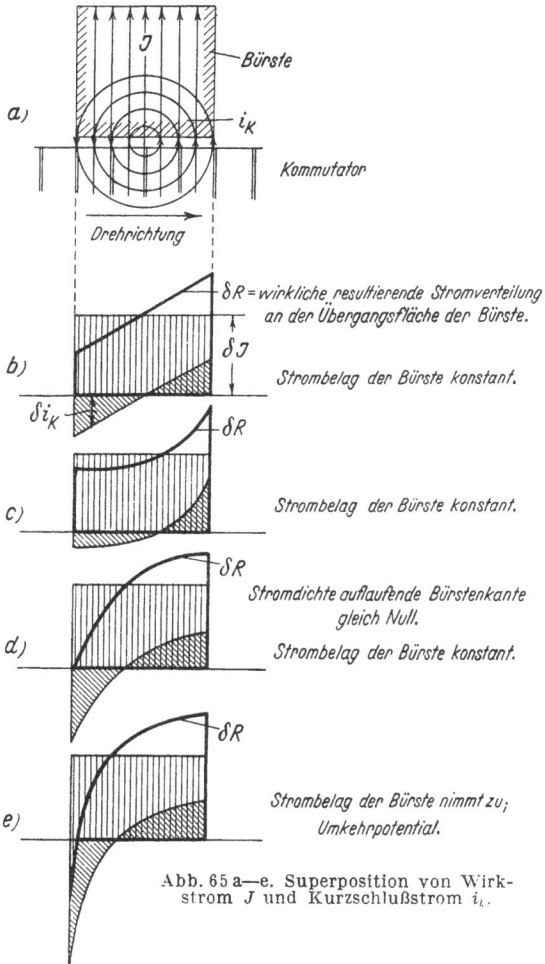

Abb. 65 a—e. Superposition von Wirkstrom J und Kurzschlußstrom i_k.

liebige Stromverteilung läßt sich nun die dazu gehörige Übergangsspannung Δe unter Zugrundelegung der Stromspannungskurve einer Bürstenqualität festlegen, wie dies in Abb. 66 dargestellt ist.

Bis hierher ist die Betrachtung der Kommutierung vom Standpunkt des Bürstenproblems einfach. Bei näheren Untersuchungen aber, wie die Bürstenspannungen Δe wirklich aussehen, beginnen die Schwierigkeiten. Der weiteren Entwicklung seien Potentialmessungen an einer wendepollosen Maschine folgender Leistung vorangestellt:

Gleichstrom-Motor   7,3 kW   220 V   39 A   600 U/min

32 Nuten mit 5 Segmenten pro Nut,
Segmentteilung: 3,5 mm, Bürstenlauffläche 7 × 30 mm.

Die Bürsten waren zur Erzielung eines funkenfreien Laufes aus der Neutralen herausgeschoben. Die mit einem Präzisions-Gleichstrom-Voltmeter gemessenen Potentialkurven sind in Abb. 67 dargestellt. Die entsprechenden, mit dem Oszillographen aufgenommenen Messungen sind in den Abb. 68a, b, c dargestellt. Diese Messungen zeigen, daß man also unter der Bürste durchaus keine Gleichspannung, sondern eine Wellenspannung hat, die aus der Übereinanderlagerung einer Gleich- und Wechselspannung resultiert.

Form, Größe und Anzahl der Schwankungen sind durch die Nutung des Ankers, die Zahl der Anschlüsse pro Nut und die magnetischen Ver-

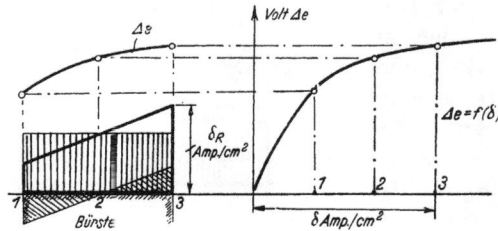

Abb. 66. Ableitung der $\varDelta e$-Kurve aus der Stromdichte δ_R.

hältnisse der kommutierenden Spule gegeben. Man kann eben keine feinste Verteilung der Lamellen und Wicklungselemente, sondern nur eine endliche Anzahl anordnen. Bei der Rotation des Ankers schwankt daher die abgegebene Spannung und damit auch der abgegebene Strom im Takte der Nut- und Segmentfrequenz und notwendigerweise müssen diese Schwankungen auch in der Bürstenpotentialkurve zum Ausdruck kommen. Das Oszillogramm der Bürstenpotentialkurve an der auf-laufenden Kante, Abb. 68a, läßt die Nuten und die pro Nut angeschlossenen fünf Segmente erkennen. Das Spiel der Wellenspannung pro Nut wiederholt sich in ziemlich regelmäßiger Reihenfolge. Jeder vollen Zacke im Oszillogramm entspricht eine Wanderung des Kommutators um ein Segment. Nimmt man Proportionalität zwischen Bürstenübergangs-spannung und Stromdichte für jeden Zeitmoment an und zeichnet man sich für die beiden charakteristischen Bürstenstellungen I und II laut Abb. 69 die aus den Oszillogrammen errechneten Stromdichten auf, so treten deutlich sowohl die Schwankungen in der Strombelastung, als auch die Stromverdrängung nach der ablaufenden Kante hervor. Die Serie der zweimal fünf Stromdiagramme veranschaulicht die zeitliche Veränderung der Stromverteilung unter der Bürste während des Durch-gangs einer ganzen Nut.

Aber noch eine andere Folgerung läßt sich aus diesen Diagrammen ablesen. Während alle Stellungen I deutlich die nach der Bürsten-potentialkurve ansteigende sprung-weise Belastung der Bürstenlauffläche anzeigen, sind die Stellungen II durch eine fast lineare Belastung der Lauf-fläche gekennzeichnet.

Nach Wanderung des Kommutators um je ein Segment wiederholt sich also stets auf derselben Stelle der Bürste die schlagartige Belastungs-steigerung. Hierdurch ist die spe-ziell bei kleinen wendepollosen Ma-schinen oft beobachtete Erscheinung erklärt, daß sich die **Segment-teilung des Kommutators auf der Lauffläche abbildet.** Die Variation der Stromimpulse ist mit der Umdrehung des Ankers starr

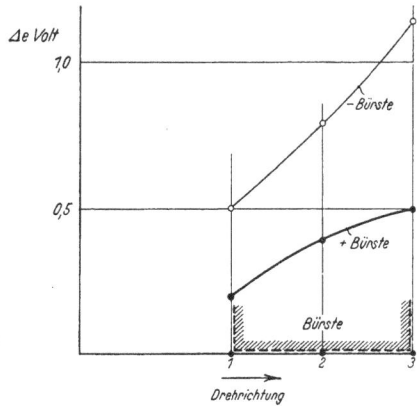

Abb. 67. **Bürsten-Potentialmessungen** an einem wendepollosen Gleichstrommotor 7,3 kW 220 V 39 Amp 600 U/min bei 39 Amp Vollaststrom. Gemessen an der auflaufenden (1), Mitte (2) und ab-laufenden (3) Bürstenkante.

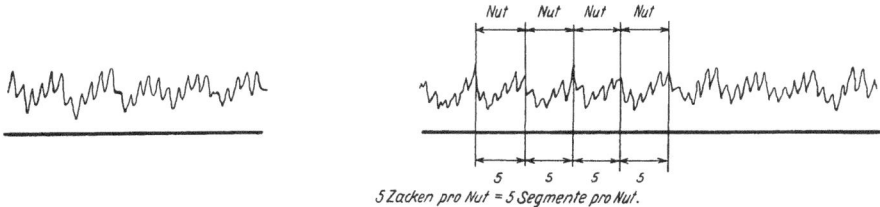

a) Übergangsspannung auflaufende Bürstenkante.

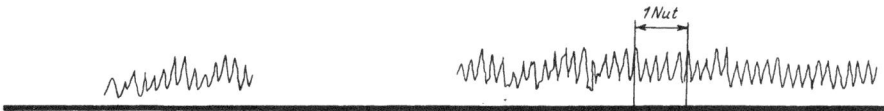

b) Übergangsspannung Mitte Bürste.

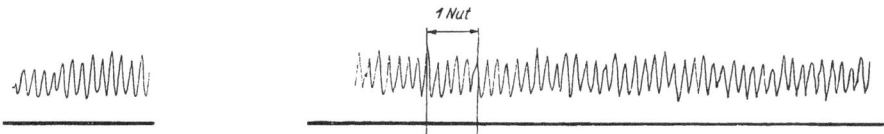

c) Übergangsspannung ablaufende Bürstenkante.

Abb. 68 a—c. Potentialkurve der (Motor) ÷- Bürste Abb. 67. oszillographisch an den Punkten 1—2—3 aufgenommen.

gekuppelt, dieselben sind also stets mit der Bewegungsgeschwindigkeit des Kommutators im Synchronismus.

Aus der Abb. 69 der Stromdiagramme ergeben sich ferner drei verschiedene Belastungszonen der Bürstenlauffläche, die natürlich auf die Gestaltung dieser Fläche nicht ohne störenden Einfluß bleiben können.

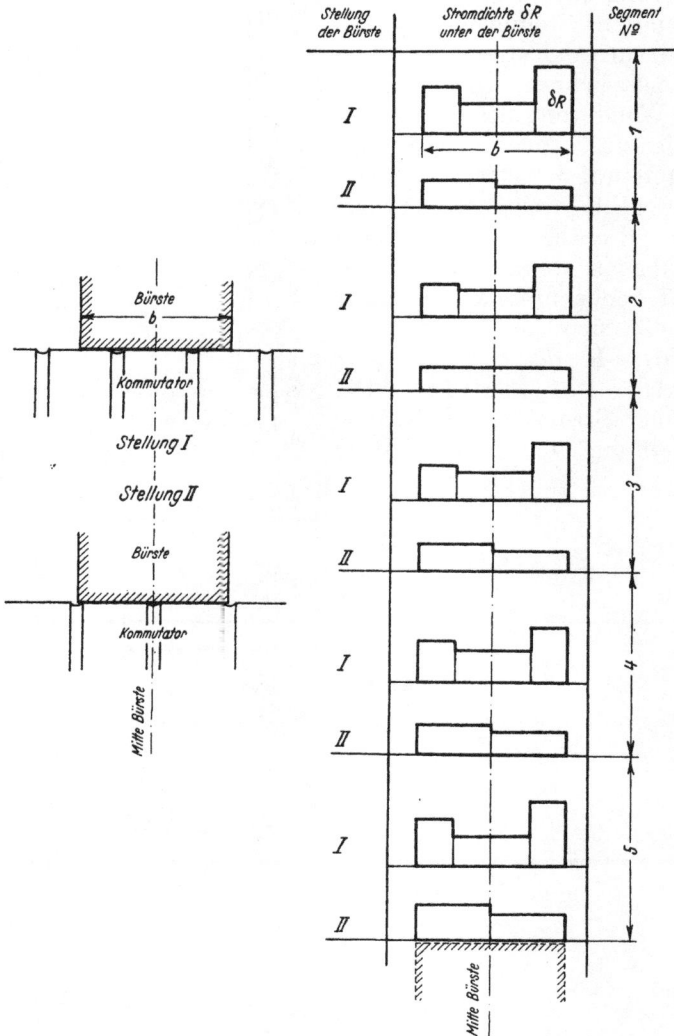

Abb. 69. Streifenbildung an der Bürstenlauffläche infolge der Stromverteilung unter der Bürste während des Durchgangs der Nuten. Ermittelt aus den Oszillogrammen Abb. 68a—c. dargestellt für eine Nut = 5 Segmente Nr. 1—5.

Der Beginn von Störungen an der Lauffläche infolge partiell hoher Stromdichten kennzeichnet sich im allgemeinen zunächst durch ganz feine Kraterbildungen speziell bei derjenigen Bürste, an welcher der

Strom austritt. Diese Grübchenbildung findet man an den Stellen der Laufflächen, an denen man durch Potentialmessungen auch die größte Übergangsspannung festgestellt hat. Mit zunehmender Belastung nehmen dann diese Anbrennungen eine klare und verschärfte Form an, d. h. man kann deutlich sehen, wie die Bürste in Flächen kleiner, mittlerer und hoher Stromdichte eingeteilt ist.

Das übliche Bild ist ein blanker, ein matter und ein verbrannter Streifen; aber es ist nicht unbedingt immer eine Dreiteilung der Laufläche zu beobachten. Manche Maschinen geben glatte Laufflächen, an anderen Maschinen beobachtet man nur zwei Streifen, Abb. 70. Dies hängt ganz von der Art der Belastung der Bürste und ihrer Qualität, von der Wicklung der Maschine sowie von dem Verhältnis der Segmentteilung zur Bürstenbreite ab. Man kann jedoch stets beobachten, daß der verbrannte Streifen an der ablaufenden Kante liegt.

Hier spielt wieder in das elektrische Phänomen eine mechanische Erscheinung hinein. Die Bürste pflegt an der ablaufenden Kante sich nicht in dem innigen Kontakt mit dem Kommutator zu befinden wie an der auflaufenden Kante. Eine elektrische Überlastung der ablaufenden Kante gibt auch zu einem schnelleren Bürstenverschleiß an dieser Stelle Veranlassung, so daß sich mechanische und elektrische Ursachen zu erhöhter Bürstenbeanspruchung vereinigen. An der auflaufenden Kante ist das Umgekehrte der Fall. Eine geringere Stromdichte in Verbindung mit einer guten mechanischen Auflage bereiten der Ausbildung eines blanken Streifens an dieser Stelle den Boden.

Bei kleinen Maschinen ist diese Erscheinung der Streifenbildung unter der Bürste ohne Bedeutung. Der Grund hierfür liegt darin, daß zwischen Bürsten und Kommutator bei kleinen Leistungen auch nur kleine Energien frei werden. Es läßt sich aber gut vorstellen, daß bei großen Maschinen und ungünstigen Stromverteilungsverhältnissen der zulässigen Belastungsfähigkeit einer Bürste bald eine Grenze gesetzt ist. Wird dieselbe überschritten, so muß notwendigerweise eine Zerstörung der Bürste an der ablaufenden Kante eintreten, wodurch die Betriebsverhältnisse unstabil werden, Abb. 71 und 72.

Durch diese Überlegung kommt man zwangläufig zu der Frage nach der Energie, die unter der Bürste frei wird. Um diese Frage diskutieren zu können, wurde die vorige Betrachtung über Stromdichte und Übergangsspannung so eingehend behandelt, denn die Zusammensetzung dieser beiden Komponenten ergibt die „Bürstenenergie".

Es ist bekannt, daß eine genaue Vorausberechnung der Energie unter der Bürste in dem Sinne, wie man etwa die EMK einer Maschine errechnet, nicht möglich ist. Jede Berechnung dieser Art ist auf Voraussetzungen aufgebaut, die bezüglich ihrer Größenordnung von der Wirklichkeit so weit abweichen können, daß das Resultat der Berechnung keinen praktischen Wert mehr besitzt. Die meiste Aussicht auf eine

rechnerische Erfassung der Bürstenenergie bietet nur die Berechnung
in Verbindung mit Bürsten-Potentialmessungen. Die mit dem Oszyllo-

**Bürsten einer schlecht kommutierenden Maschine in verschiedenen Stadien
der Zerstörung an der ablaufenden Kante.**

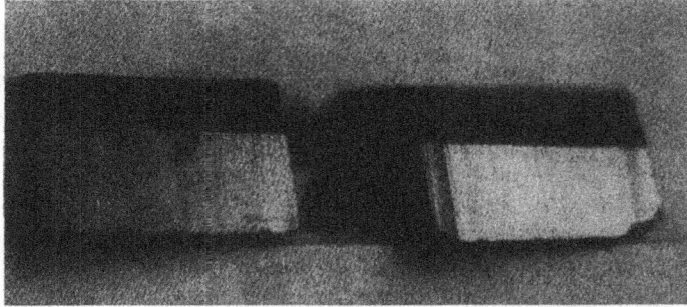

Abb. 70. Beobachtung: ablaufende Bürstenkante feuert.

Abb. 71. Beobachtung: ablaufende Bürstenkante feuert, außerdem Feuer
unter der Lauffläche.

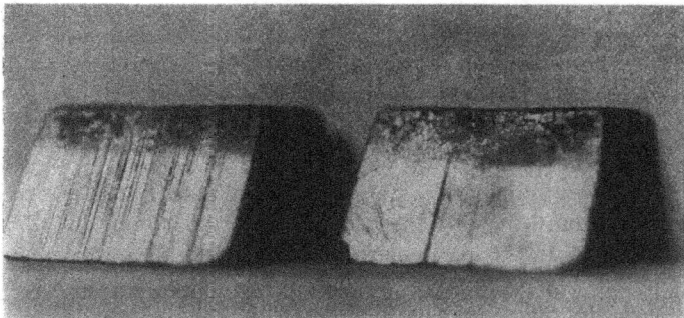

Abb. 72. Beobachtung: Ein Drittel der Bürstenlauffläche glüht
zeitweilig auf.

graphen gemessene Kurve der Übergangsspannung ist wegen ihrer zeit-
raubenden Auswertung zur Berechnung der Bürstenenergie nicht brauch-

bar. Da diese Kurven aber die Spitzenspannungen anzeigen, so sind diese Messungen eine wertvolle Ergänzung zur qualitativen Beurteilung der mit trägen Instrumenten aufgenommenen Potentialkurven. Einen Schritt weiter kommt man schon, wenn man die Integration der Wellenspannung unter der Bürste einem Wechselstromvoltmeter überläßt und an möglichst vielen Punkten der Bürstenbreite die Übergangsspannung Δe mißt. Die zugehörigen Stromdichten δ werden der Bürstencharakteristik entnommen und die Produkte $\Delta e \times \delta$ unter Berücksichtigung der Größe der Lauffläche summiert. Doch auch diese Methode ist für den vorliegenden Zweck noch viel zu zeitraubend und kompliziert.

Die praktischen Verhältnisse, unter denen Bürstenpotentialmessungen vorgenommen werden müssen, sind oft räumlich so schwierig und besonders bei hohen Gleichspannungen auch gefährlich, daß man es vorzieht, mit einem möglichst wenig transportempfindlichen Instrument zu messen und dies ist das in der Mehrzahl aller Fälle verwendete „Dreivolt-Gleichstrom-Instrument". Dasselbe hat den Vorteil der Unempfindlichkeit gegen mechanische und elektrische Stöße, dafür aber den großen Nachteil, daß es nur Mittelwerte der Spannung anzeigt. Wenn sich trotzdem die Messung der Übergangsspannung mit einem Gleichstromvoltmeter als praktisch vollkommen ausreichend eingeführt hat, so liegt das daran, daß man, abgesehen von Sonderfällen und von kranken Maschinen, die Gleichstrom-Potentialmessungen als Vergleichsbasis sehr gut brauchen kann, wenn auch die absoluten Werte nicht der Wirklichkeit entsprechen. Die Bürstenenergie errechnet sich auf Grund dieser Meßmethode und unter Berücksichtigung der bereits durch die Messung selbst begangenen Fehler in einfacher Weise dadurch, daß man den Mittelwert der an 3 Punkten der Bürste gemessenen Übergangsspannungen mit dem Strom pro Bürste multipliziert.

Dieser Berechnungsmethode liegt eine sehr große Anzahl von praktischen Erfahrungen zugrunde. Es hat sich an Hunderten von ausgeführten Maschinen gezeigt, daß für hochgraphitische Bürsten die günstigste Potentialkurve diejenige ist, welche eine etwa 20prozentige Überkommutierung ergibt, während bei elektrographitierten Bürsten ein mehr gradliniges Potential die besten Kommutierungsverhältnisse zeigt. Aus diesen Tatsachen kann man darauf schließen, daß die Übergangsenergie bei ihrem der Wicklungsanordnung entsprechenden günstigsten Minimalwert angekommen ist.

Im folgenden seien die Einschränkungen, bei deren Beachtung die genannte Berechnungsart der Bürstenübergangs-Verluste zulässig ist, zusammengefaßt:

a) Diese Methode der Berechnung gilt für alle Gleichstrommaschinen, welche etwa 10- bis 20prozentige Überkommutierung aufweisen. Demzufolge werden von vornherein praktisch wendepollose Maschinen ausgeschlossen, welche durchweg unterkommutieren. Ferner ist hierdurch

die Differenz zwischen der Bürstenspannung an der auflaufenden und
ablaufenden Kante begrenzt und damit die Energie der Bürsten-Kurz-
schlußströme.

b) Es ist vorausgesetzt, daß das Potential an der ablaufenden Kante
nicht umkehrt, denn es wurde gezeigt, daß jede Umkehr des Potentials
eine Vergrößerung des Strombelags der Bürstenlauffläche und damit
der Bürstenenergie zur Folge hat. Dies ist auch in der Praxis bestätigt
durch Erhitzung der ablaufenden Bürstenkante und des Kommutators
bei Umkehrpotential.

c) Außerdem gilt als unbedingte Voraussetzung eine funkenfreie
Kommutation, und zwar muß die ganze Bürstenlauffläche funkenfrei
sein, also nicht nur die auflaufende und ablaufende Kante, sondern auch
die im allgemeinen viel zu wenig beobachtete Lauffläche selbst. Bürstenfeuer unter der Lauffläche, dessen Spannungsspitzen mit dem trägen
Instrument nicht meßbar sind, macht sich, wenn mit bloßem Auge
nicht zu sehen, durch Grübchen und Streifenbildung, manchmal auch
nur durch Schattierungen, bemerkbar. Bei kleinen wendepollosen Maschinen ist Streifenbildung noch zulässig, bei Wendepolmaschinen aber
muß Reinheit der Bürstenfläche verlangt werden.

d) Die Bürsten müssen speziell bei der Messung der Potentiale
mechanisch ruhigen Lauf aufweisen, damit das Instrument möglichst
Ohmsche Spannungsabfälle und keine Funkenspannungen mißt.

Aus diesen Ausführungen sieht man, daß die Berechnung der unter
der Bürste freiwerdenden Energie ziemlich problematischen Charakters
ist und einigermaßen brauchbare Rechnungswerte an zahlreiche Bedingungen geknüpft sind.

Da aber die Bürstenenergie in der Energiebilanz einer Kommutatormaschine eine so wichtige Rolle spielt, hat man versucht, die Energie,
die eine Bürstenqualität aufzunehmen vermag, unabhängig von der
Maschine zu messen.

Messungen dieser Art sind aber alle erfolglos geblieben. Man kann,
wie schon Arnold gezeigt hat, einen mit festen Endkontakten versehenen
Kohleblock mit Stromdichten bis 500 A/cm² belasten, ehe er zum Glühen
kommt. An der rotierenden Maschine aber kann man ein Aufglühen
der Bürsten bereits bei Stromdichten unter 10 A/cm² beobachten.

Es ist eben nicht angängig, zwei grundverschiedene Vorgänge miteinander zu vergleichen: nämlich den Energieumsatz in einem Volumen
mit demjenigen an einer Fläche. Daß beim rotierenden Kontakt aber
die Energie immer an die Bürstenlauffläche gebunden ist, zeigen die
Abb. 71 und 72 S. 100 von Bürsten in verschiedenen Stadien der Zerstörung.
Erst in jüngster Zeit ist auf dem Gebiet der Forschung über die Bürstenenergie durch die von Kozisek, Siemens-Schuckertwerke-Berlin, angegebene Prüfmaschine ein großer Schritt vorwärts getan worden. Diese
in der Siemens-Zeitschrift 1928 Heft 10 beschriebene Maschine ist ein

läufergespeister Drehstrom-Kommutatormotor, dessen Kommutator mit einer im Anker untergebrachten Hilfswicklung verbunden ist. Auf diesem Kommutator schleifen Bürsten und man ist in der Lage, dieselben durch einen Kurzschlußstrom und durch einen Wirkstrom zu belasten. Die hierbei in den Bürsten umgesetzte Energie ist aus der Messung der schleifringseitig zugeführten Leistung direkt zu bestimmen, und es bleibt außerdem das Wesentliche, der rotierende Kontakt, erhalten.

In den Abb. 73 und 74 sind für zwei verschiedene Bürstenqualitäten A und B die mit der Kozisek-Prüfmaschine aufgenommenen Kurzschlußstrom-Charakteristiken dargestellt. Man erkennt, daß die Marke A für schwere Kommutierung mit hohen Kurzschlußströmen weniger geeignet ist als Marke B. Marke A wird also selbst bei noch funkenfreier Kommutierung — eine bestimmte Wicklung vorausgesetzt — den Kommutator erheblich mehr heizen und sich selbst stärker belasten.

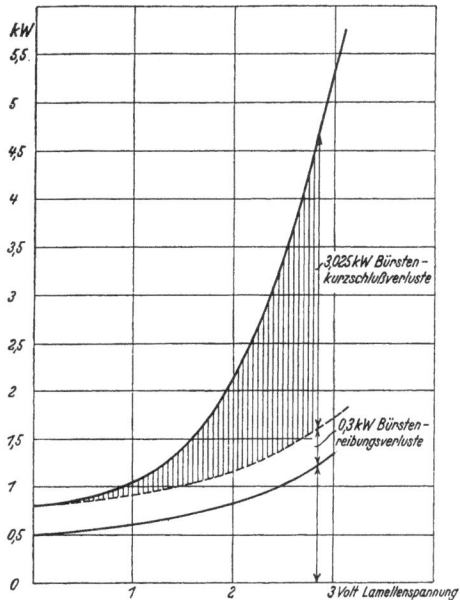

Abb. 73. Kurzschlußstrom - Charakteristik einer Hochgraphitbürste, **Marke A**, gemessen auf der Kozisek-Prüfmaschine. Kommutator besetzt mit 18 Bürsten Abmessung 8×40×45.

Der Leistungsfähigkeit einer Bürste sind aber feste Grenzen gesetzt, die ohne Schaden für die Bürste und die ganze Maschine nicht überschritten werden dürfen. Um daher die Bürstenenergie und damit die Belastung des Kommutators so gering wie möglich zu halten, wird man einerseits danach streben, der Bürstenqualität selbst eine möglichst niedrig liegende Kurzschluß-strom-Charakteristik zu verleihen; andererseits wird man aber auch bemüht sein, die Maschinen selbst mit den bestmöglichsten Kommutierungsverhältnissen zu bauen. Im folgenden Kapitel sollen daher die Wicklungen vom Standpunkt der Bürstenbeanspruchung betrachtet werden.

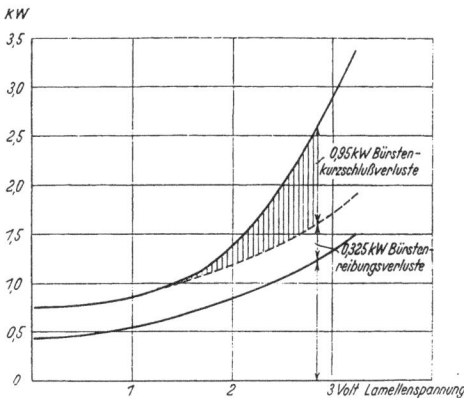

Abb. 74. Kurzschlußstrom-Charakteristik einer Elektrographitbürste, **Marke B**, gemessen auf der Kozisek-Prüfmaschine. Kommutator besetzt mit 18 Bürsten Abmessung 8×40×45.

Kapitel X.

Bewertung der Wicklungsanordnungen bei den verschiedenen Maschinengattungen.

1. Gleichstrommaschinen ohne und mit Wendepolen und Einanker-Umformer.

Für die folgenden Ausführungen sei ausdrücklich darauf hingewiesen, daß alle Besprechungen über Wicklungsanordnungen und Schaltungen nur dem Zwecke dienen sollen, zu zeigen, welchen Einfluß die Wicklungen und die Dimensionierung von Maschineneinzelteilen auf die Beanspruchung der Bürste haben.

Man sollte meinen, daß der Fall der geringsten Beanspruchung einer Bürste dann vorliegt, wenn gradlinige Kommutierung, also lineare Stromverteilung über die ganze Bürstenlauffläche vorhanden ist. Dieser Annahme widerspricht aber die Praxis. Es wurde bereits angedeutet, daß die ablaufende Bürstenkante niemals den innigen Kontakt mit dem Kommutator hat, wie die auflaufende Kante und daß man daher zur Entlastung der Bürste die Maschine auf Überkommutierung einstellt, also die größere Stromdichte nach der auflaufenden Kante hin verlegt. Nun ist aber bei wendepollosen Maschinen eine Überkommutierung nicht zu erreichen. Dieselben arbeiten — selbst bei angemessener Bürstenverschiebung — stets mit Unterkommutierung, woraus sich auch das fast immer an der ablaufenden Kante zu beobachtende leichte Perlfeuer erklären läßt. Da außerdem — selbst bei Bürstenverschiebung — die EMK der Selbstinduktion der kommutierenden Spule durch die vom Hauptpolfluß induzierte Gegenspannung nur sehr unvollkommen aufgehoben wird, benötigt man bei wendepollosen Maschinen zur Beherrschung der Kommutation Bürsten mit verhältnismäßig hoher Übergangsspannung, also Hartkohlen.

Eine weitere Betrachtung der Kommutierungsverhältnisse bei wendepollosen Maschinen soll nicht erfolgen, da diese Maschinengattung nur noch für kleinste Leistungen gebaut wird. Heute baut man Gleichstrommaschinen fast ausschließlich mit Wendepolen. Auch die Rotations-EMK vom Wendepol vermag keine völlige Kompensation der Selbstinduktionsspannung der kommutierenden Spule herbeizuführen. Es bleiben ebenfalls Restspannungen übrig, welche sich an den Bürsten in Form hochfrequenter Kurzschlußströme entladen. Man wird also bei großen Maschinen darauf bedacht sein, den Wendepol sowohl magnetisch als auch elektrisch sorgfältigst auszulegen, um die Restspannungen so klein wie möglich zu halten, denn die Bürste an sich hat ja, wie gezeigt, nur ein bestimmtes Arbeitsvermögen.

Vom Standpunkt des Bürstenproblems liegen daher die Hauptvorteile des Wendepols in seiner elektrischen Einstellbarkeit sowie in der festen Stellung der Bürsten in der Neutralen bei allen Belastungen.

Die unveränderliche Stellung des Bürstenjoches sichert die einmal fixierte Lage der Bürsten und Bürstenhalter im Interesse eines mechanisch ruhigen Laufes; durch die Einstellung des Wendepolluftspaltes kann man die elektrische Beanspruchung der Bürste entscheidend beeinflussen.

Zur näheren Darlegung dieser Beziehungen zwischen Wendepol und Bürsten wurden an einer Wendepolmaschine Potentialmessungen von Leerlauf bis 100% Überlast vorgenommen. Die Daten dieser Maschine sind:

Gleichstrom-Generator 7 kW, 115 V, 61 A, 950 U/min. Elektrographitierte Bürsten, Abmessungen der Lauffläche 12,5 × 32 mm.

In den Abb. 75 a—f sind diese Potentialmessungen dargestellt und lassen erkennen, wie man von Leerlauf bis Vollast nur eine wenig veränderte Potentialkurve, also stabile Verhältnisse für alle Belastungen erreicht. Mit zunehmender Überlast bis 100% biegt die Potentialkurve allmählich um, und zwar verschiebt sich die Stromdichte nach der ablaufenden Kante. Mit der Sättigung des Wendepols stellt sich Unterkommutierung ein.

An derselben Maschine wurden anschließend Messungen vorgenommen, welche den Einfluß der Über- bzw. der Untererregung des Wendepols bei konstantem Vollaststrom darstellen, s. Abb. 76. Bei Übererregung der Wendepole tritt starke Überkommutierung ein und dementsprechend Bürstenfeuer an der auflaufenden Kante. Bei Unter-

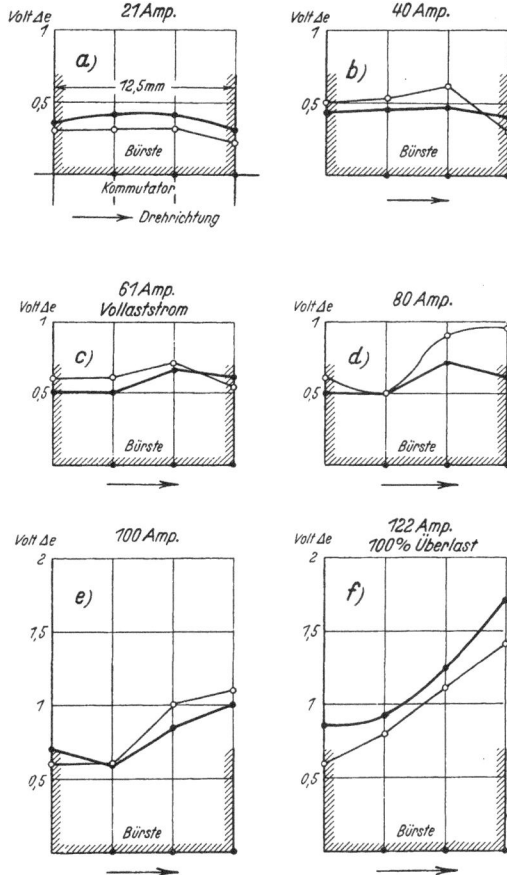

Abb. 75 a—f. **Bürsten-Potentialmessungen** an einem Gleichstromgenerator mit Wendepolen 7 kW 115 Volt 61 A 950 U/min
Bürstenmarke: Elektrographitiert Lauffläche: 12,5 × 32 mm.

erregung der Wendepole tritt Unterkommutierung ein und die
größte Stromdichte wandert nach der ablaufenden Kante und dementsprechend erscheint auch das Bürstenfeuer an dieser Kante. Aus
der Art des Bürstenfeuers, am Zustand der Bürstenlauffläche und des
Kommutators sowie der Größenordnung der Übergangsspannungen ist

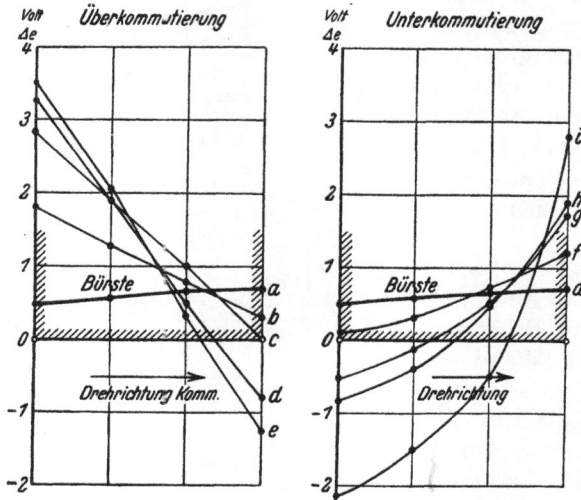

Abb. 76. Bürsten-Potentialmessungen an einem Gleichstrom-
Generator 7 kW 115 Volt 61 A 960 U/min
bei Vollast und variabler Wendepolerregung.

$$J_{Anker} = 60 \text{ A} = \text{constant} \quad\left.\right\} \quad \vartheta = \frac{AW_{Wendepol}}{AW_{Anker}} = 1,25 \text{ für } J_{Wendepol} = 60 \text{ A}.$$
$$J_{Wendepol} = \text{Variabel}$$

Übererregung der Wendepole   Untererregung der Wendepole

Kurve	ϑ	Bürste	Kurve	ϑ	Bürste
a	1,25	ohne Feuer	a	1,25	ohne Feuer
b	1,38	kleines Perlfeuer aufl. Kante	f	1,13	ohne Feuer
c	1,56	etwas stärkeres Perlfeuer aufl. Kante	g	1,05	Perlfeuer ablauf. Kante
d	1,65	funkt stark aufl. Kante	h	0,9	,, { auflfd. und ablfd. Kante
e	1,78	funkt stark an auflfd. und ablfd. Kante	i	0,74	{ starkes Spritzfeuer an beiden Kanten und unter der Bürste

zu erkennen, daß die kleinste Bürstenenergie bei derjenigen Wendepolerregung auftritt, für die die Maschine bei Vollast gebaut ist. Bei jeder
anderen Erregung der Wendepole, sei es Unter- oder Übererregung,
gibt es größere Übergangsverluste. Aus diesen Messungen erhellt,
welch außerordentlichen Einfluß man durch Änderung der Wendepole auf
die Kommutierung auszuüben vermag.

Der Wendepol gibt also dem Bau elektrischer Maschinen eine große
Sicherheit, indem durch geeignete Dimensionierung und genaue Justie-
rung desselben fast jede vorkommende Wicklung mit den heute auf dem
Markt befindlichen Bürstenqualitäten kommutierbar ist.

Indes: Es gibt leichter und schwerer kommutierende Wicklungen und die Bewertung ihrer Kommutierungsfähigkeit ist daher vom Standpunkt des Bürstenproblems von Interesse.

Dieselbe erfolgt in der Praxis im allgemeinen auf folgendem Wege:

Die Zahl ξ aus der bekannten Pichelmayerschen Formel für die Reaktanzspannung einer Ankerwicklung $[e_r = \xi \, A S \, 2 \, l v \, 10^{-8} \, \text{Volt}]$ ist ein Maß für die Güte der Kommutierungsfähigkeit einer Wicklung in Verbindung mit einer bestimmten Bürstenqualität. Um diese Zahl zu bestimmen, wird die zu prüfende Maschine auf funkenfreie Kommutierung einjustiert. Dies geschieht entweder durch Über- oder Untererregung der Wendepole mittels einer Hilfszusatzmaschine oder aber direkt durch Änderung des Wendepolluftspalts. Es sei bemerkt, daß nur die letztere Methode einwandfrei ist, während bei der Zusatzschaltung Störungen der Wendepolerregung infolge der elektrischen Kopplung mit einer fremden Maschine durch Oberwellen auftreten können.

Aus der Beziehung

$$\frac{1 \cdot 25 \, [A W_{wp} - A W_{ANKER}]}{\delta_{cm}} = \begin{matrix} \text{Induktion im Luftspalt} \\ \text{des Wendepols} \end{matrix} = \mathfrak{B}_{wp} = \xi \, A S$$

errechnet sich dann ξ als Gütefaktor der Kommutierung, denn alle anderen Faktoren, nämlich:

$A W_{wp}$ Wendepol-Amperewindungen,
$A W_a$ Anker-Amperewindungen,
δ_{cm} Wendepolluftspalt,
$A S$ Anker-Amperestabzahl

liegen nach erfolgter Einstellung auf funkenfreie Kommutierung fest.

Derartige Messungen können für eine große Anzahl der verschiedensten Wicklungen zusammengestellt werden, und die Benutzung einer solchen Aufstellung erleichtert außerordentlich die Auslegung neuer Maschinen bezüglich ihrer Ankerwicklung und ihrer Kommutierung. Es hat sich ferner gezeigt, daß eine andere Bürstenqualität als die bei dem Versuch verwendete im allgemeinen auch andere Werte von ξ ergibt. Dies ist eine wichtige Feststellung und wird besonders bei großen Maschinen dadurch bestätigt, daß, wenn aus irgendwelchen Gründen ein Wechsel in der Bürstenqualität vorgenommen werden muß, dieser im allgemeinen eine Änderung des Wendepolluftspalts erfordert.

Es haben sich im Elektro-Maschinenbau eine Anzahl von Wicklungen herausgebildet, welche speziell für mittlere und große Maschinen fast ausschließlich verwendet werden und mit welchen man auch die Bedürfnisse der Praxis vollauf befriedigt. Es ist daher von Interesse, diese gebräuchlichsten Wicklungen bezüglich ihrer Kommutierungsfähigkeit und bezüglich der Ansprüche, welche sie an die Bürste stellen, einer Kritik zu unterziehen.

Der Gütefaktor ξ der Kommutierung einer Wicklung ist nach den vorigen Ausführungen als das Verhältnis der Wendepolinduktion zur Anker-Amperestabzahl gegeben. Je größer also dieser Faktor wird, eine desto höhere Wendepolinduktion wird gebraucht, um eine gegebene Ampere-Stabzahl zu kommutieren. Die Wicklung kommutiert also um so schwerer, je höher der Gütefaktor wird. Die niedrigsten Werte für diese Gütezahl sind bei kompensierten Gleichstrommaschinen erreicht worden. Die Zahl liegt für derartige Maschinen etwa bei 5,5 bis 6. Die im folgenden gegebenen Gütezahlen für die Bewertung der verschiedenen Wicklungen, und dies sei ausdrücklich betont, gelten unter den folgenden Voraussetzungen. Der Polbogen des Wendepolfeldes muß die Breite der durch die Wicklungsanordnung gegebenen Kommutierungszone haben und möglichst eine ganze Anzahl von Nutteilungen umfassen. (R. Richter, Elektrische Maschinen 1924, S. 404, 412 und 466; ferner R. Richter, Ankerwicklungen für Gleich- und Wechselstrommaschinen, 1922, Abschn. 16). Der Wendepolkern und alle Teile des magnetischen Kreises des Wendepolflusses dürfen nur so schwach gesättigt sein, daß die Induktion auf dem gradlinigen Teile der Magnetisierungskurve arbeitet. Das Verhältnis von Nutbreite zu Nuttiefe soll die Größenordnung von 1 zu 4 nicht wesentlich über- oder unterschreiten, sonst muß die Erhöhung der Nuten-Selbstinduktion berücksichtigt werden und es sollen nicht weniger als 10 Nuten pro Pol angeordnet sein.

Die Gütefaktoren beziehen sich ferner auf Zweischichtwicklungen, deren Kennzeichnung in der Weise erfolgt, daß die Stabzahl der Oberlage pro Nut angegeben wird. Hierbei ist an jeder Windung stets ein Segment angeschlossen. Schließlich begründen sich die angegebenen Gütefaktoren in ihrer Mehrzahl auf Messungen mit elektrographitierten Bürsten.

Die erste große Gruppe der gebräuchlichsten Wicklungen sind die Schleifenwicklungen. Diese Wicklungen mit einem Stab pro Nut und einer Schrittverkürzung um eine halbe Nut, sowie mit zwei Stäben pro Nut und einer Schrittverkürzung von einer halben Nut oder Treppenwicklung geben besonders für große Maschinen die besten Kommutierungsverhältnisse. Der Gütefaktor ist etwa 6—6,5. Man findet diese Wicklung bei allen mittelgroßen und sehr großen Maschinen mit den höchsten vorkommenden Reaktanzspannungen. Sehr gebräuchlich für mittelgroße und kleine Maschinen ist die Schleifenwicklung mit drei Stäben pro Nut und Durchmesserwicklung. Es ist nicht immer möglich, für diese Wicklung Schrittverkürzung um eine halbe Nut vorzunehmen, weil der Raum für die Neutrale hierfür nicht ausreicht. Man verbessert aber die Wicklung durch Schrittverkürzung und sollte es tun, wo die Neutrale reichlich ist. Der Gütefaktor liegt etwa bei 6,5 bis 7,5. Bei kleinen Maschinen baut man auch Schleifenwicklungen mit 4 Stäben pro Nut. Dieselben kommutieren noch zufriedenstellend, müssen aber bei großen Maschinen vermieden werden.

Die zweite große Gruppe der gebräuchlichsten Wicklungen sind die Serienwicklungen. Diese Wicklung beherrscht in überragender Weise alle mittelgroßen Maschinen mit 4 Polen. Für hohe Polzahlen findet man diese Wicklung nur bei Langsamläufern. Ferner ist die gebräuchlichste Ausführungsart diejenige, welche drei Stäbe, also drei Segmente pro Nut aufweist. Diese Wicklungen kommutieren sehr gut und ihr Gütefaktor liegt bei 6,5—7,5. Die Stabzahl 3 pro Nut wird deswegen mit Vorliebe gebaut, weil diese Zahl in Verbindung mit einer

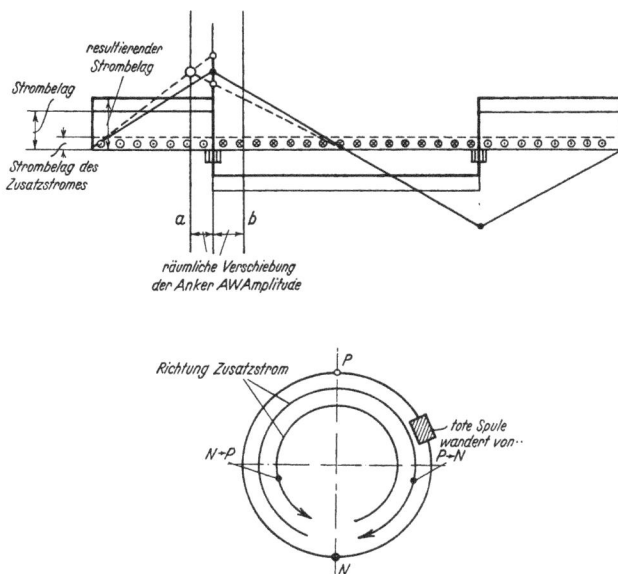

Abb. 77. Bei Serienwicklungen mit toter Spule fließt in der Ankerwicklung ein Ausgleichsstrom.

ungraden Nutzahl eine vollkommen in sich geschlossene Serienwicklung ohne tote Spule oder Kreuzverbindung ergibt. Diese Wicklung verhält sich daher infolge ihrer Symmetrie, mit dem Vorteil keine Ausgleichleitungen zu besitzen, gegenüber den Bürsten genau so wie eine Schleifenwicklung. Bei den geraden Stabzahlen pro Nut ist man gezwungen, entweder eine tote Spule oder ein totes Segment (Kreuzverbindung) einzufügen, damit die Wicklung sich schließt. Dadurch wird aber die Wicklung unsymmetrisch und aus der Abb. 77 ergibt sich, daß bei Serienwicklung mit toter Spule ein Ausgleichsstrom durch die Ankerwicklung fließt, welcher mit der Umdrehung des Ankers ein räumliches Hin- und Herpendeln der Anker-AW-Amplitude verursacht. Dies ist auch der Grund, warum man für diese Wicklungen einen höheren Gütefaktor braucht. Derselbe liegt etwa bei 7,5—8, wenn die Wicklung zwei Stäbe pro Nut enthält. Serienwicklungen mit einem

Segment pro Nut kommen nur sehr selten zur Ausführung. Hingegen ist für kleine Maschinen die Ausführung mit 4 Anschlüssen pro Nut speziell für hohe Spannungen gebräuchlich. Diese Wicklungen kommutieren nicht sehr gut und haben dementsprechend auch einen Gütefaktor von etwa 8—9. Dies kommt daher, weil 4 Segmente pro Nut eine breite Kommutierungszone verlangen, für welche die Neutrale meistens nicht ausreicht. Außerdem pflegen bei diesen Wicklungen für hohe Spannungen auch die Segmentspannungen hoch zu liegen. Für solche Wicklungen muß man verhältnismäßig breite Bürsten anordnen, die mindestens drei Segmente decken, um günstigste Dämpfungsverhältnisse zu erzielen. Die Bürsten stehen dann nicht mehr außerhalb des Hauptfeldes; sie schließen daher eine Arbeitsspannung kurz und zeigen praktisch immer Perlfeuer. Bei Ausführung einer Serienwicklung mit 5 Anschlüssen, also 5 Stäben und 5 Segmenten pro Nut, erhält man wieder eine symmetrische Serienwicklung. Für stationäre Maschinen findet eine Wicklung mit derartig vielen Segmenten pro Nut keine Verwendung; ihr Hauptanwendungsgebiet sind die Bahnmotoren. Ihr Gütefaktor liegt daher auch bei 8—9. Die Kommutierung dieser Wicklung erscheint bei diesen Motortypen besser als sie in Wirklichkeit ist. Der Grund ist gegeben durch die Hauptstromcharakteristik des Motors und seine kurzzeitige Belastung. Bei hoher Ampere-Stabzahl geht die Drehzahl herunter und bei hohen Drehzahlen ist die Ampere-Stabzahl gering. Serienwicklungen für 6- und 8polige Maschinen sind selten und sollen daher nicht weiter behandelt werden.

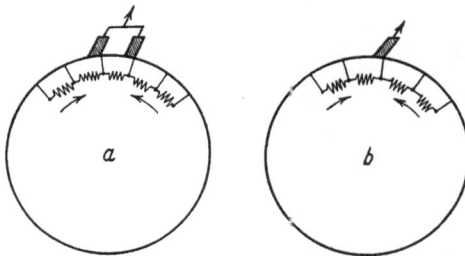

Abb. 78. Vierpolige Serienwicklung.
a) mit 4 Bürstenspindeln. b) mit 2 Bürstenspindeln.

Die vorstehenden Betrachtungen über Serienwicklungen gelten nur für den Fall, daß bei 4 Polen auch 4 Bürstenspindeln vorhanden sind. Bei stationären Maschinen ist dies immer der Fall, aber Motoren für Triebfahrzeuge haben sehr oft aus Gründen der Zugänglichkeit nur zwei Spindeln, was eine Verschlechterung der Kommutierung bedeutet. Dies äußert sich in der Wendepolinduktion dadurch, daß die Gütezahl um ca. 15—20% gegenüber der Anordnung von 4 Spindeln höher angesetzt werden muß. Der Grund hierfür liegt darin, daß das von einer Bürste abgeschaltete Stromvolumen sich bei halber Bürstenzahl verdoppelt, wie dies aus der Abb. 78 hervorgeht.

Eine Verbindung der Schleifen- und der Serienwicklung ist die Serienparallelwicklung. Man findet sie nur bei großen Langsamläufern. Studien über derartige Wicklungen an großen Gleichstrommaschinen, die bei 2 Stäben pro Nut mit zwei parallelen Serien, zwei

zugefügten Segmenten und Ausgleichsleitungen erster Ordnung aus-
gerüstet waren, ergaben Gütefaktoren von 7,5—8. Diese Wicklungen
zeigten also ungefähr das Verhalten einer normalen Serienwicklung der
entsprechenden Stabzahl pro Nut. Die geringe Stabilität dieser Wicklungsanordnung offenbart sich jedoch in der großen Empfindlichkeit
gegen die Bürstenqualität. Mit brauchbarem Erfolg hat man noch
Serienwicklungen mit 4 parallelen Zweigen ausgeführt.

Zum Schluß seien die Zweifach-Schleifenwicklungen erwähnt, gegen welche oft ein unberechtigtes Mißtrauen bezüglich ihrer
Kommutierungsfähigkeit besteht. Unter der Voraussetzung, daß diese
Wicklung, bestehend aus 2 getrennten Schleifen, welche durch Ausgleichsleitungen erster, zweiter und dritter Ordnung
so miteinander verbunden sind, (R. Richter, Ankerwicklungen für Gleich- und Wechselstrommaschinen 1922,
S. 78) daß die Spannungsteilung zwischen den Segmenten 1 und 3 einer Schleife nicht der Bürste, sondern den
durch den Anker gezogenen Verbindungsleitungen zu-
erteilt wird, kommutiert diese Wicklung besser wie eine
gewöhnliche Schleifenwicklung, und es sind Gütefaktoren
von 5,5—6 erreicht worden. Die Erklärung hierfür ist
aus der Wicklungsanordnung Abb. 79 ersichtlich; es
braucht eben von der Bürste nicht eine ganze Windung,
sondern nur eine Spulenseite kommutiert zu werden. Voraussetzung ist natürlich, daß soviel Ausgleichsleitungen
durch den Anker gehen, wie Segmente vorhanden sind,

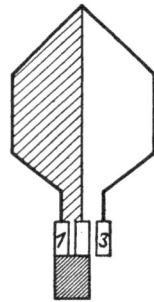

Abb. 79.
Schablonenspule
einer Zweifach-
Schleifenwicklung.

damit nicht die Bürste gezwungen ist, die Spannungsteilung und Kupplung der beiden parallelen Schleifen zu übernehmen. Wenn der Bürste
diese Arbeit überlassen wird, so ist ein Betrieb nicht möglich.

Soweit die Kritik der Wicklungen. Es sei nochmals betont, daß
die genannten Gütefaktoren nur unter den eingangs genannten Bedingungen allgemeine Gültigkeit haben. Andere Nutenverhältnisse,
halbgeschlossene Nuten, zu schmale Wendepole und sehr kleine Anker-
längen ergeben durchweg höhere Güteziffern. An einem sehr schmalen
Anker wurde für die sonst gut kommutierende Schleifenwicklung von
drei Stäben pro Nut ein Gütefaktor von 13 aus den entsprechenden
Messungen errechnet, was dadurch zu erklären ist, daß der vom Wendepol kompensierte Teil der Ankerschablone sehr gering ist gegenüber
dem Wickelkopf.

Eine hohe Güteziffer deutet also immer auf einen nicht idealen
Entwurf einer Maschine hin. Dies gibt auch die Bürste dadurch zu erkennen, daß einzelne Segmente in regelmäßigen Abständen mehr oder
weniger stark anflecken. Die angefleckten Segmente sind dann stets
diejenigen, welche mit dem Stab der Nut verbunden sind, welcher als
letzter jeweils die Bürste verläßt.

Im folgenden sei an einem praktischen Beispiel gezeigt, wie eng die Wicklungsanordnung einer Maschine über die Kommutierungsenergie mit der Bürstenqualität und deren Eigenschaften verknüpft ist. In der Tabelle Abb. 80 sind die wichtigsten Daten von zwei verschiedenen Ausführungen eines Gleichstromgenerators für

46 kW, 115 V, 400 A, 1400 U/min

gegenübergestellt.

Die Ausführung I ergab sehr schlechte Betriebsergebnisse. Die Maschine war ursprünglich mit elektrographitierten Bürsten von normaler Übergangsspannung, also ca. 0,7 V bei 10 A/cm² Stromdichte aus-

Gleichstromgenerator mit Wendepolen
46 kW, 115 V, 400 A, 1400 U/min.

	Ausführung I	Ausführung II
	Anker 2p = 4	
Durchmesser	300 mm	300 mm
Länge	160 — [2 × 10] mm	185 — [2 × 10] mm
Nuten	32	42
Nutteilung	29,5 mm	22,4 mm
Wicklung	2 Wdg./Schablone 2 Segmente/Nut Serienwicklung Nutschritt 8	3 Wdg./Schablone 3 Segmente/Nut Schleifenwicklung Nutschritt 10
Komm.-Zone	61	55
Neutrale	65	90
Gütefaktor ξ	**9,3**	**7,3**
	— *Kommutator* —	
Durchmesser	180	210
Länge	175	200
Segmente	65	126
Bürsten	4 pro Spdl., 16 × 32	5 pro Spdl., 16 × 32
Qualität	Hochgraphit mit Metallflittern	Elektrographit
Stromdichte δ	9,75 A/cm²	7,8 A/cm²

Abb. 80.

gerüstet. Bei Belastung der Maschine ergab sich eine Temperatur von 103° C am Kommutator bei 27° C Raum. Der Betrieb der Maschine mußte eingestellt werden, um ein Auslöten der Fahnen zu verhindern. Die Maschine feuerte, der Kommutator zeigte fleckige Stellen und Einfressungen. Durch Auswechseln der Bürstenqualität und Verwendung einer leicht metallhaltigen Bürste, die bei 115 V-Maschinen sonst gute Resultate ergibt, ging zwar infolge der geringeren Übergangsspannung von etwa 0,4 V die Kommutatortemperatur herunter. Indes griffen diese Bürsten infolge der Kurzschlußströme unter der Lauffläche den

Kommutator an. Es erschienen wiederum Brandstellen, obgleich dieselben nicht durch ein nach außen tretendes Bürstenfeuer erzeugt wurden.
Die Betriebsfähigkeit der Maschine war auch mit dieser prinzipiell
anders gearteten Bürstenqualität auf die Dauer nicht möglich.
Eine Kritik der Wicklung läßt folgende Punkte hervortreten. Die gewählte Ankerwicklung erfordert eine Kommutierungszone, die beinahe
gleich der Neutralen, also dem Raum zwischen den Polspitzen benach-
barter Hauptpole ist. Da man aber aus Gründen der Hauptpolstreuung
den Wendepolschuh höchstens gleich der halben Breite der Neutralen
macht, ergibt sich hieraus notwendigerweise eine erhebliche Unter-
dimensionierung des Wendepols und des Wendepolschuhs in bezug
auf die Kommutierung. Außerdem unterstützt die grobe Nutteilung
in Verbindung mit dem zu schmalen Wendepolschuh die Ausbildung
von Wendepol-Kraftflußschwankungen, welche der Bürste hochfrequente
Zusatzspannungen aufdrücken.

Erhöht man gemäß Ausführung II, Tabelle Abb. 80, die Nutzahl
auf 42 und die Segmentzahl auf 126, so wird die Kommutierungszone
an sich kleiner. Ferner wird durch Vergrößerung der Neutralen Platz
für einen reichlich dimensionierten Wendepolschuh und -Kern geschaffen.
Diese Maschine ergab mit den gleichen elektrographitierten Kohlen bei
einer Kommutatorerwärmung von 49⁰ C einen einwandfreien Dauerbetrieb und ist dabei nur wenig teurer als die erste Auslegung.

Dieses Beispiel zeigt, wie die Wicklungsanordnung und Dimensionierung der aktiven Teile von Anker und Wendepolen bestimmend für
die Auswahl der Bürstenqualität sind und daß Maschinen mit elektrisch
ungünstiger Dimensionierung durch Änderung nur eines Teiles, also
in dem Fall durch Wahl einer anderen Bürstenqualität, nicht zu heilen
sind. Diese Erscheinung deckt sich ja auch mit der durch den Versuch
erhärteten Tatsache, daß eben eine Bürste nur bestimmte Energie-
mengen aufgedrückt werden können und daß eine Überschreitung der
für jede Qualität spezifischen Energie nicht nur die Bürste selbst,
sondern auch den Kommutator zerstört und die Maschine damit betriebsunfähig macht.

Als nächster Punkt, der von großem Einfluß auf die Güte der Kommutierung und damit auf die Bürsten ist, sollen die in der Ankerwicklung induzierten hochfrequenten Spannungen betrachtet
werden.

Wenn sich die Nuten am Hauptpol vorbei bewegen, schwankt der
Hauptkraftfluß bei einer geraden Anzahl von Nuten im Takte der Nutfrequenz. Diese Flußschwankungen sind mit der durch die Bürste kurzgeschlossenen Spule verkettet und erzeugen in derselben hochfrequente
Wechselströme. Durch Auswahl gebrochener Nutenzahlen pro Pol vermag man diese Schwankungen ihrer absoluten Größe nach zu verringern;
man verdoppelt aber ihre Frequenz. Doch die Nutung des Ankers ruft

ja nicht nur unter den Hauptpolen, sondern auch den Wendepolen Pulsationen des Kraftflusses hervor, welche ihrerseits auf die Form der Wendepol-Rotations-EMK in der kommutierenden Spule einen störenden Einfluß ausüben. Es kommen demnach infolge der Ankernutung sowohl vom Hauptpol als auch vom Wendepol Spannungen hochfrequenten Charakters unter der Bürste zur Auswirkung.

Da diese Oberwellen die Kommutierung erheblich stören können, für die Bürste aber in jedem Fall eine zusätzliche Belastung bedeuten, muß man danach trachten, dieselben zu unterdrücken. Bei sehr oberwellenreichen Maschinen kann man sowohl optisch wie akustisch die Störungen durch die Oberwellen erkennen. Es sind dies Maschinen, welche bei normaler Erregung im Leerlauf bereits ganz leichtes, blaues Perlfeuer an der ablaufenden Kante zeigen. Mit einem hochohmigen Telephonhörer, den man an die Spannung der Maschine legt, kann man die hochfrequenten Oberwellen, die über die Gleichspannung gelagert sind, abhören. Durch reichlich dimensionierte Luftspalte sowohl an den Hauptpolen wie an den Wendepolen ist man meistens in der Lage, die Entstehung der Oberwellen auf ein für die Kommutierung unschädliches Maß herabzudrücken.

Für große Gleichstrommaschinen pflegt man Hauptpolspalte von 4—6 mm zu machen. Der Wendepolluftspalt liegt etwa in der Größenordnung von 10—25 mm. Die Flußschwankungen unter den Wendepolen sucht man mitunter auch dadurch abzuschirmen, daß man außer dem schmiedeeisernen Polschuh einen Kupferbelag oder Bronzering anordnet. Der letztere wird bei Bahnmotoren dann gleichzeitig als Wicklungsträger ausgebildet.

Nuten sind also nach den vorigen Ausführungen immer als Erreger von Oberwellen in bezug auf die Kommutierung und damit in bezug auf die von den Bürsten verlangte Arbeitsleistung schädlich. Muß man aber die Nuten im Anker als notwendiges Übel in Kauf nehmen, so wird man sie an anderen Stellen z. B. bei Kompensations- und Dämpferwicklungen so dimensionieren, daß ihr störender Einfluß auf die Kommutierung so gering wie möglich wird. Kompensationsnuten pflegt man daher nach unten durch einen dünnen Steg abzuschließen. Dämpfernuten werden als Rundlöcher ca. 1—2 mm über dem Polbogen angeordnet oder, wenn der Dämpferkäfig, aus Flachstäben bestehend, von unten in den Pol eingeschoben wird, hat sich zur Unterdrückung der Oberwellen eine Abdeckung der Stäbe mittels einer Eiseneinlage als vorteilhaft erwiesen.

Doch auch von außen können einer Maschine Oberwellen aufgedrückt werden. Dieser Fall ist gegeben, wenn ein Motor von einem Quecksilber-Gleichrichter oder von einem Generator gespeist wird, welcher eine oberwellenreiche EMK besitzt (vgl. K. Hammers, Oberwellenfreier Gleichstromgenerator, Archiv für Elektrotechnik 1926, 3. Heft,

Abb. 81 a—d, Oszillogramme für Beispiel 1: Gleichstrombahnmotor.

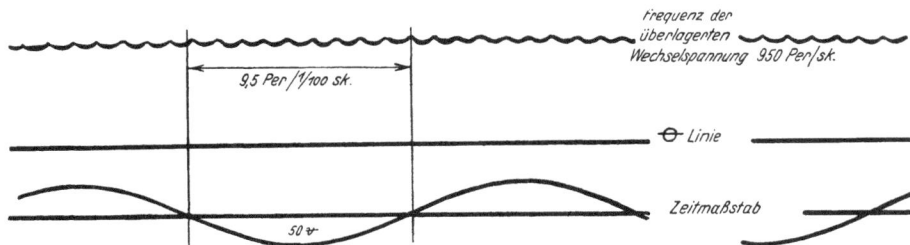

Abb. 81 a. Leerlaufspannung des Prüffeldgenerators.

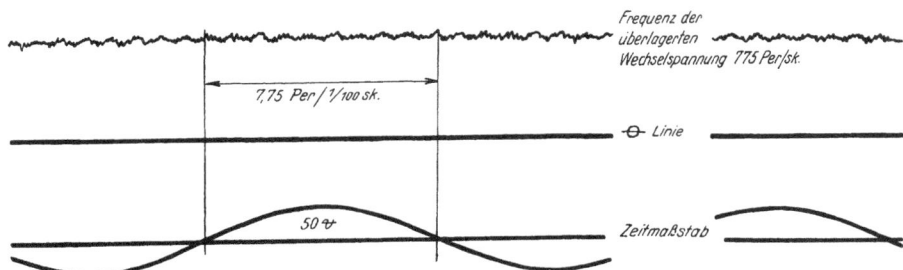

Abb. 81 b. Klemmenspannung des Bahnmotors.

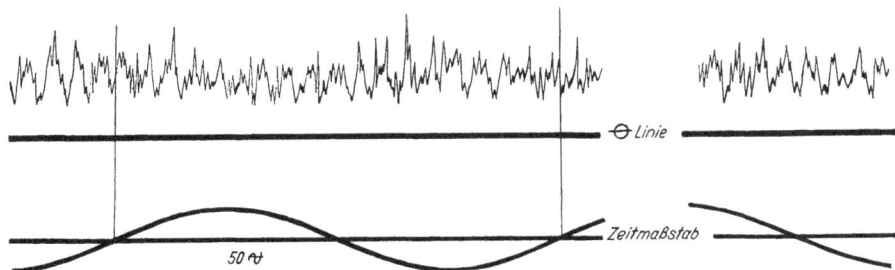

Abb. 81 c. Motor: Spannung an der Hauptpolwicklung bei Vollast.

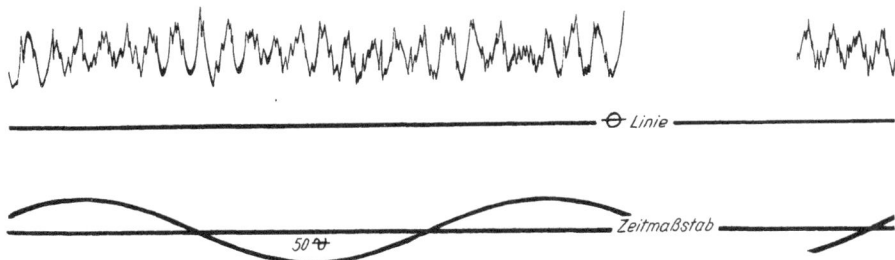

Abb. 81 d. Motor: Spannung an der Wendepolwicklung bei Vollast.

S. 262); oder bei Einankerumformern durch Kupplung derselben mit
einem Drehstromnetz, dessen Spannungswelle höhere Harmonische aufweist und dessen Kurvenform nicht der Eigenkurvenform der Umformer entspricht. Für die genannten Fälle seien wegen ihrer großen
Wichtigkeit in bezug auf die kommutierende Bürste zwei
Beispiele angeführt und an Hand von Oszillogrammen erläutert.

Beispiel 1. Ein Gleichstromgenerator, dessen Leerlaufspannung
im Oszillogramm 81a dargestellt ist, arbeitete auf einen Gleichstrom-
Hauptstrommotor folgender Stempeldaten:

100 kW, 750 V, 150 A, 1030 U/min.

Die Bürsten feuerten und da dieser Motor schon mehrfach ausgeführt worden war, mußte die Ursache des Bürstenfeuers einen tieferen
Grund haben. Es wurde daher dieser Motor oszillographisch untersucht.
Die Klemmenspannung des Motors ist in Abb. 81b dargestellt. Die Frequenz der überlagerten Wechselspannung errechnete sich zu 772 Per/s,
während diejenige des Prüffeldgenerators, wie dem Oszillogramm 81a
zu entnehmen ist, 950 Per/s betrug. Diese nahe aneinander liegenden
Periodenzahlen in den Oberwellen der Klemmenspannung erzeugten
durch Superposition hochfrequente Flußschwankungen im Haupt-
und Wendepol; diese Schwankungen wurden durch oszillographische
Messung der Spannungsabfälle in der Hauptpol- und Wendepolwicklung
ermittelt. Die Oszillogramme 81c und d geben diese Spannungswerte,
die Gleichspannungen sein sollten, wieder. Die Bürste wird also zum
leitenden Zwischenstück in einer Windung, die mit einem hochfrequenten
Kraftfluß verkettet ist. Lediglich durch Speisung des Motors von einer
anderen Stromquelle war es möglich, eine funkenfreie Kommutierung
des Motors zu erzielen.

Beispiel 2. Die in den Abb. 82a—h und 83a—b dargestellten
Oszillogramme wurden an einem 6-Phasen-Einanker-Umformer von

1150 kW, 230 V, 5000 A, 500 U/min

aufgenommen. Es handelt sich hier um einen Einankerumformer älterer
Konstruktion mit grober Nutteilung im Anker. Es soll nun gezeigt
werden, welche Veränderungen an den Kurvenformen der Ströme und
Spannungen bei der Schaltung des Umformers auf das Netz und bei
Belastung desselben vor sich gehen, um hieraus auf die zusätzliche Belastung der Bürsten durch Oberwellen schließen zu können. Sämtliche
oszillographischen Messungen wurden mit denselben Schleifen, bei derselben Dämpfung und Schaltung aufgenommen. Es folgt die Beschreibung der Oszillogramme.

Oszillogramm 82a: Gleichspannung des Umformers, gemessen im
Auslauf.

Oszillogramm 82b: Wechselspannung an den Schleifringen der
Phase u—x, gemessen im Auslauf.

Diese beiden Oszillogramme lassen die Nutung des Ankers erkennen.
Oszillogramm 82c: Kurvenform des Drehstromnetzes.
Der Umformer wurde drehstromseitig an dieses Netz gelegt.

Abb. 82 a—h. Oszillogramme für Beispiel 2: Einanker-Umformer.

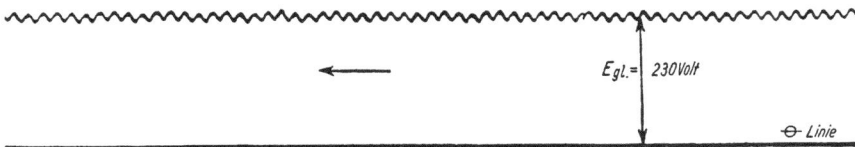

$E_{gl.} =$ 230 Volt

⊖ Linie

Abb. 82a. Gleichspannung des Umformers im Auslauf.

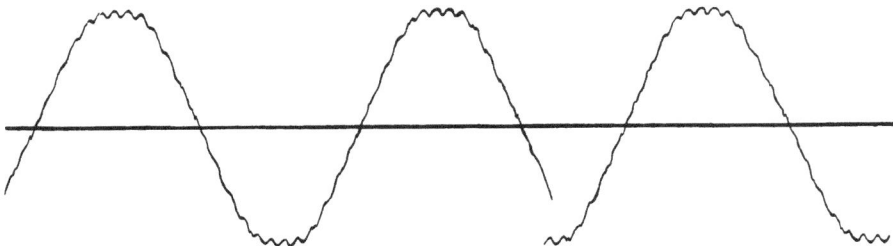

Abb. 82 b. Wechselspannung an den Schleifringen der Phase u—x im Auslauf.

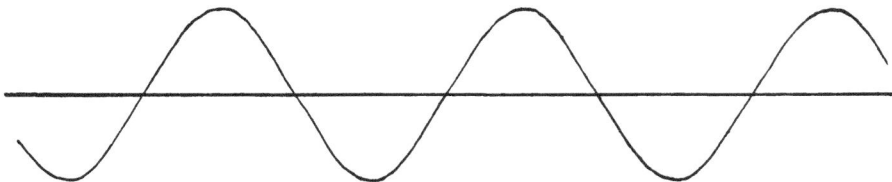

Abb. 82 c. Kurvenform des Drehstromnetzes.

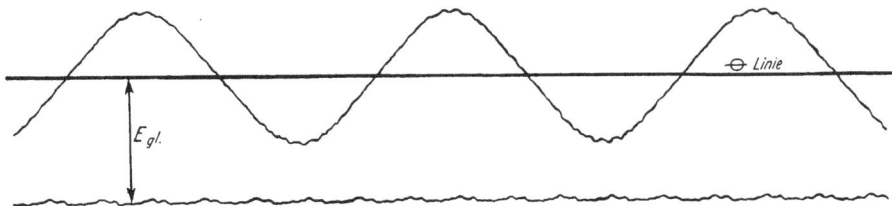

⊖ Linie

$E_{gl.}$

Abb. 82 d. Umformer leer am Netz. Gleichspannung $E_{gl.}$ Wechselspannung u—x.

Oszillogramm 82d zeigt die Wechselspannung der Phase u—x
und die Gleichspannung am Kommutator, während der Umformer leer
vom Drehstromnetz läuft. Durch die Zusammenschaltung der glatten
Spannungswelle des Netzes mit der oberwellenreichen Spannungswelle
des Umformers wird dessen Wechselspannung verbessert. Nun wurde
der Umformer auf das Gleichstromnetz geschaltet und mit Vollaststrom
belastet.

Oszillogramm 82e stellt diesen Gleichstrom von 5000 A dar und man sieht, daß die fluktuierende Gleichspannung auch einen fluktuieren-

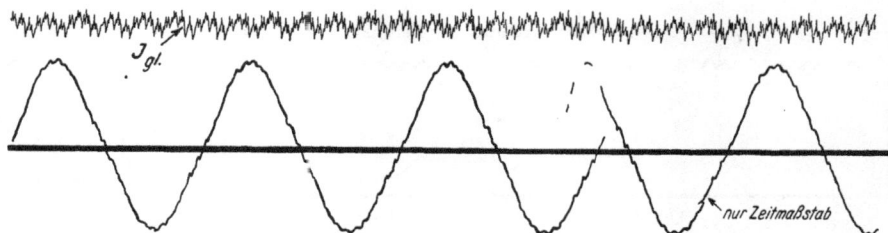

Abb. 82e. Umformer belastet. Gleichstrom $J_{gl} = 5000$ A.

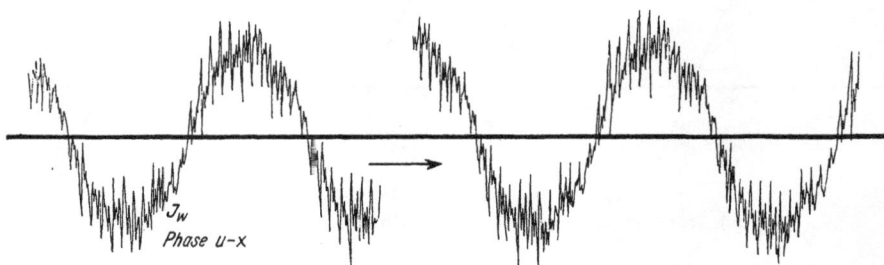

Abb. 82f. Umformer belastet. Wechselstrom J_w bei 5000 A Gleichstrom.

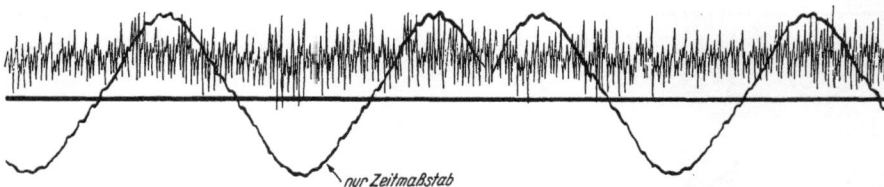

Abb. 82g. Bürstenpotential: Umformer Pluspol auflaufende Kante bei 5000 A Gleichstrom.

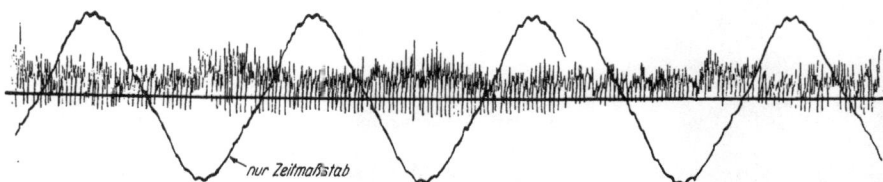

Abb. 82h. Bürstenpotential: Umformer Pluspol ablaufende Kante bei 5000 A Gleichstrom.

den Gleichstrom an das Netz abgibt. Daher ist infolge der Rückwirkung auf die Drehstromseite

Oszillogramm 82f der Wechselstrom auf der Schleifringseite voller Zacken. Es prägen sich in dieser Kurve des Drehstroms die Nuten und Lamellen des Ankers sowie die Dämpferstäbe aus; ferner wirken die Kommutierungsströme unter den Gleichstrombürsten auf diese Stromkurve zurück. Jedem Ablauf einer Lamelle unter der Bürste entspricht drehstromseitig eine hohe Zacke.

Die durch die Kurvenformen Oszillogramm 82e und f bedingten schwierigen Kommutierungsverhältnisse lassen sich auch aus den Gleichstrombürsten-Potentialdiagrammen erkennen.

Oszillogramm 82g und h stellen die Bürsten-Übergangsspannungen, gemessen an der auflaufenden und ablaufenden Bürstenkante bei 5000 A am Umformer-Pluspol dar und zeigen die typischen Spitzen und Querzacken der Lichtbogencharakteristik. Man erkennt ferner an diesen Oszillogrammen den höheren Mittelwert der Übergangsspannung an der auflaufenden Bürstenkante, also die Einstellung des Wendepols auf Überkommutierung.

Anfänglich war der Umformer infolge zu großen Wendepolluftspalts stark unterkommutiert und feuerte erheblich.

Oszillogramm 83a zeigt die zu diesem Betriebszustand gehörige Bürstenübergangsspannung bei Vollast an der auflaufenden Bürsten-

Abb. 83 a—b. Oszillogramme für Beispiel 2: Einanker-Umformer.

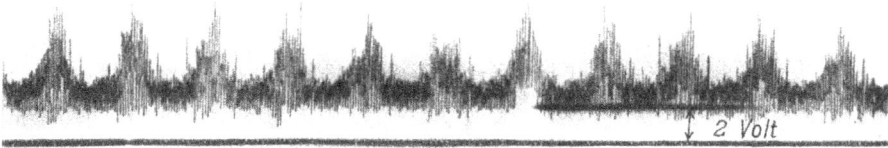

Abb. 83 a. Bürstenpotential: Umformer Pluspol auflaufende Bürstenkante bei 4500 Amp Gleichstrom. Wendepolluftspalt zu groß.

kante, welche noch als praktisch funkenfrei zu bezeichnen war, und man erkennt die Schleifringanschlüsse und die hohen Spitzen der Funkenspannung unter der Bürste.

Oszillogramm 83b. Durch Abschmirgeln des Kommutators wurde eine zeitlang die Kommutierung verbessert. Die Kurzschlußströme und die Funkenspannungen wurden erheblich geringer.

Abb. 83 b. Wie Abb. 83 a, nur Kommutator abgeschmirgelt.

Die Serie dieser Oszillogramme veranschaulicht, wie weit die wirklichen Strom- und Spannungskurven von den theoretischen Formen infolge der Oberwellen abweichen und dadurch Veranlassung zu einer großen Empfindlichkeit in der Kommutierung geben. Trotzdem war es möglich, den beschriebenen Umformer mittels elektrographitierter Bürsten in einen stabilen Betriebszustand zu versetzen. Das an der ablaufenden Bürstenkante bei Vollast auftretende blauweiße Perlfeuer schadete dem Kommutator nicht, wenngleich es die Bildung einer guten, auf allen Segmenten gleichmäßig verteilten Politur verhinderte.

Die beiden angeführten Beispiele mögen zur Darlegung des Einflusses der Oberwellen auf die Kommutierung und die Beanspruchung der Bürsten genügen.

Außer diesen Störungserscheinungen durch Oberwellen gibt es noch eine Kategorie von Störungen, welche auf Unsymmetrie in der Maschine zurückzuführen sind. Es ist z. B. der Fall denkbar, daß die Nutung des Ankers aus fabrikatorischen Gründen nicht vollkommen gleichmäßig auf den Umfang verteilt ist. Ankerbleche, welche mittels eines Komplettschnittes hergestellt werden, ergeben die größte Genauigkeit in der Nutteilung. Jedoch bei Ankerblechen, deren Nutung mittels Typschnitt erfolgt, ist bei einem ungenauen Arbeiten der Typmaschine ein Fehler in der Teilung durchaus möglich. Dies bedeutet aber, daß an der gewickelten Maschine zwischen den Bürsten gleicher Polarität verschieden hohe Spannungen induziert werden. Der Ausgleich erfolgt zum Teil über die Ausgleichsleitungen des Ankers, zum Teil über die Bürsten und den Sammelring. Dieselben Wirkungen, welche eine ungleiche Nutteilung hervorruft, zeigen sich auch, wenn die Hauptpolluftspalte bei einer vielpoligen Maschine verschieden groß sind. Man sieht hieraus die Wichtigkeit, welche die Ausgleichsleitungen vom Standpunkt der Entlastung der Bürsten spielen. Bürste und Sammelring sind, nach ihrer elektrischen Anordnung bewertet, Ausgleichsleitungen, die aber nicht zum inneren Ausgleich benutzt werden sollen und dürfen. Den Ausgleich sollen die festen Verbindungen in der Ankerwicklung herbeiführen. Dieser Transport der Ausgleichsenergie von den Bürsten und Sammelringen nach den Äquipotentialverbindungen ist immer dann zu erzielen, wenn möglichst viele derartige Verbindungen an die Wicklung angeschlossen werden, also derart, daß jede Nut einen Anschluß aufweist. Ferner müssen dieselben möglichst geringe Ohmsche Widerstände und eine möglichst geringe Induktivität haben. Schließlich ist es auch nicht gleichgültig, an welcher Stelle die Ausgleichsleitungen angeordnet sind. Der richtigste Platz für den Ausgleichsapparat ist der Anschluß zwischen Wicklung und Kommutator. Ungünstiger ist bereits die Anordnung an der Lagerbockseite des Kommutators, da bei dieser Anordnung der Widerstand der Ausgleichsleitungen um denjenigen der Segmente erhöht ist. Am ungünstigsten aber ist die Anordnung an den Wickelköpfen der Ankerwicklung, weil hierdurch in die Leitungen die Induktivität zweier Spulenseiten eingeschlossen wird.

Schließlich können auch die von der Bürste räumlich am entferntest liegenden Teile einer Maschine, z. B. das Joch, insofern einen Einfluß auf die Kommutierung ausüben, als bei schlechtem, porösem Guß ungleiche magnetische Kraftflüsse und damit Ausgleichsströme über die Bürsten und Sammelringe auftreten. Oder aber der Jochquerschnitt ist nicht reichlich genug dimensioniert; dann wird an denjenigen Stellen des Gehäusequerschnitts, wo sich Hauptkraftfluß und Wendepolkraftfluß additiv überlagern eine zu hohe Sättigung auftreten, wodurch der mit dem Arbeitsstrom lineare Anstieg des Wendekraftflusses beeinträchtigt wird. Man sieht, wie auch diese nicht bewegten Teile einer Gleichstrommaschine der Bürste Energien zuschieben können, für doren Bewältigung sie vom Konstrukteur nicht vorgesehen ist.

Hiermit sei die Betrachtung über die Störungsursachen, die an einer Gleichstrommaschine bezüglich der Kommutierung auftreten können, abgeschlossen. Der ganze Komplex der durch die Dimensionierung und Fabrikation der Maschine gegebenen Störungseinflüsse liegt vor uns und zeigt, wie die Bürste mit allen Teilen einer Gleichstrommaschine direkt und indirekt verbunden ist. Es gibt kaum einen Teil, mit dem sie nicht in irgendeinem Zusammenhange steht. Aus diesem Grunde ist die Qualitätswahl einer Bürste für den späteren Betrieb einer Maschine von ganz besonders großer Wichtigkeit und wird leider oft wegen der Kleinheit des Objekts nicht gebührend beachtet. Ein genaues Studium findet meistens erst dann statt, wenn Störungen auftreten, und man vergißt, aus den gutgehenden Maschinen lehrreiches Material für schwierige Fälle zu sammeln.

Auf Grund der vorigen Darlegungen seien im folgenden die Gesichtspunkte, nach denen die Wahl einer Bürste zu erfolgen hat, zusammengestellt.

Bei jeder Elektrofirma liegen eine große Zahl Erfahrungen und Messungen vor, welche man mit den Wicklungen in Verbindung mit Bürsten gemacht hat. Jede Firma hat daher eine bestimmte Anzahl von Einheitsqualitäten, die sich bei den bevorzugt angewendeten Wicklungen am besten bewährt haben.

Werden nun neue Maschinen entwickelt und vermag man hierbei die Kenntnis des Polpaares früher ausgeführter Maschinen zu verwenden, so ist die Wahl einer Bürstenqualität nicht schwer. Man wird ohne Risiko die gleichen Marken verwenden können, wie bei derjenigen Maschine, deren Wicklungsanordnung pro Polpaar dem neuen Entwurf zugrunde liegt. Steht man jedoch vor dem völligen Neuentwurf einer Einheit, besonders mit gesteigerter Leistung unter Sonderbedingungen, so sind bezüglich der Qualitätswahl Überlegungen anzustellen, die beiden

Teilen, nämlich den Forderungen der Maschine und der Leistungsfähigkeit der Bürste gerecht werden. Von der Bürste muß man zumindest kennen, welche Umfangsgeschwindigkeit und Stromdichte dieselbe auf Grund von laboratoriumsmäßigen Messungen auszuhalten imstande ist; von der Maschine muß mindestens bekannt sein, welches die Güte der Kommutierung der Ankerwicklung ist, um die errechnete Reaktanzspannung oder den Wert ξ in Vergleich mit früheren Ausführungen setzen zu können. Nach diesen Überlegungen muß man sich entscheiden, welche Bürste aus der Serie der Hochgraphit-Kohlen oder der Elektrographit-Kohlen gewählt wird.

Diese beiden großen unterschiedlichen Gruppen von Bürsten, deren Zusammensetzung und Art der Herstellung bereits in dem Kapitel A III S. 19 behandelt wurde, vermögen gerade dadurch, daß sie einander wesensfremd sind, sich den Forderungen des Elektro-Großmaschinenbaues vorzüglich anzupassen. Die Vorteile der Hochgraphitkohle liegen in erster Linie auf mechanischem Gebiete. In einer geeigneten Halterkonstruktion vermag sie bei höchsten Umfangsgeschwindigkeiten bis zu 70—80 m/s ruhig zu laufen; man kann sagen, daß ihre Eignung in dieser Beziehung unbegrenzt ist. Für manche Betriebe ist auch der von der Stromdichte praktisch unabhängige, geräuschlose Lauf ein wichtiger, bestimmender Faktor für die Wahl gerade dieser Qualität. Sie hat ferner den Vorteil einer sehr raschen Politurbildung auf Schleifring und Kommutator; dies geht manchmal so weit, daß die Politur zwischen den Segmenten hinüberwächst und zu Springfeuer Veranlassung gibt. Die Politur brennt dann etwa auf der Mitte zwischen den Spindeln im Bereich der höchsten Segmentspannungen mit einem kleinen Knall ab, allerdings ohne Schädigungen. Der mechanische Nachteil der Hochgraphitbürste liegt darin, daß Kommutatoren ohne Wellenspiel nach einer gewissen Betriebszeit wellig werden. Dieses Nachteils wegen ist jedoch der Bürste an sich kein Vorwurf zu machen, denn Graphit hat eben eine leicht schmirgelnde Eigenschaft. Feinster Graphit wird ja bekanntlich dazu verwendet, um heißlaufende Lager schnell zum Einlaufen zu bringen. Betriebsstörungen irgendwelcher Art entstehen durch das Welligwerden des Kommutators im allgemeinen nicht, nur muß gelegentlich einer Revision nach einer Betriebszeit von 2—5 Jahren der Kommutator überdreht werden. Elektrisch eignet sich die Hochgraphitkohle zur Kommutierung aller kleinen und mittleren Maschinen; im besonderen ist sie geeignet für solche Wicklungsanordnungen, welche eine sehr feine Kommutatorteilung bei großer Bürstendeckung aufweisen.

Hochgraphitkohlen werden auch für große und größte Leistungen verwendet; jedoch kann man allgemein feststellen, daß bei sehr großen Leistungen die Hochgraphitkohlen nur dann erfolgreich arbeiten, wenn die Reaktanzspannung nicht zu hoch wird, bzw. der Gütefaktor ξ der Kommutierung einen Wert von etwa 7 nicht überschreitet. Dies hängt

auch damit zusammen, daß Hochgraphitkohlen bei sehr hohen Strömen
pro Spindel dazu neigen, die Verteilung des Stromes auf sämtliche Bürsten
nicht mehr gleichmäßig vorzunehmen und daß sie gegen hohe unaus-
geglichene Restspannungen und im besonderen gegen die Transformatorspannung bei Wechselstrom-Kommutatormaschinen infolge ihres niedrig
liegenden Glühpunktes nicht die Widerstandsfähigkeit besitzen wie
elektrographitierte Bürsten. Infolgedessen sind sie auch weniger geeignet
für Maschinen mit betriebsmäßigen Überlasten und ungeeignet für Maschinen mit betriebsmäßigen Kurzschlüssen. Diese schwere Bedingungen bei großen Einheiten, nämlich: hohe Reaktanzspannung in
Verbindung mit hochfrequenten Wechselströmen infolge der Oberwellen,
große Stromstärken pro Pol, betriebsmäßige Überlastungen und Kurzschlüsse, erfüllt die elektrographitierte Kohle. Man kann von diesen
Bürsten wohl sagen, daß sie ein fast universelles Anwendungsgebiet für
alle Wicklungsanordnungen haben. Außer diesem elektrischen Vorteil
sind sie mechanisch außerordentlich fest und daher die geeignetste und
allein brauchbare Qualität für alle rauhen Betriebe, besonders für den
Bahnbetrieb. Der einzige Nachteil, der anzuführen wäre, beruht in ihrer
geringeren Elastizität im Vergleich zur weichen Hochgraphitkohle, wodurch sich ihre Eignung für hohe Kommutatorgeschwindigkeiten nach
oben begrenzt. Indes liegt das Gebiet ihrer Anwendbarkeit in bezug
auf Kommutator-Umfangsgeschwindigkeit immer noch so hoch, daß
Werte von 55 m/s bei Kommutatoren stationärer Maschinen als Grenz-
geschwindigkeit erreicht wurden. Sie zeigen indes eine gewisse Abhängigkeit des mechanisch ruhigen Laufs von der Strombelastung, besonders
bei sehr kleinen Stromdichten.

Aus dieser vergleichenden Betrachtung der Hochgraphitkohle
gegenüber der Elektrographitkohle ist ersichtlich, daß beide Bürstensorten ihre Existenzberechtigung haben und die Praxis beweist auch
durch Verwendung beider Sorten, daß die Notwendigkeit für das Bestehen derselben gegeben ist. Das größere Anwendungsgebiet muß aber
unbedingt der elektrographitierten Kohle zugeschrieben werden und
in vielen Fällen ersetzt man Hochgraphitkohlen erfolgreich durch elektrographitierte Bürsten. Und diese Regel wird vielleicht gerade durch die
Ausnahme bestätigt, daß es einzelne Maschinen gibt, wo elektrographitierte Bürsten versagen und mit Erfolg durch Hochgraphitbürsten aus-
getauscht werden.

Als letzte oberste Instanz für die Verwendbarkeit einer Qualität
für eine Wicklungsanordnung muß daher trotz aller Erfahrungen
und aller Erkenntnisse, die speziell im Laufe der letzten Jahre auf
diesem Gebiet gewonnen wurden, immer noch der Versuch und dessen
kritische Auswertung betrachtet werden. Mag eine Bürste in ihrer
Qualität und Armatur unbrauchbar sein; mag eine Bürste in bezug auf
die Wicklungsanordnung einer Maschine ungeeignet sein; beide Fälle

lassen sich erkennen und durch Wechsel der Bürstenmarke abstellen. Immer aber bleibt die Bürste ein empfindlicher Indikator für die Güte der Auslegung. Dimensionierung und Fabrikation einer Maschine. Eine empfindliche Maschine gibt dies zu erkennen durch Labilität der Stromabnahmeverhältnisse; auftretendes Bürstenfeuer verschieden nach Farbe, Größe und zeitlicher Begrenzung; schwankende Färbung des Kommutators und veränderliches Aussehen der Bürstenlauffläche. Auch Veränderung in den akustischen Verhältnissen am Kommutator sind Anzeichen der Unstabilität, welche nicht durch Austausch eines so vielseitig belasteten und empfindlichen Konstruktionsteils, wie eine Bürste, behoben werden können. Hier hilft nur eine Durchforschung der inneren Verhältnisse der Maschine und die Anwendung entsprechend tiefgreifender Maßnahmen.

2. Einphasen-Wechselstrom-Maschinen.

Die Gleichstrommaschine wurde deswegen so eingehend und ausführlich in Einzelheiten der Auslegung und Kommutierung besprochen, weil der Gleichstromanker auch bei der Wechselstrom- und Drehstromkommutatormaschine in fast unveränderter Form wiederzufinden ist.

Der Anker eines kleinen Universalmotors, der sowohl zur Speisung mit Gleich- und Wechselstrom dient, unterscheidet sich in nichts von dem Anker einer Gleichstrommaschine derselben Type. Der Unterschied in den Maschinen liegt in der Ausbildung des lamellierten Joches, um bei der Wechselstrommagnetisierung die Eisenverluste und den Magnetisierungsstrom gering zu halten. Es ist bekannt, daß derartige Universalmotoren bei der Speisung mit Wechselstrom im allgemeinen wesentlich stärkeres Bürstenfeuer zeigen wie beim Gleichstrombetrieb. Welches sind die Gründe?

Zunächst findet man beim Einphasenwechselstrommotor genau die gleichen Stromwendungsverhältnisse mit ihren Nebenerscheinungen wie bei der Gleichstrommaschine, d. h. die kommutierende Spule erzeugt eine Wendespannung e_r und es sind Oberwellen vorhanden; nur treten die letzteren infolge der Nutung von Rotor und Stator in verstärktem Maße hervor. Was aber zur Kommutierung neu hinzukommt, ist die E M K der Transformation, welche vom pulsierenden Hauptfeld in die durch die Bürste kurzgeschlossene Spule hineintransformiert wird und einen entsprechenden Kurzschlußstrom zur Folge hat. Die Größe dieser Kurzschlußstrom-Energie hängt von der Wicklungsanordnung und deren Verkettung mit dem pulsierenden Fluß ab. Wendespannung, Oberwellen und Transformator-EMK in der kommutierenden Spule sind also die 3 Belastungsfaktoren der Bürste. Man wird daher, besonders bei großen Maschinen, überlegen müssen, welche Möglichkeiten vorhanden sind, um die Bürste zu entlasten und wieweit man diese Möglichkeiten konstruktiv erfüllen kann.

Es sei mit der Betrachtung der Wendespannung e_r in der kommutierenden Spule begonnen. Diese errechnet sich genau so wie bei Gleichstrommaschinen nach der Pichelmayerschen Formel. Es sind also für die Bemessung des Wendepols im Interesse günstiger Kommutierungsverhältnisse dieselben Gesichtspunkte maßgebend. Ferner tritt genau so wie bei Gleichstrommaschinen die Kompensationswicklung als Hilfsmittel für die Kommutierung hinzu. Gerade an dieser Wicklung hat man bei Einphasenwechselstrommotoren ein besonderes Interesse. Da es sich bei dem Ankerfeld um ein Wechselfeld handelt, hat man in der Anordnung von Querfeld-Dämpferstäben ein bequemes Mittel, die Ankerrückwirkung wenigstens teilweise aufzuheben. Man findet sie in dieser Form nur bei kleinen Maschinen mit ausgeprägten Polen von etwa 100—200 W. Bei größeren Maschinen und auch bei Universalmaschinen für schwere Beanspruchungen (Elektrowerkzeuge) legt man die Statorwicklung in gleichmäßig verteilte Nuten und gibt den Bürsten eine solche Stellung, welche die Stator AW in Erreger- und Kompensations-AW aufteilt. Sehr große Einphasenwechselstrommotoren erhalten außer der Kompensationswicklung immer Wendepole. Diese Hilfswicklungen können jede für sich getrennt ausgebildet sein, ähnlich wie bei Gleichstrom-Derimaschinen; oder man vereinigt sie unter Zuhilfenahme eines breiten Wendezahnes zu einer einzigen Statorwicklung.

Vom Standpunkt der Kommutierung und des Bürstenproblems interessiert aber nicht so sehr die Verteilung der Statorwicklungen an sich, als vielmehr ihre magnetische Einstellbarkeit. Man ist von der Gleichstrommaschine her gewöhnt, mit einem reichlichen Hauptpol und Wendepolluftspalt zu arbeiten und vor allem durch Veränderung des Wendepolluftspalts die Kommutierung beeinflussen zu können. Dieses wichtige Mittel zur Korrektur der Kommutierung und damit der Belastung der Bürste fällt bei dem Einphasenwechselstrommotor fort, weil die Nuten des Hauptfeldes und des Wendefeldes in einem Blechschnitt angefertigt werden. Es lassen sich daher aus konstruktiven Gründen nur geringe Unterschiede in den Luftspalten der Erreger- und Wendefeldzähne anordnen; außerdem sind dieselben im Vergleich zu den bei Gleichstrommaschinen üblichen Werten wesentlich geringer. Eine Veränderung des Wendepolluftspaltes an der fertigen Maschine ist nicht möglich, es sei denn, daß man durch Abdrehen des Ankers den Haupt- und Wendepolluftspalt gleichzeitig vergrößert. Bei Vermeidung von Parallelschaltungen im Stator erschweren die meist hohen Motorströme die Herstellung einer feineren Abstufung in der AW-Zahl des Wendepols entsprechend dem theoretisch gefundenen Wert.

Wie man also sieht, überall Einengungen bezüglich der Auslegung des Motors vom Standpunkt der Kommutierung und der erfolgreichen Aufhebung der Wendespannung. Führt man daher einem großen Einphasenwechselstrommotor Gleichstrom zu, so kommutiert er häufig schlechter als eine normal ausgeführte Gleichstrommaschine derselben Leistung.

Als nächster Faktor spielen die Oberwellen in der Bilanz der unter der Bürste freiwerdenden Energie eine ganz bedeutende Rolle. Die Nutung von Rotor und Stator sowie der kleine Luftspalt begünstigen die Entwicklung von Oberwellen.

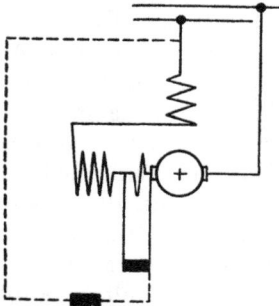

Belastungsversuche an einem Einphasenwechselstrommotor von 15 kW ergaben bei sehr kleinem Luftspalt von 0,6 mm starkes Bürstenfeuer. Nach Vergrößerung desselben auf 1 mm durch Abschleifen des Ankers war das Bürstenfeuer erheblich geringer geworden, eine Verbesserung, die auf Konto der Verkleinerung der Oberwellen zu setzen ist. Ein weiteres Mittel zur Unterdrückung der Oberwellen besteht in der Parallelschaltung eines Ohmschen Widerstandes zur Wendepol- bzw. der gesamten Statorwicklung gemäß Abb. 84. Dadurch wird zunächst die Bildung eines phasenverschobenen Wendefeldes ermöglicht, welches sowohl die Wendespannung als

Abb. 84. Schaltschema des Einphasen-Wechselstrom-Reihenschlußmotors mit Ohmschem Parallelwiderstand zur Wendepol- bzw. der gesamten Statorwicklung.

auch die transformatorische Spannung aufhebt. Vor allem aber ist dem von der Nutung transformatorisch in der betreffenden Statorwicklung erzeugten hochfrequenten Wechselstrom Gelegenheit gegeben, teilweise auf einem anderen Weg als über den Anker abzufließen. Die Statorwicklung und der Ohmsche Parallelwiderstand bilden einen Stromkreis, in welchem die hochfrequenten Wechselströme sich ausgleichen können; vor allem wird die Bürste von diesen Strömen entlastet. Es ist das typische Beispiel für einen Energietransport von der Bürste nach einer anderen Stelle der Maschine, in diesem Falle dem Ohmschen Widerstand. Um den Betrag der in diesem Widerstand in Wärme umgesetzten Oberwellenenergie wird die Bürste entlastet. Diese Tatsache läßt sich besonders bei allen großen Einphasenwechselstrommotoren mit Ohmschen Parallelwiderstand beobachten; dieselben bieten elektrisch keine Schwierigkeiten bezüglich der Qualitätswahl der Bürsten. Es ist sogar möglich, derartige Motoren mit Hochgraphitbürsten zu betreiben. Der dauernden Verwendung derselben stehen nur die mechanisch schweren Beanspruchungen des Bahnbetriebes entgegen.

Schließlich vermag man auch durch die Ausführung der Statorwicklung selbst einen dämpfenden Einfluß auf die Oberwellen auszuüben. Durch Anwendung einer reinen Serienschaltung im Stator wird es immer möglich sein, zum mindesten die Verteilung des magnetischen Flusses auf alle Pole gleichmäßig zu gestalten, wenn auch dessen Variation durch die Nutung an sich nicht behoben werden kann. Bei Serienwicklung heben sich die Spannungsvektoren der Grundwelle der Nutfrequenz pro Pol in jedem Zeitmoment auf, während sie bei Parallelschaltung der Pole hochfrequente Ausgleichsströme hervorzurufen vermögen, welche zusätzliche Kraftflußschwankungen erzeugen und damit ein weiteres Energiequantum nach der Bürste treiben. Es kann dies so gefährlich werden, daß Rückkopplungserscheinungen zwischen erregendem Kraftfluß und erregtem Oberwellenstrom auftreten, wodurch die Schwingungsamplitude der Kraftflüsse erhöht und eine weitere Belastung der Bürsten durch transformatorisch übertragene Energie stattfindet (Selbsterregungserscheinung). Gleichzeitig wirken ja bekanntlich die Bürsten gleicher Polarität mit ihren Sammelringen als Ausgleichsleitungen und sie werden daher durch Ausgleichsströme, herrührend von ungleicher Feldverteilung unter den Hauptpolen in Anspruch genommen. Dies geschieht besonders dann, wenn die Ankerwicklung an sich nicht mit einer genügenden Anzahl von Ausgleichsleitungen ausgestattet ist.

Nächst den Oberwellen tritt als weiterer Belastungsfaktor für die Bürsten die vom Hauptfeld herrührende EMK der Transformation in Erscheinung. Im Augenblick der Stromwendung ist die kommutierende Spule mit dem Hauptkraftfluß in vollkommener Verkettung. Die Größe der induzierten Spannung ist daher nach der bekannten Transformatorformel

$$EMK_{\mathrm{Tr}} = 4{,}44\,f\,w\,\Phi\;10^{-8}\;\mathrm{V}$$

zu bestimmen. Hierin ist f die Frequenz, Φ der Kraftfluß, w die Windungszahl der kommutierenden Spule.

Da diese Transformatorspannung für die Bürsten eine starke zusätzliche Belastung darstellt, ist es notwendig, dieselbe so klein wie möglich zu halten. Die Mittel hierzu seien an obiger Spannungsgleichung erläutert.

Die EMK_{Tr} wird um so kleiner, je niedriger die Frequenz ist. Es ist bekannt, daß man deswegen auch für Bahnen, wo allein Einphasenwechselstrommotoren großer Leistung vorkommen, die Frequenz von 50 auf $16^{2}/_{3}$ herabgesetzt hat. Als nächstes kommt die Windungszahl der kommutierenden Spule zur Betrachtung. Die Spannung wird um so höher, je größer deren Windungszahl ist. Man muß daher den Anker so auslegen, daß derselbe möglichst viel Lamellen, also eine möglichst geringe Windungszahl pro Lamelle aufweist. Für große Anker kommt durchweg Schleifenwicklung oder sogar zweifach Schleifenwicklung in Frage, so daß die Windungszahl also 1 bzw. ½ pro Lamelle beträgt. Um von der Gesamtbelastungsfähigkeit einer Bürste für die Transformatorspannung einen so großen Anteil wie nur irgend möglich zu reservieren, wird man außerdem den Anker mit soviel Ausgleichsleitungen versehen, wie dies der vorhandene Platz zuläßt.

Es folgt die Betrachtung des Kraftflusses. Derselbe ändert sich bei Serienmotoren entsprechend der Tourencharakteristik, also er nimmt mit zunehmender Drehzahl ab. Dies ist für den Betrieb der Wechselstromserienmotoren von großem Vorteil, denn damit wird die EMK der Transformation mit zunehmender Drehzahl geringer. Diese Tatsache wird bei der Auslegung von großen Motoren dadurch ausgenützt, daß man die Betriebsdrehzahl möglichst hoch übersynchron legt. Dadurch geht der Einfluß der Transformator-EMK auf die Belastung der Bürste zurück, während sich die Wendespannung, also die rotorisch erzeugte EMK, nur wenig mit dem Produkt aus Umfangsgeschwindigkeit und Ampere-Stabzahl verringert. Die Tabelle Abb. 85

Einphasen-Wechselstrom-Serienmotor.

Volt E_p	Watt	U/min	Volt, gerechnet		
			e_r	e_{Tr}	
220	400	4750	4,2	16,1	funkt sehr stark
220	230	7000	3,4	10,9	funkt stark
220	140	9500	3,3	8,8	funkt schwächer
220	120	11000	3	8,3	funkt schwach

Abb. 85.

der gemessenen und errechneten Daten eines Elektrowerkzeugmotors läßt diese Zusammenhänge und deren Einfluß auf die Kommutierung erkennen. Bei der ersten Meßreihe ist die Wendespannung 4,2 V, die EMK der Transformation 16,1 V; bei dieser Belastung feuert die Maschine sehr stark. Durch Entlastung des Werkzeugs steigt die Drehzahl entsprechend der Seriencharakteristik auf 11000, wobei die Reaktanzspannung um 28,5%, die EMK der Transformation um 48,5% zurückgeht. Die synchrone Drehzahl dieses Motors beträgt bei 50 Perioden 3000 Touren. Hieraus geht der Einfluß des hochübersynchronen Laufes auf die Verbesserung der Kommutierung und Entlastung der Bürste hervor. Derartig hohe Werte der Transformatorspannung wie 16 V sind natürlich nur bei diesen kleinen Maschinen zulässig. Man kann sagen, daß Transformatorspannungen von 8—10 V noch an Kleinmotoren brauchbaren Betrieb ergeben. Bei großen Maschinen liegt dieser Wert je nach der Wicklungsanordnung bei 3—3,5 V.

Zwei weitere Mittel, welche nicht die Transformator EMK direkt, sondern deren Auswirkung, den Kurzschlußstrom bekämpfen, sind: die Widerstandsverbinder und die Wahl der Bürstenbreite und Bürstenqualität. Es ist klar, daß bei Einschaltung von Widerstandsverbindern in den Stromkreis der kommutierenden Spule der Kurzschlußstrom herabgedrückt wird. Ein Teil der Bürstenenergie wird also als Wärme in die Widerstandsverbinder gelegt und die Bürste dadurch entlastet.

Bezüglich der Wahl der Bürstenbreite zur Unterdrückung der Kurzschlußströme befindet sich der Konstrukteur insofern in einer schwierigen Lage, als die elektrische und mechanische Forderung für die Dimensionierung der Bürste einander zuwiderlaufen. Zur Geringhaltung der Kurzschlußenergie müßte man schmale Bürsten wählen, um möglichst wenig Lamellen zu überbrücken. Der mechanisch ruhige Lauf, welcher ebenfalls wie früher gezeigt einen wichtigen Faktor bezüglich der elektrischen Bürstenverluste darstellt, erfordert hingegen besonders bei den hohen im Bahnbetrieb auftretenden Umfangsgeschwindigkeiten breitere Bürsten, die nicht nur ein bis eineinhalb Lamellen decken. Man muß eben hier ein Kompromiß schließen. Die Praxis hat im Laufe der Jahre gezeigt, daß man nicht unter gewisse Bürstenmindestbreiten gehen kann, und zwar liegen die Zahlen für kleine stationäre Maschinen etwa bei 5 mm, bei großen Motoren bis zu den Höchstleistungen bei ca. 12—16 mm. Schon diese Zahlen geben ein Bild über die schwierigen und verschiedenartigen Bedingungen, welche die Einphasenwechselstrommotoren an die Bürsten stellen. Gleiche Leistung und gleiche Spannung vorausgesetzt, wird die Abmessung der Bürstenbreite bei der Gleichstrommaschine mindestens die doppelte wie beim Wechselstrommotor.

Als Bürstenqualität sind infolge der Transformatorspannung eigentlich nur die beiden Gruppen der Hartkohlen und der elektrographitierten Kohlen brauchbar. Die Hartkohlen werden für die kleinen und Kleinstmotoren mit Vorteil angewendet. Infolge ihrer hohen Übergangsspannung unterdrücken sie die Kurzschlußströme und vertragen bei Wechselstrom hohe Stromdichten, welche bei Gleichstromkommutierung mit diesen Marken nicht erreichbar sind. Auch sieht das Bürstenfeuer bei diesen Motoren gefährlicher aus wie es ist. Daß bei Wechselstrom durchweg eine höhere Stromdichte zulässig ist als bei Verwendung derselben Bürste bei Gleichstrom, muß zum Teil seinen Grund im dauernden Wechsel der Polarität haben. Siehe S. 150.

Das andere Gebiet der Einphasenwechselstrommaschinen sind die großen Vollbahn- und Lokomotivmotoren, für welche ausschließlich elektrographitierte Bürsten brauchbar sind. Diese sind mechanisch fest und elektrisch stabil bei der Aufnahme der Transformator-EMK, d. h. sie verändern auch bei kurzzeitigem Aufglühen, z. B. bei schweren Anfahrten, nicht ihr Gefüge. Mit diesen elektrischen Eigenschaften verbinden sie einen geringen Reibungskoeffizienten, so daß auch bei schmalen Bürsten in Spezialhaltern ein mechanisch ruhiger Lauf praktisch erzielt wird.

Die mit Einphasenwechselstrommotoren betriebenen Vollbahnstrecken in Deutschland, Schweden und der Schweiz geben von der erfolgreichen Anwendung des Wechselstrommotors beredtes Zeugnis.

Bürstenpotentialmessungen an der fertigen Maschine im Prüffeld
zwecks Untersuchung der Kommutierung sind wegen der zahlreichen
Störungsspannungen nicht in dem Sinne einfach ausführbar wie bei
Gleichstrommaschinen. Will man derartige Messungen zu Vergleichszwecken vornehmen, so muß bei Ausführung derselben auf peinlichste
Einhaltung der Meßspitzen-Stellung geachtet werden. Dies ist nur mit
besonderen Vorrichtungen wie z. B. Meßbürsten möglich. Das Resultat
ist selbst bei Verwendung von Präzisions-Wechselstromvoltmetern vorsichtig auszuwerten, damit keine falschen Schlüsse über die Ursachen
von Kommutierungsstörungen gezogen werden. Will man in das Innere
eines Wechselstrommotors hineinschauen, so muß man sich des Oszillographen bedienen. Im übrigen gibt das Aussehen der Bürstenlauffläche
und des Kommutators sowie die Auswertung dieser Beobachtungen die
Möglichkeit, Güte und Stabilität der Kommutierung zu beurteilen.

Aus den bisherigen Ausführungen folgt, daß bei diesem Maschinentyp die Bürste einen sehr bestimmenden Einfluß auf den Entwurf der
Maschine ausübt. Baut man bereits eine
Gleichstrommaschine vom Kommutator aus,
dessen Abmessung durch die Segmentspannung gegeben ist, so muß man beim Einphasenwechselstrommotor noch einen Schritt
weiter gehen und in erster Linie die Bürsten
und deren Leistungsfähigkeit berücksichtigen, also gewissermaßen die Maschine
von der Bürste aus bauen. Schöpft man
die Leistungsfähigkeit einer Bürste in bezug auf Kommutierung und auf ihre Fähigkeit in der Aufnahme von Kurzschlußströmen

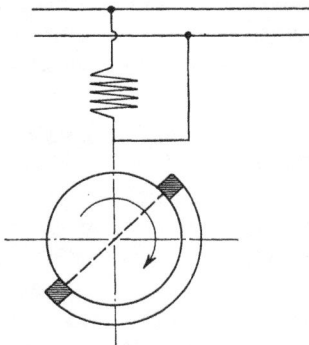

Abb. 86. Schaltschema eines Repulsionsmotors mit einfachem Bürstensatz.

ganz aus, so darf nicht vergessen werden,
daß auch umgekehrt der Kommutator je
nach seinem Zustand auf die Leistungsfähigkeit der Bürste einen leistungsändernden Einfluß ausübt. Bürsten
und Kommutator als Einheit bestimmen durch ihre Energieaufnahmefähigkeit den Gesamtentwurf der Maschine, deren Ausführbarkeit und
Betriebsfähigkeit.

Eine Abart des Einphasen-Serienmotors ist der Repulsionsmotor,
Schaltung Abb. 86, der wegen seiner Einfachheit im Aufbau und wegen
seiner weitgehenden Regulierfähigkeit große Verbreitung gefunden hat.
Ihm gehört daher speziell das Gebiet der kleinen und mittleren Leistungen bis ca. 150 kW. Wegen seiner vielfachen Verwendung für
Spezialregulierantriebe sollen die Anforderungen, welche er an die

Bürsten gemäß seinem inneren Aufbau stellt, noch kurz besprochen werden.

Der Stator weist eine gleichmäßige in Nuten verteilte Wicklung auf. Dieselbe ist zugleich Erreger- und Kompensationswicklung. Da die Bürsten zu Regulierzwecken verschoben werden, ist eine Anordnung von Wendepolen unmöglich. Bekannt sind die beiden charakteristischen drehmomentlosen Bürstenstellungen, die um 90° elektrisch gegeneinander verschoben sind: die Leerlaufstellung und die Kurzschlußstellung.

In den dazwischen liegenden Stellungen der Bürsten kann man sich die Statorwicklung in zwei Teile zerlegt denken, die zwei um 90° elektrisch verschobene Felder erzeugen. Diese setzen sich je nach ihrer Größe zu einem elliptischen oder Kreisdrehfeld zusammen; das letztere entsteht bei einer Bürstenverschiebung um 45° elektrisch. Ist die Belastung eines Repulsionsmotors nun so eingestellt, daß bei 45° Bürstenverschiebung zugleich synchrone Drehzahl vorhanden ist, so hat man die günstigsten Kommutierungsverhältnisse. Bei Synchronismus steht das Drehfeld im Raume still. Es kann also keine EMK der Transformation in der kurzgeschlossenen Spule induziert werden. Die Kommutierung wird um so ungünstiger, je weiter man sich von der synchronen Drehzahl einerseits und der Stellung der Bürsten unter 45° andererseits entfernt. Im ersten Falle wächst bei Unter- wie bei Übersynchronismus die Schnittgeschwindigkeit des Drehfeldes mit der stromwendenden Spule. Im zweiten Fall wirkt die elliptische Form des Drehfeldes erhöhend auf die Transformator-EMK. Außer der Transformatorspannung und der Wendespannung stören beim Repulsionsmotor Oberwellen die Kommutierung in der gleichen Weise, wie dies beim Einphasen-Reihenschlußmotor beschrieben wurde.

Vom rein mechanischen Standpunkt ist noch folgendes zu sagen: Da das Anlassen und das Tourenregulieren durch Bürstenverschiebung erfolgt, muß ein stabiler Bürstenapparat vorgesehen werden, der zentrisch zum Kommutator angeordnet ist. Sonst kann es bei Verschiebung der Bürsten vorkommen, daß dieselben nicht an allen Stellen des Kommutatorumfangs volle Auflage haben. Ohne gleichmäßiges Aufliegen am Umfang ist aber Bürstenfeuer unvermeidlich. Für kleine Repulsionsmotoren verwendet man Bürsten der Hartkohlenserie. Dieselben sorgen dafür, daß geringe Anbrennungen der Segmente keine schwarzen Streifen zurücklassen, sondern daß dieselben sofort weggeputzt werden. Größere Maschinen, etwa von 5 kW aufwärts, bestückt man ausschließlich mit elektrographitierten Bürsten.

3. Drehstrom-Kommutator-Maschinen und Phasenschieber.

Im vorigen Abschnitt wurde dargelegt, daß der Repulsionsmotor auf Grund seiner Wirkungsweise in Wirklichkeit ein Drehfeldmotor ist mit einem allerdings nur für eine Bürstenstellung vollkommenen Drehfeld. Der Drehstromreihenschlußmotor, Schaltschema Abb. 87, hingegen hat immer ein vollkommenes Drehfeld.

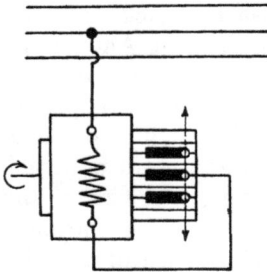

Abb. 87. Schaltschema des Drehstrom-Reihenschluß-Kommutatormotors.

Bei Synchronismus des Ankers ist die Transformator EMK e_{Tr} durch Induktion des Drehfeldes in der stromwendenden Spule gleich Null, vorausgesetzt, daß der Motor im Sinne des Drehfeldes umläuft, und es ist nur die Wendespannung e_r vorhanden, die dem Strom und der Drehzahl proportional ist. Im Stillstand ist die Wendespannung gleich 0 und die EMK e_{Tr} hat ihren höchsten Wert. Die bei den Zwischendrehzahlen auftretende Spannung $ê$ ist die geometrische Summenspannung aus diesen beiden Komponenten, also $ê = \overset{\frown}{e_{Tr} + e_r}$. Dieselbe ist als Funktion der Drehzahl in Abb. 88 dargestellt.

Kurve *a*, gerechnet für Vollast, ergibt bezüglich der Kommutierung in Verbindung mit elektrographitierten Bürsten mit $e_{Tr} = 3\,\text{V}$ für Stillstand und $e_r = 2\,\text{V}$ für Synchronismus eine betriebssichere Maschine. Man sieht ferner, daß die Kommutierungsverhältnisse bei etwas untersynchronem Lauf die günstigsten sind, um sich dann nach beiden Richtungen zu verschlechtern.

Ist die Maschine stark gesättigt, so wird bei Überlast e_{Tr} nahezu gleich bleiben und nur e_r nimmt proportional mit dem Strome zu. Die

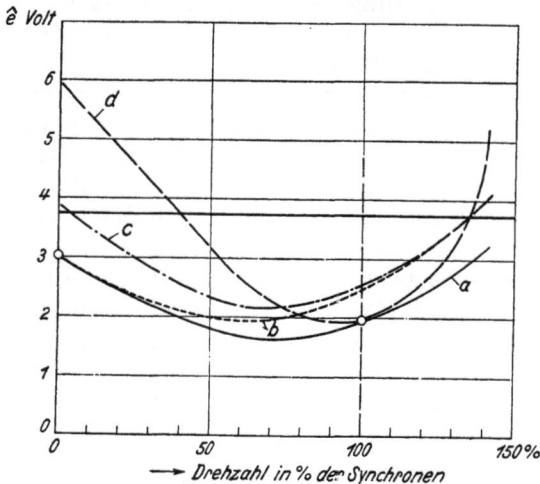

Abb. 88. **Drehstrom-Reihenschluß-Kommutatormotor.**
Summenspannung der Kommutierung: $ê = f\,(\text{U/min})$
Kurve *a* sichere Maschine . . . . Vollast
  ,, *b* gesättigte Maschine . . . . 30 % Überlast
  ,, *c* ungesättigte Maschine . . . . 30 % Überlast
  ,, *d* Maschine für seltenen Anlauf und
      enges Regelbereich . . . . Vollast

Kurve *b* bezieht sich auf eine gesättigte Maschine bei 30% Überlast, die Kurve *c* unter den gleichen Arbeitsbedingungen auf eine ungesättigte Maschine.

Für Maschinen mit selten erfolgendem Anlauf kann man die Transformatorspannung wesentlich heraufsetzen, wie in Kurve *d* dargestellt. Jedoch wird dadurch das Regelbereich mit guter Kommutierung eingeengt.

Im übrigen wird auch bei diesen Motoren die Kommutierung durch Oberwellen gestört; jedoch kann man zur Unterdrückung derselben im Interesse einer Entlastung der Bürsten zu größeren Luftspalten zwischen Stator und Rotor gehen, weil man die Größe des Leistungs-faktors durch das Verhältnis von Läufer- zu Stator-AW in der Hand hat. Aus diesem Grunde lassen sich auch derartige Motoren für ver-hältnismäßig große Leistungen bis 200 kW und bei Spezialausführung bis ca. 400 kW bauen. Ein hochbeanspruchter Teil dieser Maschinen bleibt aber wegen der meist dichten Besetzung mit Bürsten der Kommu-tator, und es muß im Interesse eines stabilen Betriebes für gute Kühlungsverhältnisse gesorgt werden.

Die Kommutierungsverhältnisse beim Drehstromserienmotor mit einfachem Bürstensatz sind demnach als gut zu bezeichnen. Dieser Vorteil muß indes für manche Fälle im Interesse der Drehzahlstabilität bei sehr weit nach unten gehenden Regelbereichen zum Teil aufgegeben werden.

Man erreicht durch Anordnung eines doppelten Bürstensatzes zwar auch bei tiefen Drehzahlen stabile Betriebsverhältnisse, jedoch wird dadurch die Kommutierung verschlechtert. Die EMK der Transforma-tion wird nämlich im Anlauf bei dieser Anordnung doppelt so groß wie beim Motor mit einfachem Bürstensatz. Dies kommt daher, daß die Läufer-wicklung im Stillstand an der Bildung des Kraftflusses unbeteiligt bleibt, d. h. der Motor muß vom Stator aus das doppelte Feld erzeugen. Kommt der Motor durch Bürstenverschiebung auf Touren, so sinkt infolge der Betei-

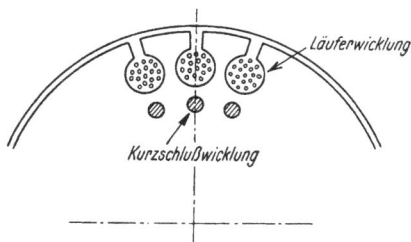

Abb. 89. Läuferwicklung des Heylandmotors.

ligung der Ankerwicklung an der Feldbildung die EMK der Transforma-tion auf dieselben Werte wie beim Drehstromreihenschlußmotor mit einfachem Bürstensatz. An der Wendespannung der kommutierenden Spule wird durch die Anordnung des doppelten Bürstensatzes nichts geändert. Die früher besprochenen Gesichtspunkte bezüglich der mecha-nischen Lagerung des Bürstenapparates sind hier besonders zu beachten.

Der ständergespeiste Drehstromnebenschlußmotor soll nur der Vollständigkeit halber erwähnt werden. Er hat in der Praxis keine Bedeutung erlangt, da die Regelung nicht durch Bürstenverschie-bung, sondern durch Änderung der Kommutatorspannung von Anzap-fungen der Statorwicklungen her erfolgt. Nur eine Abart dieses Motors, bekannt als kompensierter Heyland-Motor, ist bürstentechnisch von Interesse. Unter der Läuferwicklung ist eine Käfigwicklung ange-ordnet, wie in Abb. 89 skizziert. Die letztere dient zum Anlauf, übt aber nebenbei eine dämpfende Wirkung auf die Kommutierung aus. Der-artige Motoren, die für kleine Leistungen gebaut werden, kommutieren daher mit gewöhnlichen Hartkohlenbürsten gut.

Im Gegensatz zum ständergespeisten Nebenschluß hat der läufergespeiste Drehstromnebenschlußmotor eine große Bedeutung erlangt. Die Energie wird bei diesem Motor über Schleifringe, Schaltschema Abb. 90, einer gewöhnlichen Drehstromläuferwicklung zugeführt. Über dieser Wicklung befindet sich eine zweite Wicklung, welche an einen Kommutator angeschlossen ist. Auf dem Kommutator sitzen zwei gegeneinander verschiebbare Bürstensätze, welche mit drei offenen Phasen der Drehstromstatorwicklung verbunden sind.

Um sich darüber klar zu werden, welche elektrischen Beanspruchungen auf die Bürsten kommen, sei zunächst festgestellt, daß das Drehfeld in der Schleifring- und Kommutatorwicklung eine von der Drehzahl unabhängige Spannung induziert. Welche Drehzahl auch der Motor macht, stets ist eine 50periodige Wechselspannung in der kommutierenden Spule vorhanden. Diese Feststellung ist vom Standpunkt der Bürstenbeanspruchung von Wichtigkeit.

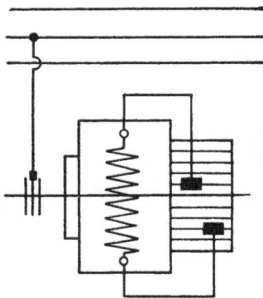

Aus der Theorie des läufergespeisten Nebenschlußmotors ist bekannt, daß bei diesem Motortyp der Kommutator nur so groß gebaut zu werden braucht, wie dies dem gewünschten Regelbereich entspricht. Dies bedeutet, daß z. B. bei einer Regelung von der synchronen Drehzahl um 50% nach unten, der Kommutator nur halb so groß zu sein braucht wie bei einem Motor gleicher Leistung, der als Reihenschlußmotor gebaut

Abb. 90. Schaltung des läufergespeisten Drehstrom-Nebenschluß-Kommutatormotors.

wurde. Der daher für den Kommutator reichlich vorhandene Platz gibt gute Kühlverhältnisse für Kommutator und Bürsten, die hierdurch gewissermaßen dafür entschädigt werden, daß die 50periodige Transformator-EMK während des ganzen Regelbereiches wirksam ist.

Durch sorgfältiges Abwägen der die Bürste beanspruchenden Faktoren, wie Wendespannung, Transformator-EMK der kommutierenden Spule, Beanspruchung der Bürstenlauffläche durch den Statorstrom, dessen Frequenz und Maximalwert, sowie durch Ausnutzung der Bewegungsfreiheit in der Dimensionierung des Kommutators, ist es möglich, die Kommutierung dieser Drehstromnebenschlußmotoren vollkommen zu beherrschen. Die Transformator-EMK unter der Bürste macht indes ihren bestimmenden Einfluß auf die Bürstenwahl dadurch kenntlich, daß diese Motoren im allgemeinen nur mit elektrographitierten Bürsten bei ausgekratztem Glimmer gute Betriebsverhältnisse zeigen.

Den Kommutator derartiger Drehstromnebenschlußmotoren kann man noch kleiner dimensionieren, wenn auf die Drehzahlregelung verzichtet wird. Für diesen Fall ist auch nur ein einfacher Bürstensatz notwendig. Es wird dann über den Kommutator keine Wirkleistung mehr auf den Stator übertragen, sondern derselbe dient nur noch zur Belieferung des Stators mit Magnetisierungsstrom. Der Motor wird dadurch phasenkompensiert. Die Beanspruchung der Bürsten ist im Prinzip dieselbe wie vorher beschrieben.

Für hohe Leistungen werden bei derartigen kompensierten läufergespeisten Asynchronmotoren die Anker- und Kommutator-Umfangsgeschwindigkeiten hoch. Damit wachsen die elektrischen und mechanischen Schwierigkeiten der Kommutation und Stromabnahme. Zur 50periodigen Transformator-EMK addiert sich eine Wendespannung, die dem Strom und der Anker-Umfangsgeschwindigkeit proportional ist.

Man trennt daher bei großen Leistungen den Kompensationsapparat vom Rotor des Asynchronmotors und baut ihn als eigene Maschine auf. Diese Phasenkompensatoren sind heute als eigen- und fremderregte Drehstromerregermaschinen Schaltschema Abb. 91 und 92 in Ver-

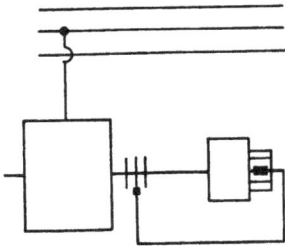

Abb. 91. Schaltungsschema:
Asynchronmaschine mit eigenerregter Drehstrom-Erregermaschine.

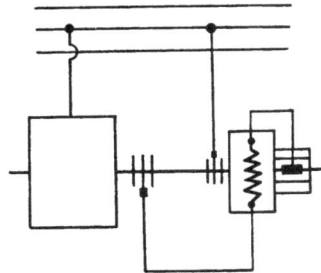

Abb. 92. Schaltungsschema: Asynchronmaschine mit fremderregter Drehstrom-Erregermaschine und Kompensationswicklung.

bindung mit Asynchronmaschinen von mehreren Tausend kVA zu großer Bedeutung gelangt. Sie bilden entweder, von einem Hilfsmotor angetrieben, ein Aggregat für sich, oder sie werden mit der Hauptmaschine direkt oder über Zahnräder gekuppelt.

Die Kommutierungsverhältnisse der eigenerregten Drehstromerregermaschinen sind schwierig. Da ein fremdes Erregerfeld nicht vorhanden ist, sondern die Erregung des Kommutatorankers durch den Rotorstrom des Hauptmotors erfolgt, liegen Ankerstrom und Ankerfeld in Phase. Bei übersynchronem Lauf addiert sich daher die EMK der Transformation zur Wendespannung algebraisch. Die Summenspannung unter der Bürste muß also groß werden. Ferner kommt hinzu, daß der Rotorstrom der Hauptmaschine keine reine Wellenform mehr besitzt, weil er vom Netz her durch Transformation über die Nutung von Stator und Rotor entsteht. Alle in diesem Rotor-Strom enthaltenen Oberwellen werden daher in der kommutierenden Spule unter der Bürste des Kommutatorankers ebenfalls wirksam. Aus diesem Grunde ist auch der Bau von eigenerregten Drehstromerregermaschinen nach oben begrenzt. Diese Grenzen dürften etwa bei Asynchronmotoren von ca. 2000 kW liegen. Zur Verbesserung der Kommutierungsverhältnisse pflegt man im Statorblech in der Zone, in welcher die Kommutierung erfolgt, eine Pollücke anzubringen und gegebenenfalls eine Dämpferwicklung in geeigneter Form vorzusehen. Wegen der Schwierigkeit der Kommutation dieser Maschinengattung sind im allgemeinen nur elektrographitierte Bürsten erfolgreich. Maßgebend ist natürlich der Absolutwert der Summenspannung, welcher von der Leistung der Maschine abhängt. Der rechnerisch gefundene Wert der Transformator-EMK, bei welchen Hochgraphitbürsten noch brauchbaren Betrieb ergeben, dürfte bei ca. 1,5 V liegen. Darüber hinaus sind elektrographitierte Bürsten am Platze, deren Leistungsfähigkeit bei ca. 3 V als erschöpft zu betrachten ist.

Sind daher sehr große Asynchronmaschinen zu kompensieren, so muß man fremderregte Phasenschieber bauen. Die Erregung erfolgt vom Netz über Schleifringe in der Weise, daß die Kommutatorwicklung gleichzeitig als Erregerwicklung benutzt wird. Außerdem wird das Feld des Kommutatorankers, herrührend vom Rotorstrom der Hauptmaschine, durch eine im Stator liegende Kompensationswicklung aufgehoben, Abb. 92. Dadurch kommen die Oberwellen des Rotorstromes in bezug auf die Bürsten nicht mehr voll zur Auswirkung. Durch Anordnung dieser Kompensationswicklung wird daher den Bürsten der Betrieb wesentlich erleichtert. Als Störungsspannung unter der Bürste ist die Wende-EMK und die EMK der Transformation vom Drehfeld wirksam.

Es wäre noch zu erwähnen, daß einzelne Segmente des Kommutators, nämlich diejenigen, welche in direkter Verbindung mit den Erreger-Schleifringanschlüssen stehen, eine Ausnahmestellung einnehmen. Über diese Segmente muß in dem Augenblick, wo sie die Bürsten passieren, ein Strom der Netzfrequenz fließen. Sie sind also in dem Moment durch den Netzstrom und den niederfrequenten Kompensationsstrom belastet. Bei ungeeignetem Bürstenmaterial kann man beobachten, daß diese Lamellen sich schwärzen oder aber zum mindesten eine gegenüber den anderen Lamellen verschiedenartig gefärbte Politur annehmen.

Betrachtet man nun zum Schluß das Gesamtproblem der Kommutierung und der Stromabnahme bei den bisher beschriebenen Maschinengattungen, so läßt sich eine Steigerung in der Schwierigkeit der Kommutierungsverhältnisse feststellen. Bei der Gleichstrommaschine hat man ein konstantes Feld. Die Änderung des Kraftflusses pro Pol ist gleich Null, ebenso ist ein Drehfeld nicht vorhanden. Bei Wechselstrom-Kommutatormaschinen ist an Stelle des konstanten Kraftflusses ein mit der Netzfrequenz pulsierendes Feld getreten, welches zusätzliche Spannungen unter den Bürsten erzeugt. Damit erfuhr die Kommutierung eine wesentliche Erschwerung. Bei den Drehstrom-Kommutatormaschinen tritt an Stelle des Wechselfeldes ein Drehfeld, welches die gleichen Bürstenbeanspruchungen hervorruft wie ein Wechselfeld. Bei allen Maschinengattungen finden wir die gemeinsame Störungsspannung der Stromwendung, zu welcher die Störungsspannungen, herrührend von Oberwellen, hinzukommen. Diese Oberwellen sind bei Gleichstrommaschinen mit glatten Polen am geringsten. Sie treten bereits in unangenehmeren Formen auf, wenn die Pole durch Nuten geschlitzt werden, und erfahren eine weitere Verstärkung bei Maschinen, bei welchen der feststehende und der rotierende Teil mit Nuten versehen ist. Die Zunahme der Schwierigkeit der Kommutierungsbedingungen drückt sich auch in der Wahl der Bürstenqualität aus, sowie in den Anforderungen, die man heute an das Aussehen dieser Kommutatoren stellt.

Während es im allgemeinen möglich ist, bei gutausgelegten Gleichstrommaschinen kleiner und mittlerer Leistung mit Bürstenmarken, die nicht aus einer Spezialfabrikation hervorgegangen sind, auszukommen, kann man bereits große Gleichstrommaschinen nur noch mit solchen Bürsten bestücken, welche ein erstklassiges Fabrikat sind und deren Qualitätseigenschaften der Konstrukteur genau kennt. Gilt dies bereits bei Gleichstrommaschinen, so gilt es um so mehr für Wechselstrom und Drehstromkommutatormaschinen, bei welchen nach den vorigen Darlegungen fast ausschließlich hochwertige Bürstenqualitäten überhaupt erst den Betrieb der Maschine ermöglichen. Bei diesen letzteren Maschinengattungen ist es die Charakteristik der Bürste, welche die Ausführbarkeit einer Maschine bestimmend beeinflußt. Es ist daher sowohl für den Berechner von Kommutatormaschinen als auch für den Fabrikanten von Bürsten von großer Wichtigkeit, die Eigenschaften hochwertigen Bürstenmaterials in elektrischer und mechanischer Beziehung genau zu kennen. Man wird durch intensive Weiterarbeit auf diesem Gebiet der Bürstenkunde immer mehr dazu kommen, daß man auch für Kohlenbürsten vollkommene Daten bezüglich ihrer Eigenschaften erhält, so daß man sie auf Grund dieser Kenntnisse genau so als Konstruktionselement behandeln kann, wie man dies bei Verwendung von technisch ganz durchforschten Baustoffen zu tun gewöhnt ist. Leider ist die Theorie der Vorgänge zwischen Kommutator und Bürsten noch nicht zu solchen Feinheiten vorgedrungen, wie etwa die Theorie der Festigkeitslehre. Man wird daher noch immer in der Praxis viel aus Versuchen und deren Auswertung lernen müssen, um unvermeidlichen technischen Schwierigkeiten auf diesem Spezialgebiet der Stromabnahme vom Kommutator wirksam begegnen zu können.

Kapitel XI.

Sondergebiete für Kommutatoren.

1. Kurzschlüsse und Grobschaltungen.

Der Vorgang des Kurzschlusses bei Kommutatormaschinen ist eng
mit dem Bürstenproblem verbunden. Unter einem Kurzschluß versteht
man den Anstieg des Ankerstroms um ein Vielfaches des Nennwertes,
womit allerdings nicht unbedingt ein Überschlag zwischen Spindeln ent-
gegengesetzter Polarität oder zwischen einem Pol und Erde verbunden
sein muß. Im Interesse der Betriebssicherheit und des Schutzes von Kommutator und Bürsten liegt es, diesen Stromanstieg, wodurch auch immer
er bedingt sein mag, so stark wie möglich zu dämpfen. Diesbzüglich
ist der Wechselstrom dem Gleichstrom ganz erheblich überlegen. Die
Wechselstrommaschine schützt sich selbst durch ihren hohen induktiven
Widerstand, welcher im Betrieb bei der Gleichstrommaschine nicht zur
Auswirkung kommt.

Im folgenden sollen daher auch nur die Erscheinungen des Kurzschlusses bei Gleichstrommaschinen sowie ihre Einwirkung auf Kommutator und Bürstenapparat betrachtet werden.

In der Abb. 93 ist der Kurzschlußstrom eines Bahn-Einanker-
umformers von 2000 kW, 800 V Klemmenspannung oszyllographisch

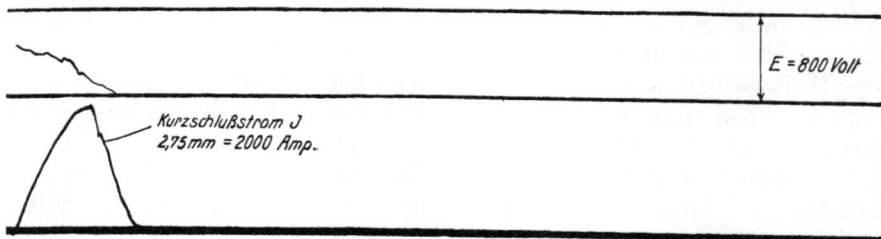

Abb. 93. Oszillogramm des Kurzschlußstromes eines Einanker-Umformers. Die Spitze des Kurzschlußstromes J^{max} beträgt ca. 12 500 Amp, das 5 fache der Nennstromstärke.

aufgenommen. Der Kurzschluß erfolgte an dem ersten, 50 m von der
Maschine entfernten Speisepunkt. Mit Hilfe eines dazwischen geschalteten Schnellschalters war es möglich, den Strom so zu begrenzen, daß
weder ein Überschlag noch ein Außertrittfallen des Umformers erfolgte.
Der Maximalwert des Stromes betrug das fünffache der Nennstromstärke. Der Kurzschluß wurde in einer Zeit von $1/100$ Sekunden abgeschaltet. Die Zeitdauer des Kurzschlusses konnte man am Kommutator durch die zurückgelassene streifenförmige Anschwärzung, welche

sich gerade auf eine Polteilung erstreckte, ablesen. Abb. 94. An den Bürsten selbst war bei diesem Kurzschluss nichts anders zu beobachten, als daß unter einer Anzahl nebeneinander liegender Bürsten e i n e r Spindel mäßiges Feuer für den Bruchteil einer Sekunde auftrat. Aus der Richtung des angeschwärzten Streifens ergibt sich, daß das Bürstenfeuer im Moment des Kurzschlusses die Tendenz hatte, nach außen zu

Abb. 94. Kommutator nach erfolgtem Kurzschluß ohne Beschädigung.

wandern. Dies ist auf eine elektro-magnetische Wirkung der A u s g l e i c h sl e i t u n g e n zurückzuführen, welche sich bei dieser Maschine zwischen Anker und Kommutator befanden. Da nur e i n e Spindel, unter deren Bürsten das Feuer entlang lief, an der Ausbildung des Kurzschlußstromes beteiligt war, so müssen in diesem Moment die Ausgleichsleitungen in der Weise gewirkt haben, daß ein magnetisches Blasfeld unter der den Kurzschlußstrom führenden Spindel entstand. Diese Erscheinung der

Blaswirkung der Ausgleichsleitungen ist meines Wissens zuerst von Dr. Kade-Berlin in der beschriebenen Form angegeben worden. Die Abb. 94 zeigt, daß bei einem derartig abgeschalteten Kurzschluß keinerlei Beschädigung von Kommutator, Bürsten und Bürstenhaltern stattfindet. Die Maschine bleibt nach abgeschaltetem Kurzschluß vollkommen betriebsfähig.

Nächst den Ausgleichsleitungen spielt auch die Dämpferwicklung im Augenblick des Kurzschlusses eine wichtige Rolle. Infolge der Streuung im Transformator und der Ankerwicklung vermag das Drehstromnetz die plötzlich gleichstromseitig geforderte Energie nicht im selben Augenblick zu decken. Es muß daher ein Teil dieser gleichstromseitig im Kurzschluß verzehrten Energie aus der rotierenden Masse des Ankers genommen werden. Dies bedeutet ein Pendeln des Umformers, ein momentanes Zurückbleiben des Ankers hinter der synchronen Drehzahl. Die Pendelungen sind aus dem Oszillogramm Abb. 95 zu ersehen. Vermag die Dämpferwicklung diesen Stoß nicht aufzunehmen, so fällt der Anker infolge des Kurzschlusses außer Tritt und es entsteht im selben Moment Rundfeuer am Kommutator.

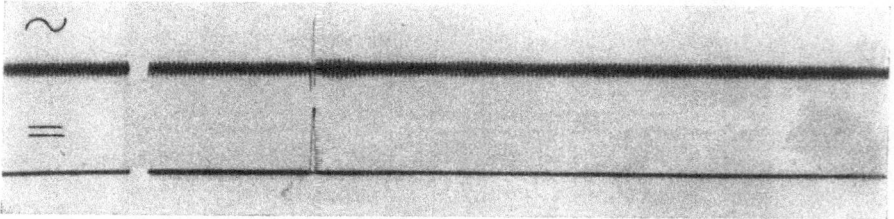

Abb. 95. Einanker-Umformerströme während des Kurzschlusses. Oszillogramm des Stromes auf der Hochvoltseite des Transformators und des Gleichstroms. (Umformer läuft vor dem Kurzschluß leer.)

Einanker-Umformer der oben genannten Leistung und Spannung können nur in Verbindung mit Schnellschaltern ohne Beschädigung des Kommutators kurz geschlossen werden. Wird hierbei die Schaltzeit von $^1/_{50}$ Sekunde überschritten, so erfolgt meistens eine Zündung zwischen den Spindeln und damit auch ein Überschlag nach Erde. Durch einen einzigen schweren Kurzschluß kann die Maschine vollkommen betriebsunfähig werden, so daß ein Ausbau des Ankers erfolgen muß. Der günstigste Fall ist noch der, daß nur einzelne Litzen der Bürsten oder Teile von Bürstenhaltern abbrennen. Dann hat auch der Kommutator meistens nur einige Brandperlen und eine Schwärzung erlitten, welche unschwer wieder zu entfernen sind.

Die Kurzschlüsse bei Gleichstrom sind vor allem deshalb so gefährlich, weil von Gleichspannung Luftstrecken überschlagen werden, zu deren Überbrückung man bei Wechselstrom Spannungen des 10fachen Betrages braucht. Dies kommt daher, daß Bürstenfeuer und kleine Lichtbögen gut leitende Dämpfe erzeugen, welche die Luft ionisieren.

Ist nun die Maschinenspannung hoch genug, so tritt die ionisierte Luft als guter Stromleiter in Funktion und unterstützt die Bildung des Kurzschlusses. Man sorgt daher dafür, daß Kommutatoren für hohe Gleichspannung eine gute Ventilation erhalten, um den Raum zwischen den Bürstenspindeln ununterbrochen mit Frischluft zu versehen.

Es ist selbstverständlich, daß man die Abstände der Bürstenspindeln von allen geerdeten Teilen um so reichlicher vorsehen muß, je höher die Klemmenspannung der Maschine ist. Die Bürstenhalter macht man mit Vorliebe aus gegossenem Material oder auch aus Eisen, um dieselben gegen Abbrand widerstandsfähig zu gestalten. Auch die Einkapselung des ganzen Kommutators gegen Erde und der Spindeln gegeneinander durch Wände aus feuerfestem Isolationsmaterial sind mit Erfolg angewendet worden (vgl. auch Abb. 28 S. 32). Als Bürstenmaterial verwendet man ausschließlich die mechanisch und gegen Kurzschlüsse widerstandsfähige hochgeglühte elektrographitierte Kohle. Man hat durch Verwendung dieser Bürstensorte bei betriebsmäßig unter Kurzschlüssen leidenden Maschinen erst eine wirkliche Betriebssicherheit erreicht. Hochgraphitische Bürsten eignen sich für solche Betriebszustände absolut nicht. Infolge ihrer Neigung, bei Überlast kleine glühende Kohlepartikelchen wegzuschleudern, beschleunigen sie die Einleitung des Rundfeuers. Beim ersten schweren Kurzschluß verbrennen sie partienweise und vermehren den Schaden an den Bürstenhaltern und am Kommutator um ein Vielfaches gegenüber den Zerstörungen, die bei Verwendung von elektrographitierten Bürsten eintreten können.

Das für Kurzschlüsse bei Einankerumformern Dargelegte gilt sinngemäß auch für Gleichstrommaschinen. In einer Beziehung sind allerdings die Kurzschlußbedingungen bei Gleichstrommaschinen günstiger. Man ist nämlich bezüglich der Wahl der Kommutatorumfangsgeschwindigkeit unabhängig von der Segmentspannung und außerdem fällt die direkte leitende elektrische Verbindung zwischen der Gleichstrom- und der Drehstromseite fort. An Stelle dieser leitenden Verbindung tritt die mechanische Kupplung mit ihrer größeren Dämpfung. Bahngeneratoren für hohe Spannungen baut man selbstverständlich kompensiert. Ferner erreicht man durch Anordnung einer Gegenkompoundwicklung und durch Lamellierung des magnetischen Kreises ein schnelles Zusammenbrechen des magnetischen Feldes beim Kurzschluß, wodurch die Intensität des Kurzschlusses und damit die Auswirkung auf Bürste und Kommutator erheblich gedämpft wird. Diese Dämpfung wird noch dadurch unterstützt, daß man die Feldwicklung dieser eigenerregten Generatoren mit einer kleinen Zeitkonstanten $\frac{L}{R}$ ausführt. Wickelt man z. B. das Feld einer 1200-V-Maschine für 600 V und vernichtet den Rest der Spannung in einem Vorschaltwiderstand, so vermag man die Zeitkonstante des magnetischen Kreises, allerdings zu Lasten der Erregerenergie und des Wirkungsgrades der Maschine, auf den 4. Teil zu erniedrigen. In Abb. 96 ist ein 1250-V-Gleichstromgenerator dargestellt, dessen Bürstenspindeln als freitragende Träger gleicher Festigkeit ausgebildet sind. Der freie Raum um den Kommutator und die reichlichen Abstände nach Eisen geben in Verbindung mit einer guten Ventilation des Kommutators ein Minimum von Zerstörung bei Kurzschlüssen.

Auch die Gleichstrombahnmotoren haben unter Kurzschlüssen zu leiden. Im Prinzip gilt zunächst auch für diese Maschinen als Gleichstrommaschinen dasselbe wie vorher gesagt. Als Erleichterung

Abb. 96. Kurzschlußsicherer Gleichstromgenerator für 1250 Volt Klemmenspannung.

tritt nur hinzu, daß es sich bei diesen Motoren stets um Hauptstrommotoren und um kleinere Leistungen handelt, und daß unter normalen Betriebsverhältnissen eine hohe Ampere-Stabzahl stets mit einer niedrigen Kommutatorgeschwindigkeit gepaart ist, entsprechend der Seriencharakteristik dieser Maschinen.

Die Ursachen, welche bei Bahnmotoren zu Kurzschlüssen führen können, sind außerordentlich mannigfaltig entsprechend dem rauhen Betriebe, dem diese Motoren im Gegensatz zu stationären Maschinen ausgesetzt sind. In einem großen Straßenbahnnetz arbeiten viele Motoren mit ihren zahllosen Schaltvorgängen zu gleicher Zeit an demselben Fahrdraht. Den Belastungsschwankungen entsprechen Spannungsschwankungen, besonders wenn die Generatoren der Zentralen zum Eigenschutz gegen Kurzschlüsse mit einer weichen Charakteristik ausgeführt sind. Es ist ferner keine Seltenheit, daß die Fahrdrahtspannung ganz ausbleibt, um plötzlich wieder zugeschaltet zu werden. Eine teilweise

Unterbrechung der Stromzuführung erfolgt auch bei Schwingungen des Fahrdrahtbügels.

Alle diese Schaltvorgänge rufen plötzliche Stromänderungen und damit Feldänderungen im Motor hervor. Dadurch werden in der kommutierenden Spule EMKe der Transformation induziert, die zu Bürstenfeuer und unter Umständen auch zu Rundfeuer und Kurzschlüssen Veranlassung geben, besonders dann, wenn der Motor mit hoher Kommutatorgeschwindigkeit bei geshuntetem Feld läuft.

Auch ein zu scharfes elektrisches Bremsen kann Rundfeuer erzeugen. Der Motor befindet sich auf hoher Drehzahl und wird über einen Widerstand kurz geschlossen. Es entsteht also ein starkes Feld bei hoher Drehzahl und dies bedeutet hohe. Segmentspannungen, die bei Überschreitung des Wertes der Lichtbogenspannung von ca. 35 V zwischen zwei Segmenten unbedingt einen Überschlag zwischen den Spindeln hervorrufen.

Außer diesen elektrischen Ursachen gibt es noch zahlreiche mechanische Ursachen zur Bildung von Bürstenfeuer und Kurzschlüssen. Diese führen zwar nicht direkt, aber immer indirekt insofern zu Kurzschlüssen, als jedes Bürstenfeuer an sich als Erreger von Kurzschlüssen zu werten ist. Der mechanisch unruhige Lauf der Bürste, hervorgerufen durch unrunden Kommutator und zu geringen Bürstendruck oder durch schlechten Unterbau und flache Stellen in den Wagenrädern und schließlich auch bei ventilierten Motoren das Ansaugen von verunreinigter Luft, können Rundfeuer hervorrufen.

Diese Kurzschlußgefahren für den Bahnmotor müssen daher schon in seinem elektrischen Entwurf berücksichtigt werden. Eine wichtige Rolle spielt hierbei die Segmentspannung. Es ist möglich, durch Dimensionierung der Form des Hauptpolluftspalts sowie durch Wahl einer überwiegenden AW-Zahl für den Hauptpol gegenüber der des Ankers bei allen Belastungen die Segmentspannungen nahezu konstant zu halten. Man baut praktisch kurzschlußsichere Motoren bis zu einer Maximalsegmentspannung von ca. 22 V, die sich aus der mittleren Segmentspannung durch Multiplikation mit dem Verhältnis von Polteilung zu Polbogen errechnet.

Trotz des sehr beengten Raumes wird man den Kommutator so groß bauen, wie dies konstruktiv nur zulässig ist; vor allem scharfe Kanten und Ecken an Kommutator und Bürstenhalter vermeiden. Eine möglichst massive Bürstenhalterkonstruktion in Verbindung mit elektrographitierten Bürsten, sowie die Anordnung von mindestens zwei Bürsten pro Spindel geben Gewähr dafür, daß die Verbrennungen bei eintretendem Kurzschluß in betriebsmäßig erträglichen Grenzen bleiben. Große Abstände der Bürstenhalter nach dem Gehäuseeisen sorgen dafür, daß auch bei ionisierter Luft, die sich bei langer Fahrt unter Überlast bilden kann, ein Kurzschluß nach Erde infolge von Schaltvorgängen erschwert wird.

Als eine Sonderart der soeben beschriebenen Kurzschlüsse ist das Grobschalten zu bezeichnen.

Unter Grobschaltung von Motoren versteht man die direkte Einschaltung auf das Netz bei kleinen Motoren und unter Einschaltung einer Zwischenstufe bei größeren Maschinen. Die bei der Grobschaltung auftretenden Schaltvorgänge sind von C. Trettin ETZ 1912, Heft 30, S. 759, und von R. Rüdenberg, „Elektrische Schaltvorgänge", Berlin 1923, S. 120, behandelt worden. Für die vorliegende Arbeit interessiert lediglich die Beanspruchung der Bürste. Der Unterschied zwischen der Belastung einer Bürste im Moment des Kurzschlusses und der Belastung im Augenblick der Grobschaltung besteht nun darin, daß die kurzgeschlossene Maschine rotiert, während der Kommutator bei Grobschaltung stillsteht oder nur sehr langsam läuft. Im ersteren Falle hat man die Gefahr der Zündung bei guter Kühlung. Im Falle der Grobschaltung hingegen liegt keine Zündgefahr vor, dafür aber ist die Kühlung schlecht und lediglich durch die Wärmekapazität von Kommutator und Bürstenapparat gegeben. Es liegt also im Falle der Grobschaltung eine Verbrennung am Kommutator vielmehr im Bereich der Möglichkeit wie im Falle des Kurzschlusses, der ja, wie ausgeführt, durchaus nicht immer mit einer Zündung verbunden sein muß. Um die Beanspruchung, welche auf die Bürste kommt, diskutieren zu können, muß man den maximalen Wert des Ankerstromes und dessen Dauer kennen. Die Größe des Stoßes ist gegeben durch die Induktivität des Ankers sowie durch die Größe des Ohmschen Widerstandes im Gesamtkreis. Je nach Verteilung dieser Werte wird sich nach einer bestimmten Zeit ein Maximalwert des Stromes einstellen. Um die Bürste zu entlasten, wird man also alle diejenigen Mittel anwenden, welche die Größe dieses Stromanstieges herabdrücken. Ganz allgemein werden Hauptstrommotoren in dieser Beziehung wesentlich günstiger sein als Motoren mit Nebenschlußcharakteristik, denn die Feldwicklung wirkt als Vorschaltwiderstand und hat eine sehr kleine Zeitkonstante. Müssen daher Maschinen mit Nebenschlußcharakteristik grob geschaltet werden, so wird man sie kompensieren und außerdem mit einer Kompoundwicklung versehen. Man wird ferner die Nebenschlußwicklung für niedrige Spannung auslegen, um die Trägheit im Aufbau des Hauptfeldes zu verringern. Dadurch wird die Bildung des Drehmoments beschleunigt. Alle diese Maßnahmen sind wichtig für die Begrenzung des Stromstoßes nach seiner absoluten Größe und Dauer und tragen damit zur Entlastung der Bürste bei. Bei Motoren für hohe Spannungen, also kleine Ströme, kann man außerdem durch Wahl einer niedrigen Stromdichte die Belastung der Bürste im Moment des Stoßes herabmindern. Versuche an kleineren Motoren mit Grobschaltung haben ergeben, daß die positive Bürste das stärkere Feuer zeigt. Dies ist so zu erklären, daß im Augenblick des Stoßes, wo die Bürste eine hohe Überlast bis zum 10fachen des normalen Wertes erleidet, feinste Teile der Kohle verdampfen, während am Minusmotorpol eine Verdampfung von Segmentkupfer stattfindet, was äußerlich nicht in dem Maße als Lichtbogen in Erscheinung tritt.

Motoren für Grobschaltung finden nur für kurzzeitige Betriebe und Sonderzwecke Verwendung; man wird daher auch an das Aussehen des Kommutators nicht die Anforderungen stellen wie bei stationären Maschinen. Leichte Anbrennungen am Kommutator infolge Grobschaltung werden daher in Kauf genommen, sofern die Betriebsfähigkeit der Maschine hierdurch nicht leidet. Es werden fast ausschließlich elektrographitierte Bürsten verwendet.

2. Drehstromseitiger Anlauf von Einanker-Umformern.

Die während des drehstromseitigen Anlaufs am meisten beanspruchten Konstruktionsteile eines Einankerumformers sind der Kommutator, die Dämpferwicklung und die Bürsten. Es treten während dieses Vorganges, bei welchem der Umformer als Asynchronmotor arbeitet, hohe Transformatorspannungen unter der Bürste auf, welche im Augenblick des Einschaltens, wenn der Anker noch stillsteht, am größten sind. Ein Teil der drehstromseitig zugeführten Energie setzt sich also direkt unter der Bürste durch Kurzschlußströme in Joulesche Wärme um und es ist keine Seltenheit, daß besonders bei Hochstromumformern, deren Anker ein großes Trägheitsmoment besitzen, ein Aufglühen der Bürsten stattfindet.

Um die Transformatorspannung herabzudrücken, muß also das Drehfeld dort, wo es auf die Bürste wirken kann, abgeschirmt werden. Man pflegt daher speziell unter den Wendepolen Schirmbleche aus Kupfer anzuordnen und außerdem den Luftspalt des Wendepols möglichst reichlich zu dimensionieren. Der wirksamste Schutz der Bürsten besteht im Abheben derselben vom Kommutator während der Anlaufperiode, eine Praxis, welche in Amerika geübt wird, sich aber in Europa nicht hat einführen können.

In Abb. 97a—d ist der drehstromseitige Anlauf eines Einankerumformers oszillographisch dargestellt. Die obere Kurve stellt den aufgenommenen Strom auf der Hochvoltseite, die untere Kurve die Spannung zwischen zwei Bürstenspindeln dar. Man sieht, wie zu Beginn des Anlaufs die volle Periodenzahl des Netzes auf die durch die Bürste kurzgeschlossenen Spulen zur Auswirkung gelangt. Mit zunehmender Drehzahl nimmt die Schnittgeschwindigkeit des Drehfeldes relativ zur Ankerwicklung ab. Dadurch wird auch die Transformatorspannung geringer. Dennoch kann man manchmal beobachten, daß das schwerste Bürstenfeuer nicht in der ersten Periode des Hochlaufens eintritt, sondern erst, wenn der Umformer bereits 50% seiner synchronen Drehzahl erreicht hat. Das hängt damit zusammen, daß mit abnehmender Umfangsgeschwindigkeit des Drehfeldes auch die Dämpferstäbe und die Schirmbleche unter den Wendepolen in ihrer von der Frequenz abhängigen dämpfenden Wirkung nachlassen, so daß die Transformatorspannung zwar in der Frequenz kleiner, doch dem absoluten Werte nach größer wird.

Die Anordnung der Dämpferwicklung selbst ist natürlich ein bestimmender Faktor für die Güte des Anlaufes und die Beanspruchung der Bürste. Da es bis heute nicht gelungen ist, für Dämpferwicklungen eine einwandfreie Berechnungsmethode aufzustellen, wird man stets Umformer mit sehr gutem, aber auch solche mit elektrisch wenig günstigem Anlauf finden.

Es gibt Umformer, welche sich ganz allmählich dem Synchronismus nähern; das sind diejenigen, welche auch eine langsame Abnahme der Energie unter der Bürste ergeben. Im Gegensatz hierzu stehen Umformer mit anders entworfenen Dämpferwicklungen, die mit einem Sprung in Synchronismus fallen und dabei ein Aufglühen der Bürsten zeigen. Weit schwieriger aber sind für die Bürste noch diejenigen Anlaßvorgänge, bei denen der Umformer auf einer Zwischendrehzahl hängen bleibt oder infolge toter Punkte überhaupt nicht anläuft. Diese toten Punkte im Drehmoment stellen für die Bürste eine ganz außerordentlich harte und nutzlose Beanspruchung dar. Derartige Fälle sind durch Erhöhung der Schleifring-Anfahrspannung zu bessern, sofern die Bürsten in der Lage sind, die gesteigerte Transformatorspannung zu ertragen; andernfalls führt eine teilweise Änderung der Dämpferwicklung zum Ziel.

Der Anlaufvorgang wird durch das Intrittfallen des Ankers in den Synchronismus beendet. Die Wechselspannung zwischen den Bürstenspindeln wird zur Gleichspannung Abb. 97c. Da aber die Polarität auf der Gleichstromseite des Umformers von vornherein nicht bestimmt ist, so kommt es vor, daß der Umformer mit einer dem Netz entgegengesetzten Polarität in Synchronismus läuft. Es muß dann ein Umpolvorgang stattfinden, welcher meistens nicht ohne eine erhebliche Beanspruchung der Bürste vonstatten geht. Der Anker schlüpft um einen Pol, d. h. das Drehfeld wandert über die Lücke des Wendepols von einem Hauptpol zum nächstfolgenden. Es geht also praktisch ohne Dämpfung über die durch die Bürste kurzgeschlossene Spule. Die Folge davon ist Bürstenfeuer, welches während der ganzen Zeit des Umpolens Bürste und Kommutator beansprucht. Dieser Umpolvorgang ist in dem Oszillogramm Abb. 95d zu sehen.

Für Leistungen von 100 kW aufwärts bis zu den höchsten Leistungen verwendet man für Einanker wohl ausschließlich hochgraphitische oder elektrographitierte Bürsten. Die letzteren haben sich für den Vorgang des drehstromseitigen Anlaufs infolge ihrer Fähigkeit,

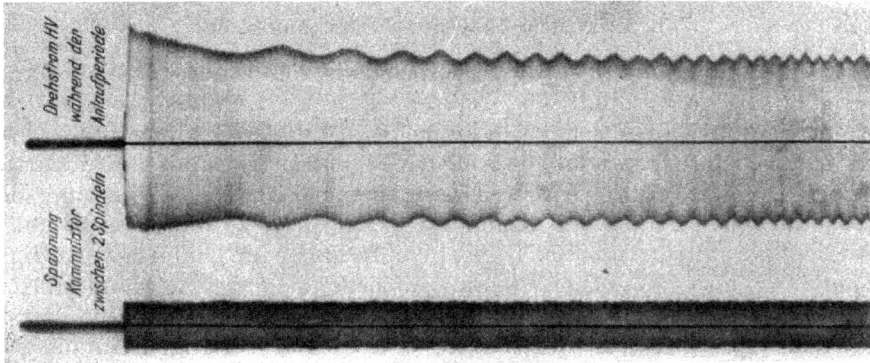

Drehstrom HV während des Anlaufperiode

Spannung Kommutator zwischen 2 Spindeln

a) Beginn des Anlaufs.

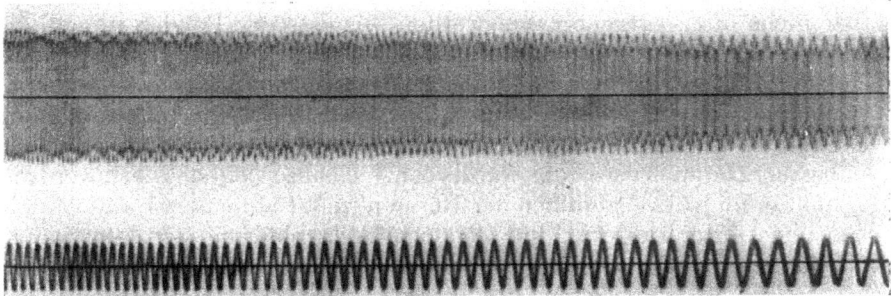

b) Beschleunigung des Ankers.

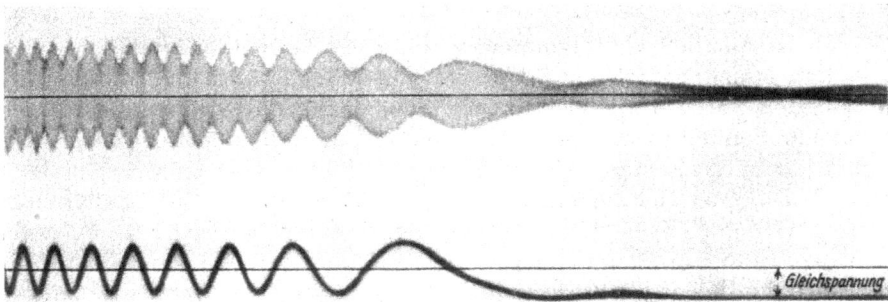

Gleichspannung

c) Der Anker fällt in Synchronismus.

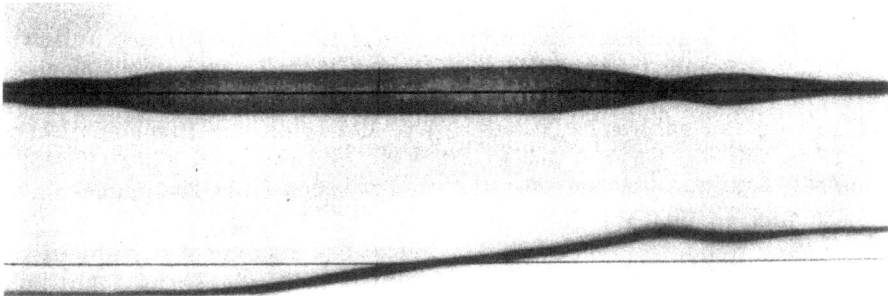

d) Umpolvorgang.

Abb. 97 a—d. Oszillogramm des drehstromseitigen Anlaufes eines Einanker-Umformers.

Transformatorspannungen aufzunehmen, als wesentlich besser geeignet erwiesen als hochgraphitische Bürsten. Diese sind für drehstromseitigen Anlauf nur bei einer sehr vollkommenen Dämpferwicklung brauchbar. Es hat sich ferner gezeigt, daß elektrographitierte Bürsten den Vorteil besitzen, einen Teil des Anfahr-Drehmoments, nämlich die Reibung der Ruhe zwischen Bürste und Kommutator, geringer zu halten als Bürsten der hochgraphitischen Serie. Dies ist von Interesse für Umformer niedriger Spannung, also 115—230 V, wenn man bedenkt, daß eine Kommutatorbestückung mitunter aus mehreren Hundert Bürsten besteht.

Aus diesen Ausführungen über den drehstromseitigen Anlauf von Umformern ist die wichtige Rolle, die hierbei die Bürste spielt, ersichtlich. Der Anlaufvorgang ist stets eine Gewaltmaßnahme und sollte daher nicht öfter vorgenommen werden, als dies der Betrieb unbedingt verlangt. Zwischen zwei Anläufen sollte immer eine Betriebsperiode liegen, damit geringe Beschädigungen des Kommutators wie Anbrennungen der Segmente ausgeglichen werden. Ein öfter hintereinander wiederholtes drehstromseitiges Hochfahren muß den Kommutator selbst bei bester Dämpferwicklung verderben. Ebenso leiden hierunter die Bürsten, denn jedes Aufglühen der Bürsten findet ja nicht wie im elektrischen Ofen unter Luftabschluß, sondern in Verbindung mit dem Sauerstoff der Luft statt. Wird daher eine Bürste, besonders noch bei einer stark ventilierten Maschine, des öfteren zum Aufglühen gebracht, so muß sie notwendigerweise in ihrem Gefüge und damit in ihrer Qualität Schaden nehmen.

Es ist möglich, die Dämpferwicklung mit hohem Ohmschen Widerstand zu bauen, so daß ein bequemes und schnelles Hochfahren des Ankers erzielt wird. Ihr Nachteil liegt aber darin, daß sie den Umformer nicht vor Pendelungen ausreichend schützt, denn dazu gehört ein Käfig mit kleinem Widerstand. Pendelungen bedeuten aber immer Bürstenfeuer. Dämpferwicklungen mit hohem Widerstand sind daher aus diesem Grunde ungeeignet und von der Praxis verworfen. Die Praxis gab den Beweis, daß auch schwierige Anläufe mit den heute auf dem Markt befindlichen elektrographitierten Kohlen beherrscht werden.

3. Die Farbe des Bürstenfeuers, Politur und chemische Einflüsse.

Wenn an irgendeiner Kommutatormaschine Bürstenfeuer auftritt, so ist dies — wenigstens bei Gleichstrommaschinen — immer ein Zeichen dafür, daß die Maschine nicht in vollkommener Weise kommutiert. Hierbei gibt es nun zahlreiche Nuancen, und der erfahrene Ingenieur ist in der Lage, aus der Farbe, der Form und der Intensität des Bürstenfeuers zu erkennen, in welcher Richtung er seine Untersuchungen nach dem Fehler in der Maschine anzustellen hat.

Kleine wendepollose Maschinen zeigen fast immer an der ablaufenden Kante geringes Bürstenfeuer. Dasselbe ist als absolut ungefährlich

zu bezeichnen. Dies wird auch in der Praxis dadurch bestätigt, daß diese
Maschinen trotz geringen Bürstenfeuers eine sehr gute Kommutatorpolitur
annehmen. Auch etwas stärkeres Perlfeuer weißlicher Farbe, insbesondere
bei großen Gleichstrommaschinen und Einankerumformern, ist als ungefährlich zu bezeichnen. Voraussetzung hierbei ist natürlich, daß der
Kommutator selbst nicht angegriffen wird und daß er sich im Laufe
der Betriebszeit trotz dieses Bürstenfeuers mit Politur bezieht.

Ganz allgemein läßt sich sagen, daß, solange das Bürstenfeuer an
der ablaufenden Kante in runder Form stehenbleibt, eine Gefahr nicht
vorhanden ist. Meistens hat dieses Feuer auch eine etwas weißbläuliche
Farbe, und es rührt nicht von der Gleichstromkommutierung, sondern
von den Oberwellen her. Es ist also ein reines Wechselstromfeuer, welches, wie später dargelegt wird, in bezug auf den Kommutator keine
anbrennenden und schädigenden Wirkungen innerhalb gewisser Grenzen
hervorruft. Sobald aber das Bürstenfeuer von der runden Form in eine
dreieckige Form übergeht, also gewissermaßen mit einer Spitze aus
der Bürste hervortritt, ist mindestens nicht mehr auf einen einwandfreien Dauerbetriebszustand zu rechnen. Die Entwicklung des Drei-
eckfeuers aus dem runden Perlfeuer steht in innerem Zusammenhang mit der Gleichstromkommutierung. Derartiges Bürstenfeuer, welches auch keine blauweiße Farbe, sondern mehr einen
gelben Schein in sich trägt, greift stets den Kommutator an und im
besonderen diejenigen Segmente, welche an die ablaufenden Stäbe jeder
Nut angeschlossen sind. Die Größe dieses Zungenfeuers kann selbstverständlich variieren. Für Maschinen, die nur einige Stunden pro Tag
in Betrieb sind, ist auch ein derartiges Feuer zu ertragen, sofern die Kommutatoren stets rechtzeitig im Auslauf überschliffen werden. Bei Maschinen für Dauerbetriebe ist indes mit Zungenfeuer ein Betrieb nicht
aufrechtzuerhalten. Es müssen Abänderungen getroffen werden, sei
es durch Wechsel der Bürstenqualität oder durch Änderungen an
der Maschine. Wird dieses Bürstenfeuer zum ausgesprochenen Spritzfeuer, so kann ein Kommutator in wenigen Stunden derartig verdorben
sein, daß ohne ein Abdrehen jeder weitere Versuch Resultate ergibt,
aus denen man keine logischen Schlüsse mehr ziehen kann. Soweit
das Gleichstrombürstenfeuer von Maschinen, welche einen elektrischen Fehler in sich tragen.

Mechanische Fehler des Kommutators zeigen sich durch eine grün-
liche Farbe des Bürstenfeuers an. Es ist das typische grüne Feuer der
Kupferverbrennung. Eine Abhilfe ist nur dadurch möglich, daß der
Kommutator in einen mechanisch festen Zustand versetzt wird.

Ganz anders liegen die Verhältnisse beim Bürstenfeuer von
Wechselstrommaschinen. Dieses Feuer hat eine ausgesprochen
blauweiße Farbe; speziell das Perlfeuer hat einen blauen Kern mit
weißer Umhüllung. Es ist das Interessante am Wechselstrombürsten-

feuer, daß es seiner absoluten Größe nach infolge der Transformator-
EMK das Bürstenfeuer bei Gleichstrom wesentlich übersteigt, ohne
indes die zerstörenden Eigenschaften des letzteren auf den Kommutator zu haben. Es ist aus der Praxis bekannt, daß die Stärke eines
Wechselstrombürstenfeuers bei Gleichstrom nicht mehr tragbar wäre,
ohne daß der Kommutator zerstört wird. Speziell bei großen Ein-
phasenlokomotivmotoren werden sehr große Anforderungen an
Bürste und Kommutator bezüglich ihrer Widerstandsfähigkeit gegen
Bürstenfeuer gestellt und der Betrieb zeigt, daß dieses Bürstenfeuer,
selbst wenn es mit Aufglühen der Bürsten verbunden ist, keine nach-
haltigen Zerstörungen am Kommutator hervorruft.

Eine Erklärung hierfür ist, wie bereits an anderer Stelle erwähnt,
im steten Wechsel der Stromrichtung, also dem Fehlen der Polarität
und ihren Folgeerscheinungen zu suchen. Ferner muß aber auch bedacht werden, daß unser Auge bei Wahrnehmung von Bürstenfeuer
nicht zu unterscheiden vermag, ob eine Glüherscheinung an der Bürstenkante $1/10$ Sekunde oder $1/1000$ Sekunde dauert. Auf die Spitze der Trans-
formator-EMK-Welle (stark verzerrte Sinuskurve) trifft aber immer
nur hin und wieder ein Segment und dieser Vorgang dauert z. B. bei
einer Netzfrequenz von $16^2/3$ Perioden und 40 m/s Kommutatorumfangsgeschwindigkeit in Verbindung mit einer 12 mm breiten Bürste nur
$1/3330$ Sekunde. Aus dieser überschläglichen Rechnung folgt, daß unserem
Auge das Wechselstrombürstenfeuer bezüglich seines Energieinhaltes
viel bedeutender erscheint, als es in Wirklichkeit ist. Die an Einphasen-
Wechselstrom-Vollbahnmotoren oft beobachtete gute Politur auf dem
Kommutator und blanke Bürstenlauffläche bestätigen die Richtigkeit
dieser Überlegung.

Bei den Drehstrom-Kommutatormotoren, welche gleiche Betriebsbedingungen wie stationäre Gleichstrommaschinen haben, muß man
allerdings wegen des zulässigen Bürstenfeuers, besonders bei einer Netzfrequenz von 50 Hertz und bei Dauerbetrieb Vorsicht walten lassen.
Dies ändert aber nichts an der vorher erwähnten Tatsache von dem
überschätzten Energieinhalt des Wechselstromfeuers.

In dem Kapitel über die elektrophysikalischen Vorgänge zwischen
Ring und Bürsten wurde bereits auf die unter dem Einfluß des Stromübergangs gebildete Politur hingewiesen und daß dieselbe nur von den
anodischen Bürsten (Stromrichtung Bürste —→ Kommutator) erzeugt
wird. An den kathodischen Bürsten (Stromrichtung Kommutator —→
Bürste) findet eine Politurbildung nicht statt. Trennt man daher die
Plus- und Minusbürsten in der Weise, daß man dieselben je auf einem
Kommutator laufen läßt — eine Ausführung, die man z. B. bei Umformern hoher Klemmenspannung vereinzelt findet — so prägt sich das
polare Verhalten in bezug auf die Politurbildung in sinnfälligster Weise
aus. Der mit anodischen Bürsten besetzte Kommutator erhält in kurzer

Zeit Politur, während der andere Kommutator eine mattrote Farbe mit Neigung zur Riefenbildung aufweist.

Es ist daher wichtig, daß die Versetzung der Bürsten auf einem Kommutator paarig erfolgt; d. h. die Bürsten von zwei aufeinander folgenden Spindeln müssen auf denselben Bahnen schleifen. Das folgende Spindelpaar wird dann zweckmäßig auf Lucke des vorhergehenden gesetzt. Versäumt man diese Anordnung, so wird je nach der Art des Betriebes der Kommutator streifenweise mehr oder weniger angegriffen. Dies gilt im besonderen für Kommutatoren in chemischen Betrieben, bei denen dieser Vorgang infolge der gashaltigen Luft und des dadurch begünstigten Kupferansatzes unter den Bürsten beschleunigt wird.

In der Praxis betrachtet man die Politur stets als ein Kriterium dafür, daß der Kommutator sich in einem stabilen Betriebszustande befindet. Die Art der Politur selbst hängt ganz von der Bürstenqualität und dem Segmentkupfer ab; ferner von der Güte der Kommutierung und der Stromdichte. Hochgraphitische Kohlen pflegen im allgemeinen in sehr kurzer Zeit eine ziemlich dichte Politurhaut zu erzeugen, und dies geht sogar so weit, daß die Politur sich über die Segmente hinaus erstreckt, was als Übelstand zu bezeichnen ist. Gleichzeitig mit dieser Erscheinung der Politurbildung findet ein sehr rasches Einlaufen der Bürstenlauffläche statt. Bei den elektrographitierten Kohlen hingegen bildet sich die Politur sowie eine vollkommene Bürstenlauffläche nur sehr langsam. Die Politur von elektrographitierten Kohlen hat im allgemeinen niemals die etwas bestechenden Farben des von den Hochgraphitkohlen gebildeten Überzugs. Der Vorteil der elektrographitischen Politur ist aber der, daß ein Wachsen derselben über die Segmente hinaus gar nicht oder nur in ganz feinen Ansätzen stattfindet.

Eine interessante Folge der Politurbildung ist die Verminderung der Reibung und der Anstieg der Bürstenübergangsspannung. Das letztere ist leicht erklärlich, denn wenn der Kommutator mit Politur überzogen ist, arbeitet ja die Bürste nicht mehr mit blankem Kupfer als Gegenpol, sondern mit einem durch die Zusammensetzung der Politur gegebenen Fremdmaterial. So angenehm diese Erscheinung speziell bei allen kommutierenden Maschinen ist, so unangenehm kann sie bei Schleifringen werden, wo mit der Erhöhung der Übergangsspannung auch eine Zunahme der Übergangsverluste eintritt. Dies letztere ist bei Schleifringen, welche bezüglich ihrer Erwärmungsgrenze ungünstiger dimensioniert sind als Kommutatoren, unter Umständen bedenklich.

Jede Bürstenqualität stellt sich ihre eigene Politur her und zeigt gegenüber fremder Politur ein unterschiedliches Verhalten bezüglich Kommutierung und Stromübergang. Es ist bekannt, daß man in schwierigen Fällen die Hochgraphitkohle dazu benutzt, um auf einem Kom-

mutator in kurzer Zeit Politur zu erzeugen, indem man z. B. die Maschine
mit Halblast laufen läßt. Setzt man auf einen derartig vorpolierten
Kommutator eine elektrographitierte Bürste, so zeigt sich, daß dieselbe
die Politur des Kommutators in mehr oder weniger kurzer Zeit verändert
und auf die ihr zugehörigen Übergangs- und Reibungsverluste erst dann
kommt, wenn die Politur im Sinne des eigenen Gefüges und der eigenen
Zusammensetzung umgewandelt ist. Kommutatoren ohne Strom geben
praktisch keine Politur oder brauchen zur Bildung eines geringen Schim-
mers sehr lange Zeit. Politurbildung ist daher ein ausgesprochen
elektrochemischer Prozeß. und es ist daher nicht zu verwundern, wenn
durch äußere chemische Einflüsse eine Veränderung der Kommutatorpolitur stattfindet.

Dies ist das große Problem bei allen elektrochemischen Betrieben. Man findet selten in elektrochemischen Anlagen Kommutatoren mit Politur, ganz unabhängig davon, welcher Art die Gase sind.
Der Kommutator verliert stets in mehr oder weniger kurzer Zeit unter
dem Einfluß der Gase seine polierte Lauffläche, und damit wird auch ein
erheblicher Einfluß auf die Reibungsverhältnisse, auf den mechanischen
Lauf der Bürste, auf die Empfindlichkeit der Segmente gegen Riefenbildung sowie auf die Kommutierung ausgeübt. Kommutatoren und
Schleifringe sind gegen Gase derartig empfindlich, daß bei Wechsel
der Windrichtung ihre Oberfläche sich in günstigem oder ungünstigem
Sinne verändert. Es ist gerade dieses Problem auch heute noch verhältnismäßig wenig geklärt, und man kann nicht sagen, ob hochgraphitische oder elektrographitierte Bürsten auf das eine oder andere Gas
mehr oder weniger reagieren. Man hat Betriebe, in denen fast ausschließlich hochgraphitische Bürsten erfolgreich arbeiten; aber man hat auch
Betriebe, wo elektrographitierte Bürsten sehr guten Betrieb ergeben.
Es muß auch bedacht werden, daß sich die chemischen Einflüsse in
verschiedener Weise auf die bei einer Bürste vorkommenden Kontakt-
flächen auswirken können. Ein Gas wird sich verschieden verhalten
gegenüber dem Kontakt der Bewegung zwischen Kommutator und Bürste
und dem Kontakt der Ruhe zwischen Bürste und Armatur. Gerade der
letztere Kontakt ist durchaus nicht unempfindlich gegen den Einfluß
von Säuren, und zwar im besonderen bei porösen, hochgraphitischen
Kohlen. Manche Frage der ungleichmäßigen Stromverteilung findet ihre
Klärung in der chemischen Einwirkung auf ruhende Kontakte.

Es ist zu erhoffen, daß durch Sammlung und Austausch von technischen Erfahrungen in dieses interessante Gebiet der chemischen Beeinflussung der Kommutierung allmählich mehr Klarheit gebracht wird.
Damit wird dem wichtigen Zweig der elektrochemischen Industrie
zweifelsohne ein großer Dienst erwiesen werden, doch müssen die elektrischen Abteilungen dieser Industrie in erster Linie an der Lösung dieses
Problems mitarbeiten, denn nur der monatelange praktische Betrieb

und die Aufzeichnung der dabei gemachten Erfahrungen können erfolgreich weiterhelfen.

4. Ableitung hoher Gleichstromstärken von Kommutatoren.

Stromverteilung.

Sehr hohe Stromstärken findet man in Verbindung mit niedrigen Spannungen sowohl bei Gleichstrom- als auch bei Wechselstrommaschinen. Man baut Gleichstrommaschinen und Einankerumformer für Ströme von 12000 bis 15000 A pro Kommutator bei Spannungen von 115 —300 V; Gleichstrom-Niederspannungsmaschinen bei Spannungen von 5 V für noch höhere Stromstärken. Einphasenwechselstrom-Lokomotivmotoren sind bei 300 V für 9000 A Stundenstrom mit einen Kommutator gebaut worden. Da bei Gleichstrommaschinen 1000 A pro Polpaar erfahrungsgemäß bereits einen hohen Wert darstellen, so müssen zur Ableitung der obengenannten Stromstärken viele Spindeln des Bürstenapparates parallel geschaltet werden. Damit erhebt sich die Frage nach der Stromverteilung.

Während bei Maschinen mit zwei bis vier Polpaaren und Spindelströmen bis 800 A keine besonderen Schwierigkeiten in der Stromabnahme auftreten, wird die gleichmäßige Verteilung des Stromes auf die Gesamtheit der Bürsten bei Stromstärken von 1000 A pro Spindel und mehr sowie bei Maschinen mit hoher Polpaarzahl ein Problem, bei dessen Lösung die rechnerische Grundlage nicht ausgeschaltet werden sollte.

Es sei im folgenden unterschieden zwischen der Verteilung des Stromes auf sämtliche Bürsten einer Spindel und der Verteiluug des Gesamtstromes über die Sammelringe auf die einzelnen Spindeln. Es gilt der Satz: Die Regulierung der Stromverteilung auf die Bürsten einer Spindel erfolgt hauptsächlich durch die Form der Stromspannungscharakteristik der Bürstenqualität, während die Stromverteilung auf die einzelnen Spindeln durch die Ohmschen Widerstände der Sammelringe und den Absolutwert der Bürstenübergangsspannung gegeben ist.

Die enorme Wichtigkeit einer richtigen Dimensionierung der Sammelringe und der Spindeln in Verbindung mit der Wahl einer bestimmten Bürstenqualität wird nicht immer vollkommen erkannt. Man wird rasch zu der Erkenntnis der Bedeutung dieser Konstruktionsteile einer Gleichstrommaschine kommen, wenn man z. B. einen Hochstromumformer von der Entfernung aus betrachtet. Man sieht einen großen Kommutator, auf welchem mehrere 100 Bürsten laufen. Über diese Bürsten wird der ganze Energiefluß, den die Maschine herzugeben hat, geleitet. Die Bürsten sind für die hohen Ströme einer solchen Maschine zarte Konstruktionsteile, die in der mannigfaltigsten Weise beansprucht werden. Sie sind mechanisch durch Reibung und Stöße beansprucht, und sie werden elektrisch und damit auch kalorisch belastet. Sie müssen kommutieren und sollen gleichzeitig die Stromverteilung regulieren, also wie ein Relais wirken. Von einem Relais verlangt man, daß es bei Überlast anspricht; tut dies aber die Bürste, so ist es vom Übel. Denn wenn Überlast auf eine Bürste kommt, so beginnt sie zu glühen, zum mindesten aber fangen die Litzen an zu verglühen, und dies ist der Zustand, welcher unter allen Umständen vermieden werden muß. Also auch die Grenzen, in denen die Bürsten die Stromverteilung ·verschieben dürfen, sind eng begrenzt.

Sammelringe und Spindeln müssen daher so reichlich bemessen werden, daß den Aufgaben der Bürste selbst weitgehende Entlastung zuteil wird; denn die zahlreichen Nebenerscheinungen, welche die Gleichmäßigkeit der Stromabnahme an und für sich ungünstig beeinflussen, entziehen sich jeglicher Berechnung und sind oft von Faktoren abhängig, auf die der Konstrukteur einer Maschine keinen Einfluß mehr hat.

Es sei zunächst die Stromverteilung auf die Bürsten einer Spindel behandelt.

Zur Erläuterung des Einflusses, welchen die Strom-Spannungscharakteristik auf die Stromverteilung der Bürsten einer Spindel ausübt,

Abb. 98. **Spannungsabfälle in der Bürstenspindel eines vierpoligen Gleichstrom-Niederspannungs-Generators. 15 kW 30 Volt 1500 Amp 1000 U/min.**
Daten: 9 Bürsten pro Spindel, Bürstenlauffläche 25×32 mm², Bürstenqualität: Hochgraphit mit Metallflittern. Maschinenstrom bei der Messung [40% Überlast]: 2100 Amp Spindelstrom I, gemessen: 1090 Amp.

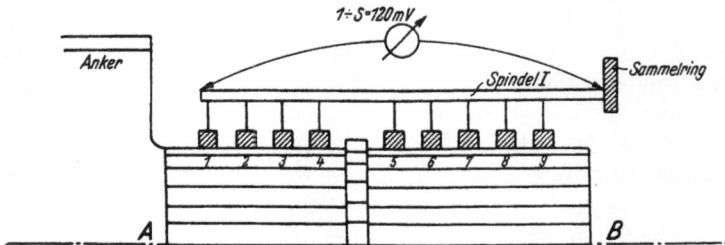

Meßpunkte a. d. Spindel I	$1\div2$	$1\div3$	$1\div4$	$1\div5$	$1\div6$	$1\div7$	$1\div8$	$1\div9$	$1\div S$
Millivolt	2	4	9	32	43	56	71	95	120

wurden Messungen an einer Niederspannungsmaschine von 30 V und 1500 A gemacht. Diese Messungen erfolgten in der Weise, daß bei konstant gehaltenem Ankerstrom die Spannungsabfälle an den 4 Spindeln mittels eines Milli-Voltmeters gemessen wurden. Die Meßanordnung und die Meßresultate der Spindel I sind in der folgenden Zahlenreihe Abb. 98 zusammengestellt.

Wie kommt man nun von diesen Meßwerten auf den wirklichen in jeder einzelnen Bürste fließenden Strom? Die Stromverteilung wurde nach einem einfachen graphischen Verfahren ermittelt, welches in Abb. 99 dargestellt ist.

Der Linienzug L_1 stellt den Spannungsverbrauch in der Spindel I von A bis B bei gleichmäßiger Stromverteilung auf die 9 Bürsten dar.

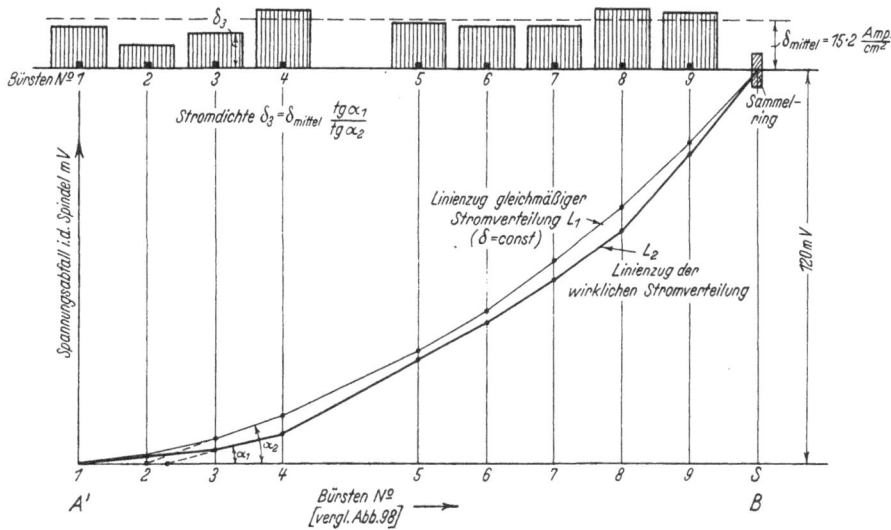

Abb. 99. Stromverteilung auf die Bürsten der Spindel I.

Die Spannung nimmt zwischen Bürste 1 und 4 sowie 5 und 9 nach einer arithmetischen Reihe zu, und es werden 120 mV verbraucht.

Der Linienzug L_2 stellt den Spannungsverbrauch in der Spindel I von A bis B bei der wirklichen Stromverteilung auf die 9 Bürsten gemäß Meßreihe I Abb. 98 dar.

Je steiler nun die Linie der Spannungsabfälle ansteigt, desto höher ist der der Bürste entnommene Strom. Es läßt sich aus Abb. 99 leicht ablesen, daß sich die wirkliche Stromdichte pro Bürste ergibt zu

$$\delta_{\text{wirkl.}} = \delta_{\text{mittel}} \cdot \frac{\text{tg}\,\alpha_1}{\text{tg}\,\alpha_2}.$$

Diese Stromdichten δ_1 bis δ_9 sind in der Abb. 99 eingezeichnet und man sieht, wie die Stromdichte nach der Sammelringseite zunimmt. Die Werte der einzelnen Stromdichten schwanken um 22% nach oben und in einem Fall um ca. 50% nach unten. Abgesehen von dieser einen Bürste Nr. 2 Abb. 99, welche wenig Strom führt, ist die Stromverteilung für eine Niederspannungsmaschine als gut zu bezeichnen. Die Stromstärke pro Spindel betrug bei der Messung 1090 A, die mittlere Stromdichte pro Bürste 15,2 A/cm². Die mit einem 3-V-Instrument aufgenommene mittlere Übergangsspannung an den Bürsten betrug 0,5 V. Die verwendete Kohlenmarke war eine hochgraphitische Bürste mit fein verteilten Metallflittern, deren laboratoriumsmäßig aufgenommene Stromspannungskurve in Abb. 100 dargestellt ist.

Trägt man nun die wirklichen 9 Stromdichten in Verbindung mit dem gemessenen mittleren Spannungsabfall von 0,5 V in die Strom-

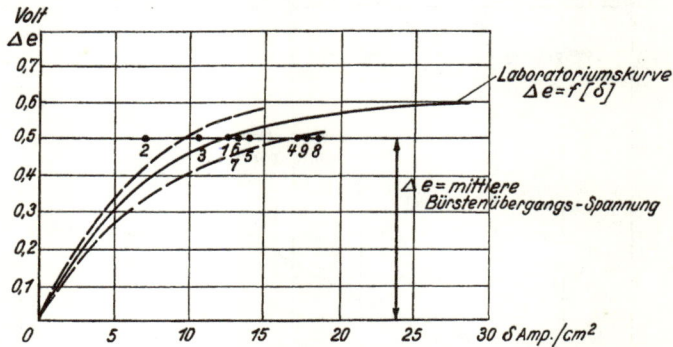

Abb. 100. Verlagerung der Bürsten-Charakteristik durch äußere Einflüsse. Die Punkte 1—9 sind die errechneten Stromdichten aus Abb. 99.

spannungscharakteristik der Bürstenqualität ein, so ergibt sich eine Kurvenschar. Die Variation dieser Kurvenschar ist nicht auf eine unterschiedliche Bürstenqualität, sondern auf die zahlreichen Einflüsse zurückzuführen, unter denen die Bürste im wirklichen Betriebe ihre Übergangsspannung gegenüber der laboratoriumsmäßig gemessenen ändert. Es sind dies die bereits oft besprochenen Einflüsse wie mechanischer Lauf, Temperatur, Zustand der Lauffläche der Bürsten und Zustand der Lauffläche des Kommutators, ferner Bürstendruck und Güte der Montage, Art der Aufstellung der Maschine usw. Aus dieser Kurvenschar ergibt sich nun, daß die 9 Punkte der Stromdichte um so näher zusammenrücken, je geringer der Wert der mittleren Stromdichte gewählt wird. Also: je niedriger man von vornherein die Stromdichte wählt, desto größer wird die Sicherheit bezüglich gleichmäßiger Stromverteilung sein. Man arbeitet dann innerhalb des Knies der Stromspannungscharakteristik und zu jeder Mehrbelastung einer Bürste stellt sich eine namhafte Erhöhung der Übergangsspannung ein, die regulierend wirkt.

Aus dieser Überlegung ergibt sich der scheinbare Widerspruch, daß mit Erhöhung der Bürstenzahl pro Spindel eine gleichmäßigere Verteilung des Stromes auf die Bürsten zu erwarten ist.

Umgekehrt ergibt sich auch, daß die 9 Punkte immer weiter auseinander zu liegen kommen, je höher der Mittelwert der Stromdichte eingesetzt wird; d. h., der Zustand der Stromverteilung pro Spindel wird immer labiler. Es läßt sich ferner aus dieser Kurvenschar ablesen, daß die zu einer bestimmten Zeit bei einem bestimmten Strom gemessene Stromverteilung kein Zustand ist, welcher sich immer wieder einstellt; vielmehr werden stets Veränderungen in der Stromverteilung auf die einzelnen Bürsten während des Betriebes stattfinden. Von Wichtigkeit ist nur, daß diese Differenzen in solchen Grenzen bleiben, daß keine Bürste so viel Überlast annimmt, die sie betriebsunfähig macht.

Die Stabilität in der Stromverteilung der als Beispiel gewählten Maschine liegt also darin begründet, daß dieselbe bei der Nennstromstärke von 1500 A mit einer gerechneten mittleren Dichte von nur 10,4 A/cm² ausgelegt wurde, was für metallhaltige Bürsten immerhin als mäßiger Wert anzusprechen ist. Außerdem spielt im Interesse stabiler Stromverteilungsverhältnisse auch die Kühlung des Kommutators eine wichtige Rolle. Bei Hochstrommaschinen ist ein Kommutator von maximal 60° C die beste Gewähr für eine stabile Stromverteilung pro Spindel. Überhitzte Kommutatoren verringern das wichtige regulierende Moment der Stromverteilung, die mit der Stromdichte variable Übergangsspannung.

Man hat bei Hochstrommaschinen mehrfach versucht, die unliebsame Erscheinung der Verringerung des Spannungsabfalles als Funktion der Erwärmung dadurch zu kompensieren, daß man vor jede einzeln isoliert aufgesetzte Bürste ein Band aus Material mit positivem Temperaturkoeffizienten vorgeschaltet hat. Dies hat jedoch aus dem Grunde zu keinem zufriedenstellenden Resultat geführt, weil diese Bänder direkt am Kommutator sitzen und denselben heizen. Man will also mit dieser Anordnung gewissermaßen ein Übel beseitigen und schafft doch in Wirklichkeit ein neues hinzu.

Ganz allgemein kann man behaupten, daß es wohl keine Maschine gibt, bei welcher eine absolut gleichmäßige Stromverteilung auf die Bürsten zu erzielen ist. Unterschiede in der Verteilung des Stromes auf die einzelnen Bürsten einer Spindel machen sich dadurch bemerkbar, daß der Kommutator streifenweise verschiedene Politur annimmt. Dieses Bild wechselt und ist der beste Beweis dafür, daß die Art der Stromverteilung kein fester Wert, sondern ein veränderlicher Zustand ist.

Werden die Unterschiede in der Stromverteilung sehr groß, so sind es im allgemeinen zunächst die Litzen, welche unter dieser Belastung zu leiden haben. Kupferlitzen, welche lange Zeit überhitzt wurden, vergrößern durch Oxydation ihren Widerstand allmählich so, daß diese Bürsten aus der Stromleitung herausfallen. Ist diese Erscheinung daher einmal bei einem bestimmten Prozentsatz von Bürsten pro Spindel eingetreten, so wird eine Zerstörung der ganzen Spindelreihe beschleunigt vor sich gehen. Es sei noch bemerkt, daß, wenn einzelne Bürsten in ihren Armaturen ausglühen, der Fehler nicht bei den ausgeglühten Bürsten zu suchen ist, sondern im allgemeinen bei den andern, welche ein gutes Aussehen haben und sich von der Stromleitung entlasten.

Der Übergangswiderstand der Armatur spielt nur dann eine Rolle, wenn diese Verbindung zwischen Kohlenbürste und Litze ganz unsachgemäß ausgeführt ist. Man kann sagen, daß der Spannungsabfall an der Armatur bei schwarzen Kohlen etwa 10% der Übergangsspannung an der Lauffläche ausmacht (vgl. Abb. 14, S. 20). Selbst wenn also bei schlecht ausgeführter Armatur dieser Wert auf das Doppelte steigt, kann er, mit der Übergangsspannung in Serie geschaltet, eine erhebliche Beeinflussung der Strombelastung der Bürste nicht hervorrufen.

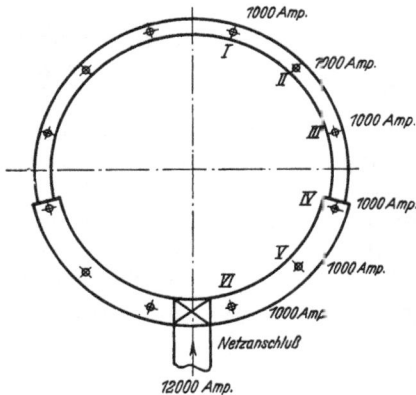

Abb. 101. Sammelring für eine 24 polige
Gleichstrommaschine.
Ringquerschnitt:
Beispiel 1: 10×100 mm².
Beispiel 2: Spindel I÷IV 2 // 10×100 mm².
Spindel IV÷VI 4 // 10×100 mm².

Dieser Betrachtung über die Stromverteilung auf die Bürsten einer Spindel soll nun eine Kritik der Sammelringdimensionierung folgen. Von der Dimensionierung dieses Apparates hängt es ab, wie sich die Maschinenstrom auf die einzelnen Spindeln verteilt.

In Abb. 101 ist der Sammelring einer 24poligen Maschine dargestellt. An diesem Sammelring befinden sich 12 Anschlüsse für die Spindeln; es sind also 12 parallel geschaltete Zweige vorhanden. Man kann nun den Kommutator einerseits und den Anschlußpunkt am Sammelring andererseits je als Flächen gleichen Potentials betrachten. Zwischen diesen Flächen liegen die 12 parallel geschalteten Spindeln, und jede dieser 12 Stromkreise hat je nach seiner Lage einen bestimmten Widerstandswert. Dieser Widerstand besteht aus zwei Komponenten, und zwar aus dem Widerstand des Sammelringstückes vom Netzanschlußpunkt bis zur Bürstenspindel und dem kombinierten Übergangswiderstand aller Bürsten einer Spindel. Um daher die Stromverteilung auf die einzelnen Spindeln zu finden, braucht man nur die Spannungsabfälle für jeden Zweig aufzustellen. Diese Summe aus den beiden Spannungskomponenten muß konstant sein, und zwar gleich der Differenzspannung zwischen Kommutator und Sammelringanschluß.

Hieraus ersieht man schon, daß die dem Anschlußpunkt am nächsten liegenden Spindeln überlastet werden müssen. Um sich über die Größenordnung der Stromverschiebung und die hierbei wirksamen Einflüsse ein klares Bild schaffen zu können, sei unter Zugrundelegung der Abb. 101 und 102 ein Zahlenbeispiel gerechnet.

Da der Sammelring ein symmetrisches Gebilde ist, ist es nur notwendig, die eine Hälfte des Ringes zu betrachten. Diese eine Ringhälfte ist in der Abb. 102 abgewickelt dargestellt. Für einen einseitigen Sammelring konstanten Querschnitts von 10×100 mm^2 und unter Annahme einer gleichmäßigen Stromverteilung von 1000 A pro Spindel ergeben sich in dem Sammelring folgende Einzelspannungsabfälle e_1 bis e_6

$e_1 \div e_6$ V   0,01   0,02   0,03   0,04   0,05   0,03

Hieraus folgen die Summenspannungsabfälle, gerechnet vom Netzanschlußpunkt am Sammelring nach den jeweiligen Spindeln e_I bis e_{VI}

$e_I \div e_{VI}$ 0,18   0,17   0,15   0,12   0,08   0,03

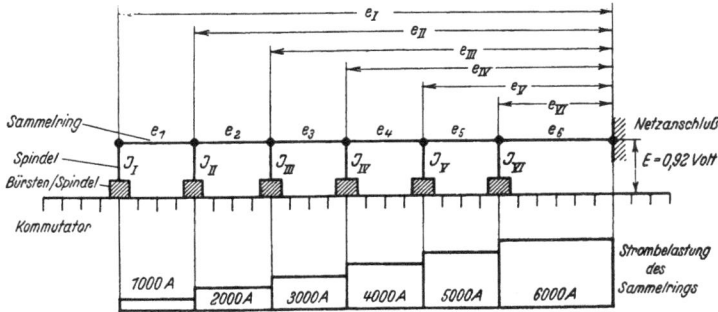

Abb. 102. Abwicklung des Sammelringes Abb. 101.

Die Spannung $E = 0,92$ V zwischen der Kommutatorlauffläche und dem Netzanschlußpunkt am Sammelring ist konstant. Die unter jeder Bürste verbleibende Restspannung unter Zugrundelegung der Spannungsabfälle e_I bis e_{VI} läßt sich aus der folgenden Zahlentabelle ablesen:

Spindel	I	II	III	IV	V	VI
$E = 0.92$ V . . .	0,92	0,92	0,92	0,92	0,92	0,92
$e_I \div e_{VI}$	0,18	0,17	0,15	0,12	0,08	0,03
Δe Bürste, V . .	0,74	0,75	0,77	0,80	0,84	0,89

Diese Spannungsabfälle Δe unter der Bürste ergeben in Verbindung mit der Stromspannungscharakteristik (des Bürstenbolzens bei Messungen) der Bürstenqualität bei Vorausberechnung die jeder Spindel zukommende Stromstärke (Stromdichte):

δ A/cm^2 7,1   7,25   7,5   8   8,75   10,25

Einer mittleren Dichte von 8 A/cm² entspricht ein Bolzenstrom von 1000 A, also ergibt sich folgende Stromverteilung auf die Spindeln:

J A/Spindel   890   905   940   1000   1090   1290

Die Fehler, welche in dieser Berechnung infolge der Annahme einer gleichen Spindelstromstärke von 1000 A zur Bestimmung der Spannungsabfälle im Sammelring liegen, können durch ein Näherungsverfahren eliminiert werden. Um ein Bild über die Größe des gemachten Fehlers zu erhalten, sei das vorliegende Beispiel im Näherungsverfahren weiter ausgeführt.

Zu den Strömen in den Spindeln I—VI:

	I	II	III	IV	V	VI
J A/Spindel	890	905	940	1000	1090	1290

ergeben sich die folgenden Spannungsabfälle e_1 bis e_6:

$e_1 \div e_6$	0,009	0,018	0,028	0,04	0,0545	0,039 hieraus
$e_I \div e_{VI}$	0,1885	0,1795	0,1615	0,1315	0,0935	0,039

Unter Zugrundelegung desselben Spannungsabfalles zwischen Kommutator und Anschlußpunkt von 0,92 V ergeben sich die Spannungen $\varDelta e$ unter der Bürste zu $\varDelta e = 0,92 - [e_I \div e_{VI}]$

Spindel	I	II	III	IV	V	VI
$\varDelta e$ Bürste V . . .	0,7315	0,7415	0,7585	0,7865	0,8265	0,881
δ A/cm²	6,95	7,1	7,4	7,85	8,5	10,0
J A/Spindel. . . .	870	890	930	985	1060	1250

Diese neuerrechnete Stromverteilung zeigt, daß das Näherungsverfahren für den vorliegenden Zweck unnötig genau ist, denn die Unterschiede in der Stromverteilung betragen maximal 3% gegenüber der Berechnung, welche die Ohmschen Spannungsabfälle im Sammelring unter Annahme gleicher Spindelströme enthält.

Das Resultat der angestellten Berechnung ist nun folgendes:

Die Stromverteilung auf die Spindeln läßt deutlich erkennen, wie die dem Anschlußpunkt am nächsten gelegenen Spindeln überlastet werden. Die Überlastung verteilt sich auf zwei, die Entlastung auf 4 Spindeln. Die überlasteten Spindeln sind also besonders ungünstig beansprucht. Eine wichtige Rolle spielt hierbei die Übergangsspannung. Je höher der absolute Wert der Übergangsspannung an sich ist, desto geringer werden bei einem bestimmten Kupferquerschnitt des Sammelringes die Differenzen in den Spindelströmen sein.

Man sieht auch ferner, daß die Stromverteilung gleichmäßiger werden muß, je kleiner die Ohmschen Spannungsabfälle in den Sammelringen selbst sind. Für das gleiche Beispiel ergibt sich unter Zugrundlegung des doppelten Sammelringquerschnitts für die Spindeln I—IV und des vierfachen Querschnitts für die Spindeln IV—VI (vgl. Abb. 101, Beispiel 2) folgende Berechnung der Stromverteilung:

$e_1 \div e_6$	0,005	0,01	0,015	0,01	0,0125	0,0075
$e_I \div e_{VI}$	0,06	0,055	0,045	0,03	0,02	0,0075

Infolge der verringerten Spannungsabfälle in den Sammelringen muß auch die aufgezehrte Spannung E zwischen den Potentialflächen geringer geworden sein. Es sei wieder die Spindel IV mit 1000 A als Bezugspunkt für die Stromdichte gewählt. Zu 1000 A gehört nach vorigem eine Stromdichte von 8 A/cm² und ein Spannungsabfall Δe von 0,8 V. Es ergibt sich daraus mit $\Delta e = E - [e_I \div e_{VI}] = 0,83 - [e_I \div e_{VI}]$ die folgende Zahlenreihe:

Spindel	I	II	III	IV	V	VI
Δe Bürste V	0,77	0,775	0,785	0,8	0,81	0,8225
δ A/cm²	7,5	7,6	7,7	8	8,3	8,7
J A/Spindel	940	950	970	1000	1040	1090

Vergleicht man nun diese Stromverteilung mit der erst errechneten bei einem Ringquerschnitt von 10×100 mm², so ergibt sich eine ganz wesentliche Verbesserung in der Gleichmäßigkeit der Spindelströme. Die Stromdichte im Sammelring betrug für das erste Beispiel die Werte 1—6 A/mm², im zweiten Beispiel 0,1—0,5 A/mm².

Zusammenfassend läßt sich also sagen, daß eine Stromverteilung bei vielen parallel geschalteten Spindeln um so gleichmäßiger erfolgt, je größer der Querschnitt des Sammelrings und der Bürstenspindeln und der Absolutwert der Bürstenübergangsspannung ist; ferner gemäß den Ausführungen auf S. 156, je niedriger die Stromdichte gewählt wird. Diese letztere Bedingung läßt sich auch ausdrücken in der Form: je steiler die Strom-Spannungscharakteristik verläuft. Eine Anzahl von Messungen an großen Maschinen hat ergeben, daß die in dem ungünstigen Fall des Beispiels 1 errechneten Differenzen zwischen den Spindelströmen tatsächlich auftreten. Dies sind Differenzen, welche von den Bürsten und dem Anker noch ertragen werden, ohne daß Bürstenfeuer auftritt. Man sieht aus dieser Tatsache wiederum die Wichtigkeit der Ausgleichsleitungen im Anker. Gleichzeitig aber zeigt das Beispiel folgendes: man muß immer damit rechnen, daß die Bürsten selbst bei gut laufenden Maschinen um 25% höher beansprucht werden, als dies die mittlere gerechnete Stromdichte angibt.

Zur Überlastung der Einzelspindel tritt ja noch außerdem die Überlastung der Bürste infolge ihrer Parallelschaltung mit einer Anzahl anderer Bürsten an der Spindel. Wenn sich beide Einflüsse addieren, so kann die angegebene Zahl von 25% Überlast erheblich überschritten werden. Mit dieser ungleichmäßigen Stromverteilung auf die Spindeln ist auch eine Erklärung für die Erscheinung gegeben, daß bei großen Maschinen speziell einzelne Spindeln und nicht selten gerade die unten liegenden zu Bürstenfeuer neigen, während die oberen dem Netzanschluß ferngelegenen Spindeln funkenfrei sind. Treten derartige Schwierig-keiten bezüglich der Stromverteilung schon bei großen Maschinen und mittleren Spannungen auf, so sind Schwierigkeiten erst recht bei Nieder-spannungsmaschinen, welche mit Metallbürsten bestückt zu werden pflegen, zu erwarten. Man wird daher bei Niederspannungsmaschinen, wo man im stromverteilenden Sinne nur kleine Bürstenübergangs-spannungen in Rechnung setzen darf, eine ganz besonders reichliche Dimensionierung des Bürstenapparates und die Anordnung zweier Sammelringsysteme vorsehen.

Kapitel XII.

Sondergebiete für Schleifringe.

1. Ableitung von Gleichstrom bei Schleifringen.

Schleifringe, denen Gleichstrom zugeführt wird, findet man bei den Induktoren von Drehstromgeneratoren. Es seien nur die Schleif-ringe der Turbos behandelt, weil die dabei auftretenden Probleme die umfassendsten sind und die bei langsam laufenden Drehstromgeneratoren auftretenden Erscheinungen einschließen.

Das Problem der Zuführung des Erregerstromes bei Drehstrom-turbo-Induktoren ist deswegen so interessant, weil mechanische und elektrische Erscheinungen ganz besonders eng miteinander verknüpft sind und sich gegenseitig beeinflussen. Die auftretenden Erscheinungen seien in der Weise behandelt, daß eine Reihe von Versuchen an Turbo-Schleifringen beschrieben wird.

Die Versuchseinrichtung bestand aus zwei elektrisch und mecha-nisch miteinander gekuppelten Schleifringen von 320 mm Durchmesser aus Elektrolytkupfer. Jeder der beiden Ringe war mit 8 Hochgraphit-bürsten bestückt. Die Abmessung der Bürsten betrug $16 \times 32 \times 25$. Der zugeführte Strom war konstant 250 A, so daß sich eine Stromdichte von 6,1 A/cm² ergab. Vor Beginn des Versuches waren die Ringe sauber überdreht und mit feinstem Karborundumpapier nachgeschliffen worden. Die Ringe liefen 48 Stunden ununterbrochen mit 3000 Umdrehungen, also mit einer Ringumfangsgeschwindigkeit von 50 m/s. Es wurde nun folgendes beobachtet: Der positive Ring (Stromrichtung Bürste --> Ring) zeigte eine saubere Oberfläche mit Polituransatz und keinerlei Riefen. Der negative Ring (Stromrichtung Ring --> Bürste) hingegen war áufgerauht und von feinsten Riefen durchzogen. Kurz vor dem Abstellen wurde an sämtlichen Bürsten die Übergangsspannung gemessen, welche in der folgenden Zahlenreihe zusammengestellt ist.

Bürste Nr.	1	2	3	4	5	6	7	8
Positiver Ring $\varDelta e$ V . .	1,4	1,32	1,31	1,45	1,46	1,41	1,42	1,45 V
Negativer Ring $\varDelta e$ V .	0,1	0,11	0,12	0,1	0,13	0,13	0,11	0,1 V

Die gemessenen Endtemperaturen betrugen 41° C am positiven Ring und 73° C am negativen Ring bei 19° Raum. Dies entspricht einer Temperaturzunahme von 22° bzw. 54° C. Das unterschiedliche Verhalten der Ringe ist eine Folge ihrer Polarität; vor allem fällt auf, daß der negative Ring bei außerordentlich geringer Übergangsspannung, also sehr geringen elektrischen Verlusten, dennoch eine so hohe Temperatur annimmt.

Messung der Reibungsverluste an zwei Schleifringen mit 8 Bürsten / Ring.

Aufgenommene Energie des Antriebsmotors				Bestückung der Ringe	Reibungsverluste
150 V	44,6 A	3000 U/min	6690 W total	mit allen positiven Bürsten	**240 W**
141 V	60 A	3000 U/min	8500 W total	mit allen negativen Bürsten	**2050 W**
150 V	43 A	3000 U/min	6450 W total	ohne alle Bürsten	o W

Im stromlosen Lauf hat also der positive Ring 240 W ⎫
der negative Ring 2050 W ⎬ Reibungsverluste.

Abb. 103.

Es mußten daher Reibungsverluste sein, die den Ring heizen. Dies wird durch die Messungen Zahlentafel Abb. 103 bestätigt, aus denen hervorgeht, daß der negative Ring 8·5 mal soviel Reibungsverluste hat als der positive Ring.

Diese ersten Messungen ließen also erkennen, daß die gegebene Versuchsanordnung für den Dauerbetrieb ein Versager war. Es wurden daraufhin die Bürsten an beiden Ringen unter der Lauffläche geschlitzt, und zwar wie in Abb. 104 gezeigt. Der Schlitz wurde parallel zur Welle gelegt, um eine Kühlung für die ganze Breite der Bürste zu schaffen; er dient ferner zur Aufhebung des Vakuums unter der Lauffläche. Die Folge dieser einfachen Maßnahme war, daß nach 12 Stunden Betrieb am Minusring eine Temperaturzunahme von nur 30° (gegen 54° vorher), am Plusring eine Temperaturzunahme von 22° C festgestellt wurde.

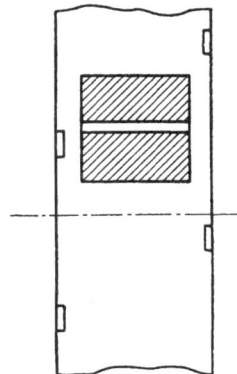

Abb. 104. Angefräster Schleifring mit geschlitzter Bürste.

Außerdem blieben die Bürsten und die Laufflächen der Ringe blank. Als nächster Versuch wurde die Hälfte der Bürsten entfernt, so daß die Stromdichte auf 12,2 A/cm² stieg. Die Folge davon war, daß die Temperaturzunahme abermals geringer wurde. Es wurde am Minusring nur noch 20° C und am Plusring 21° C über Raum festgestellt. Um eine noch bessere Kühlung zu erzielen, wurden schließlich die Ringe an den Seiten in regelmäßigem Abstande eingefräst. Dadurch gelangte ein zusätzlicher Luftwirbel an die Bürsten und an die Laufflächen, wodurch unter gleichen Verhältnissen eine weitere Verringerung der Temperatur auf 17° bzw. 15,5° C über Raum erreicht wurde. Dabei blieben Ring und Bürstenlauffläche einwandfrei blank. Von Interesse ist für diesen letzten Fall auch die Energiebilanz der beiden Ringe. In der folgenden Zahlentafel Abb. 105 sind die Messungen über die Rei-

Reibungsmessung an Schleifringbürsten im Leerlauf und unter Strom.

Aufgenommene Energie des Antriebsmotors				Reibungsverluste	Bestückung der beiden Ringe
124 V	36 A	3000 U/min	4475 W total	415 Wϱ_J	mit je 4 Bürsten pro Ring / $J = 250$A
124,5 V	37,5 A	3000 U/min	4675 W total	615 Wϱ_0	mit je 4 Bürsten pro Ring / $J = 0$
125 V	32,5 A	3000 U/min	4060 W total	0	ohne Bürsten
125 V	33,4 A	3000 U/min	4175 W total	115 Wϱ_0	mit 4 Bürst. a. posit. Ring 0 » a. negat. » $J = 0$
124 V	36,7 A	3000 U/min	4550 W total	490 Wϱ_0	m. 4 Bürst. a. negat. Ring 0 » a. posit. » $J = 0$

hieraus folgt:

Energiebilanz der beiden Ringe.

	Positiver Ring:	Negativer Ring:
Reibungsverluste unter Strom	$W\varrho_J = 115 \dfrac{415}{615} = 78$ W	$W\varrho_J = 490 \dfrac{415}{615} = 332$ W
Stromübergangsverluste	$\left.\begin{array}{l} \varDelta e \times J \\ 1,45 \times 250 \end{array}\right\} = 352$ W	$\left.\begin{array}{l} \varDelta e \times J \\ 0,9 \times 250 \end{array}\right\} = 225$ W
Summe Watt	430 W	557 W
Erwärmung	15,5° C	17° C

Abb. 105.

bungs- und Übergangsverluste zusammengestellt. Es zeigt sich, daß, wenn die Bürsten mit hoher Stromdichte (12,2 A/cm²) laufen, 200 W an Reibungsverlusten gegenüber Leerlauf eingespart werden. Trotzdem beide Ringe ein gutes Aussehen hatten, sind die Reibungsverluste unter Strom am negativen Ring doch noch wesentlich höher als am positiven, womit auch trotz der geringeren Übergangsverluste die höhere Ringtemperatur erklärt ist.

Diese Versuche lassen also erkennen, daß gute Kühlung der Ringe, Schlitzen der Bürstenlauffläche, hohe Stromdichten zwecks Verringerung der Reibungsverluste sowie Vermeidung von Bürstenanhäufungen auf der Ringfläche die wichtigsten Prinzipien sind, bei deren Beachtung auch betriebssichere Stromabnahme von hochtourigen mit Gleichstromgespeisten Ringen zu erwarten ist.

Über die bisher beschriebenen Erscheinungen an Gleichstromringen lagert sich bei Ringen von Turbo-Induktoren noch eine zweite Erscheinung, welche dem Betriebsmann als die bekannte Fleckenbildung bekannt ist. Die Ursachen hierzu sind zweierlei Art. Dieselben können erstens dadurch entstehen, daß bei ruhender Maschine in einem feuchten Raum Ring und Bürste ein elektrisches Element bilden, welches einen Strom über den Induktor und den Anker der Erregermaschine treibt. Gegen diese Erscheinung gibt es ein sehr einfaches Mittel, das darin besteht, die Bürste nach erfolgtem Stillstand hochzuheben und durch ein Stück Preßspan elektrisch vom Ring zu trennen.

Die zweite Ursache der Fleckenbildung hängt mit der Wicklung des Induktors zusammen. Es ist bekannt, daß man das Feld von Einphasengeneratoren in zwei gegenläufige Drehfelder zerlegen kann. Wenn nun der Induktor einer Einphasenmaschine selbst rotiert, so wird das eine Feld starr gekuppelt mit dem Induktor umlaufen, während das andere gegenläufige Feld mit der doppelten Frequenz die Induktorwicklung schneidet. Dieses Feld muß in der Wicklung des Induktors einen Wechselstrom der doppelten Grundfrequenz erzeugen und da Induktorwicklung, Schleifringe und Erregeranker einen geschlossenen Stromkreis niedrigen Widerstandes bilden, vermag sich bei Einphasenmaschinen ein Wechselstrom doppelter Grundfrequenz in diesem Stromkreis auszubilden. Dieser Wechselstrom setzt sich mit dem Erregergleichstrom des Induktors zu einem Wellenstrom zusammen. Die Größe der Schwankungen des Wellenstromes hängt von der Güte der Dämpferwicklung des Induktors ab. Stehen nun die Bürsten am Umfange der Schleifringe derart, daß stets dieselben Stellen eines Ringes von einem Strommaximum getroffen werden, so ist diese Stelle des Ringes gegenüber den anderen Ringstellen elektrisch in einer Richtung überbeansprucht. Bedenkt man, daß bei schwachen Dämpferwicklungen der Wellenstrom um $\pm 20\%$ schwanken kann, so ist erklärlich, daß ein oder mehrere Ringstellen, welche stets mit dem Strommaximum belastet werden, allmählich eine stärkere Abnutzung erfahren werden als andere Ringstellen, welche stets nur mit dem Stromminimum belastet werden. Hierzu kommt die vorher beschriebene Empfindlichkeit des negativen

Ringes bezüglich Riefenbildung. Sind aber erst mal geringste Uneben-
heiten am Ringumfang entstanden, so wird dieser Schaden bei der hohen
Umfangsgeschwindigkeit durch das hinzutretende Bürstenfeuer in Kürze
um ein Vielfaches vermehrt.

Ein Mittel gegen diese Erscheinung ist nur dadurch gegeben, daß
die Bürsten in dem Sinne versetzt werden, daß jede durch ein Strommaximum beanspruchte Ringstelle zum Ausgleich von einer korrespon-
dierenden Bürste nur mit dem Stromminimum belastet wird. Diese
Erscheinung der Fleckerbildung, welche im vorstehenden für Einphasengeneratoren abgeleitet wurde, kann übrigens auch bei Drehstromgeneratoren auftreten, und zwar dann, wenn die Maschine unsymmetrisch
belastet wird.

2. Ableitung hoher Wechselstromstärken von Schleifringen.

Die Abb. 106 stellt einen Schleifring dar, der mit 4 Bürsten besetzt
ist, welche an einer Traverse T befestigt sind. Die Ähnlichkeit dieser
Anordnung mit einem Gleichstrom-Sammelring
und den daran befindlichen Bürstenbolzen ist
augenscheinlich.

Bezüglich der Stromverteilung auf die Bürsten müssen demnach dieselben Gesetze gelten,
wie im Kapitel XI, 4 S. 153, „Ableitung hoher
Gleichstromstärken" dargelegt. Man hat wieder
2 Flächen konstanten Potentials, nämlich die
Ringoberfläche und den Netzanschluß N, und
man kann aus der Abb. 106 ablesen, daß die dem
Anschluß am nächsten liegenden Bürsten überlastet und die entfernt liegenden entlastet werden.

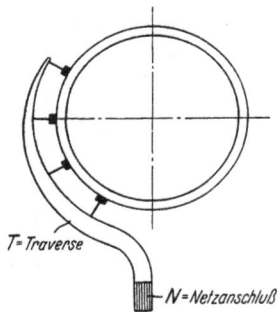

T = Traverse

N = Netzanschluß

Abb. 106. Schleifring mit
4 Bürsten und Traverse.

Es wurde ferner gezeigt, daß die Stromverteilung
um so gleichmäßiger ist, je geringer die Ohmschen Abfälle im Sammelring — in dem vorliegenden Fall der Traverse — sind, je größer der
Absolutwert der Übergangsspannung der Bürsten ist und je niedriger
die Stromdichte gewählt wurde.

Während man durch Anordnung reichlicher Kupferquerschnitte den
Ohmschen Spannungsabfall in der Traverse zweckentsprechend niedrig zu
halten vermag, ist man aus Gründen der Wirtschaftlichkeit und der
Einhaltung zulässiger Erwärmungen bei ausgeführten Schleifringkonstruktionen nicht in der Lage, Bürsten beliebig hoher Übergangsspannung zu verwenden. Dies gilt im besonderen für die Ableitung sehr hoher
Wechselstromstärken. Man ist vielmehr ausschließlich auf Metallkohlen angewiesen, woraus sich ergibt, daß die Stromverteilung bei
Schleifringen in Verbindung mit Metallbürsten ungünstiger liegt als
beim Kommutator, der mit Graphitbürsten der 3- bis 4fachen Übergangsspannung von Metallbürsten bestückt zu werden pflegt.

Es werden für Schleifringe im allgemeinen solche Metallbürsten verwendet, deren Übergangsspannung, bezogen auf 15 A/cm², zwischen 0,2 und 0,5 V pro Bürste schwankt. Den Wert von 0,2 V erreicht man auf blanken Kupferringen mit metallreichen Bürsten, während eine Übergangsspannung von 0,5 V bereits eine graphitreiche Bürste mit einem Metall-Graphit-Mischungsverhältnis von etwa 60:40 erfordert.

Die Vor- und Nachteile der graphitarmen und graphitreichen Metallbürste seien im folgenden in bezug auf ihre Eignung für die Abnahme von Wechselstrom bei Schleifringen diskutiert.

Der Hauptvorteil der metallreichen Bürste besteht darin, daß infolge ihrer kleinen Übergangsspannung die Stromwärmeverluste relativ gering werden. Dies bedeutet besonders bei hohen Stromstärken einen Gewinn an Wirkungsgrad für die Maschine und ergibt kühle Ringe ohne Sonderkonstruktion. Ferner sind diese Bürsten bezüglich ihrer Stromdichte spezifisch hoch belastbar und daher auch weniger empfindlich bei Überlastung infolge ungleichmäßiger Stromverteilung. Stabile Stromabnahmeverhältnisse und gleiche Stromdichten vorausgesetzt, ist bei Wechselstrom der Verschleiß der metallreichen Bürsten geringer als der der graphitreichen Bürsten. Schließlich ist als Vorteil auch noch die mechanische Festigkeit der metallreichen Bürste zu erwähnen.

Diesen Vorteilen steht als Nachteil gegenüber, daß ihre niedrige Übergangsspannung im Verhältnis zu den Ohmschen Spannungsabfällen in der Traverse bei Parallelschaltung vieler Bürsten nur in geringerem Maße stromregelnd wirken kann. Je größer nämlich der absolute Wert der Übergangsspannung ist, desto geringer ist der Einfluß der Spannungsverluste in der Traverse auf die Stromverteilung. Ferner ist zu erwähnen, daß diese Qualität in Verbindung mit Schleifringen aus nicht homogenem Material und bei Umfangsgeschwindigkeiten von mehr als ca. 20 m/s als natürliche Folge ihres Metallreichtums Staubbildung hervorrufen kann, die sich indes bei sachgemäßer Inbetriebsetzung und Wartung einschränken läßt. Für höhere Umfangsgeschwindigkeiten ist man aber zur sicheren Vermeidung von Schleifring-Vereibungen gezwungen, graphitreichere Metallbürsten unter entsprechender Herabsetzung der Stromdichte zu verwenden.

Außer ihrer Eignung für Umfangsgeschwindigkeiten bis 30 m/s und darüber hat die graphitreichere Metallbürste den Vorteil, bei stabilem Betrieb sehr wenig Staub geringer Leitfähigkeit zu bilden. Außerdem vermag dieselbe infolge ihrer höheren Übergangsspannung die Spannungsverluste in der Traverse besser auszugleichen. Damit diese stromregulierende Wirkung der Bürstenübergangsspannung im Betrieb nicht verloren geht, müssen gute Kühlverhältnisse der Ringe vorgesehen werden. Infolge der höheren Übergangsspannung sind nämlich auch die Stromwärmeverluste hoch, und wenn diese nicht abfließen können, so tritt mit einer Überhitzung der Bürste eine Erniedrigung der Übergangsspannung auf; dadurch geht das mit elektrischen Verlusten erkaufte stromregulierende Moment nicht nur in bezug auf die Ohmschen Widerstände der Traverse verloren, sondern die Bürsten belasten sich durch die teilweise Veränderung ihrer Übergangsspannungen gegenseitig ungleichmäßig. Gegen diese Überlastungen zeigen die graphitreichen Bürsten eine große Empfindlichkeit, mit welcher ihre geringere mechanische Festigkeit Hand in Hand geht.

Man muß daher, gerade wenn man aus Gründen der Umfangsgeschwindigkeit gezwungen ist, graphitreiche Bürsten zu verwenden, eine niedrige Stromdichte wählen, denn es gilt auch für Metallbürsten ganz allgemein das im Kapitel XI, 4 S. 156 abgeleitete Gesetz von der Stromverteilung, welches besagt, daß mit einer Erhöhung der Bürstenzahl (Herabsetzung der Stromdichte) eine gleichmäßigere Verteilung des Stromes auf die Bürsten zu erwarten ist. Dies bedeutet nichts anderes, als daß die Bürsten bei niedriger Stromdichte auf oder vor dem Knie ihrer Stromspannungscharakteristik arbeiten, in welchem Bereich zu jeder Stromzunahme eine namhafte Erhöhung ihrer Übergangsspannung gehört, welche dadurch stromregulierend wirkt.

Es ist also zusammenfassend zu sagen, daß der absolute Wert der Bürsten-Übergangsspannung die durch die Ohmschen Teilwiderstände der Traverse gegebene Stromverteilung beeinflußt, und daß die Form der Stromspannungscharakteristik maßgebend für die Stromregulierung der Bürsten untereinander ist.

Aus dieser Erkenntnis ergeben sich die bei der Konstruktion eines Bürstenapparates zur Ableitung von Wechselstrom zu beobachtenden Gesichtspunkte, nämlich:

Auswahl des Graphitreichtums der Bürsten nach der höchsten Ringumfangsgeschwindigkeit und dem verwendeten Ringmaterial. Niedrige Stromdichte. Reichlichster Kupferquerschnitt der Traverse, also kleinster Ohmscher Widerstand. Gute Kühlung von Ring, Bürstenhalter und Bürsten.

Werden diese Gesichtspunkte nicht beachtet, so können mitunter Vorgänge an den Bürsten auftreten, welche die stabile Stromabnahme allmählich untergraben und zu ernsten Betriebsstörungen Veranlassung geben. Dieser Vorgang der Unstabilität der Stromabnahme bei Wechselstrom-Schleifringen kann sich etwa in der folgenden Weise abspielen:

Der Ausgangspunkt der Stabilitätsstörung dürfte die stets und wenn auch in noch so geringem Maße vorhandene ungleiche Stromverteilung auf parallel geschaltete Bürsten eines Ringes sein. Dieselbe kann z. B. herrühren von übereilter oder unsachgemäßer Inbetriebsetzung, ungleichmäßigen Bürstendrücken, schlechtem Einschleifen der Bürstenlaufflächen oder schlechtem Zustand der Ringoberfläche, ungünstiger Konstruktionsanordnung der Bürsten u. a. m. Wie verhält sich nun die Bürste gegenüber dem Angriff des Stromes?

Um diese Frage zu beantworten, muß man sich vergegenwärtigen, daß eine Metallbürste kein vollkommen homogener Körper ist, sondern daß Kupfer- und Graphit-Körperchen nebeneinander liegen, ohne direkt miteinander legiert zu sein. Der Strom wird sich also in erster Linie einen Weg über den Körper größter Leitfähigkeit, die Kupferpartikel, suchen. Die an der Bürstenlauffläche sitzenden Kupferkörper werden daher zunächst ausbrennen; dadurch entstehen feine Höhlungen, um welche herum sich Graphit anreichert. Dieser verliert durch die Grübchenbildungen allmählich seine feste Lage und wird, da außerdem in erhöhtem Maße zur Stromleitung herangezogen, durch kleinste Lichtbögen verbrannt und mechanisch abgerieben. Es findet also durch den Stromübergang eine Veränderung der Bürsten-Lauffläche durch Graphitanreicherung statt, eine Tatsache, die man sowohl bei kupferreichen als auch bei graphitreichen Metallbürsten beobachten kann. Die an sich helle Farbe der kupferreichen Metallbürste erhält einen bläulichen Schein, während die dunkle Lauffläche der graphitreichen Metallbürste nachdunkelt und eine hochglanzpolierte Fläche annimmt, die der Lauffläche von Hochgraphit-Bürsten ähnelt. Eine Anreicherung von Graphit an der Lauffläche ist nun mit einer Erhöhung der Übergangsspannung verbunden. Dies ist eine für metallhaltige Bürsten durchaus wünschenswerte Folgeerscheinung, zumal die abgeriebenen Graphitpartikelchen zugleich eine reibungsvermindernde, schmierende Wirkung ausüben und eine direkte Reibung von Metall auf Metall verhindern. Bei graphitreichen Metallbürsten ist aber eine weitere Erhöhung der Übergangsspannung unerwünscht, da diese Bürsten schon von Haus aus durch ihr Mischungsverhältnis eine hohe Übergangsspannung haben. Als weitere Folge des vermehrten Graphitabsatzes ist im allgemeinen auch eine stärkere Politurbildung auf dem Ring zu verzeichnen, welche zwar an und für sich den Ring gegen Verreibung schützend umgibt, aber auch die Übergangsspannung nochmals erhöht.

Diese Auswirkungen des Stromübergangs bei den Metallbürsten müssen bei Berechnung der vorhandenen Kühlflächen und der Wahl der Stromdichten berücksichtigt werden. Findet dies in sinngemäßer Weise statt, so sind von den beschriebenen Auswirkungen des Stromübergangs keine Betriebsstörungen zu erwarten. Im Gegenteil, der polierte Ring und die graphitische Bürstenlauffläche geben in elektrischer und mechanischer Hinsicht Gewähr für einen stabilen Dauerzustand und geringsten Verschleiß.

Die Veränderungen an der Bürstenlauffläche können aber zu ernsten Störungen der Stromabnahme führen, sofern die Auswahl des Metallgehalts der Bürsten zu den konstruktiven Anordnungen der Ringe und des gesamten Bürstenapparates im Widerspruch steht. Der Konstrukteur eines Schleifring- und Bürstenapparates muß bei der Auswahl der Metallbürste bezüglich ihres Metallgehaltes bedenken, daß die vorerwähnten Umwandlungen der Bürstenlauffläche nicht mit absoluter Gleichmäßigkeit vor sich gehen, und daß daher besonders in der ersten Zeit des Betriebes mit Überlastung einzelner Bürsten zu rechnen ist.

Welches sind nun die Vorgänge, die bei Überlastung einzelner Bürsten unter einer großen Zahl parallel geschalteter Bürsten auftreten? Die metallreiche Bürste ist gegen Überlastungen weniger empfindlich. Es steht an der Lauffläche pro cm² eine größere Menge von Kupferpartikelchen für die Stromleitung zur Verfügung. Einige Bürsten, welche besonders hoch überlastet sind, werden einen größeren Verschleiß mit metallischer Staubbildung aufweisen und sich mehr erhitzen; aber allmählich wird sich in dem Maße, wie die Laufflächen alle zum Tragen kommen, ein Gleichgewichtszustand einstellen. Die metallreiche Bürste braucht daher bei Inbetriebsetzungen weniger vorsichtig behandelt zu werden als die graphitreiche Bürste. Bei dieser wird infolge partieller hoher Überlastungen ein beschleunigter Kupferverbrauch, freiwerdender Graphit und schließlich Graphitstaubentwicklung in Verbindung mit übermäßiger Erhitzung auftreten. Im Gegensatz zu einer Erhöhung der Übergangsspannung infolge der Graphitanreicherung an der Bürstenlauffläche tritt bei starker Erhitzung durch Überlast infolge der abfallenden Spannungscharakteristik der zur Graphitbürste gewordenen Metallbürste erst recht eine Stromüberlastung ein. Die Bürste, ihres Kupferinhaltes zum Teil beraubt, verliert ihren mechanischen Zusammenhalt und verstäubt. Das letztere wird besonders dann zu beobachten sein, wenn eine sehr stark dimensionierte Armatur die Stromleitung der Bürste auch im überhitzten Zustand aufrechterhält und durch Bürstenfeuer Kupferperlen auf der Ringoberfläche angeschweißt werden. Ein derartig verdorbener Ring wirkt dann auf die Bürstenlauffläche wie eine Feile.

Ein Analogon zu diesem Zerstörungsvorgang von Metallbürsten sind die an Metallstäben laboratoriumsmäßig vorgenommenen Zerreißproben. Wendet man die aus der Festigkeitslehre bekannten Bezeichnungen des Hookeschen Gesetzes auf Bürsten an, so läßt sich sagen, daß eine Bürste stabile Betriebsverhältnisse gibt, solange sie innerhalb der Proportionalitätsgrenze beansprucht wird und daß zeitweise Überlastungen bis zur Streck- oder Fließgrenze ebenfalls noch von der Bürste vertragen werden, ohne daß dieselbe dauernden Schaden nimmt. Arbeitet jedoch eine Bürste längere Zeit in dem Bereich jenseits der Streckgrenze, so treten ähnlich wie die Fließfiguren beim Stab, Zerstörungen an der Bürstenlauffläche auf, welche auch in das Innere der Bürste dringen. Die Bürste wird in ihrem Gefüge zerstört, wenn auch diese Zerstörung an den Außenflächen der Bürste nicht immer durch Risse erkennbar ist. Hieraus erklärt sich auch die Erscheinung, daß solche Bürsten im allgemeinen nicht bei der höchsten Last zusammenbrechen, sondern später bei einer niedrigeren Belastung, und dies entspricht wiederum der

Zerreißprobe des Stabes, der bekanntlich bei einer niedrigeren Zug-
beanspruchung als der maximalen, welcher er unterworfen wurde, zer-
reißt. Die pro cm^2 Querschnittsfläche wirkende Kraft beim Zerreißen
des Stabes entspricht der Stromdichte; und genau so wie man bei mechanischen Konstruktionselementen mit der spezifischen Belastung in kg/cm^2
stets unter der Proportionalitätsgrenze bleiben muß, so darf auch die der
Proportionalitätsgrenze entsprechende Stromdichte speziell bei Metallbürsten nicht überschritten werden. Es ist außerdem bekannt, daß bei
mechanischen Konstruktionen für verschiedene Belastungsfälle Sicher-
heitsfaktoren eingesetzt werden, und es ist nicht einzusehen, warum
bei der Elektrotechnik andere Gesetze gelten sollen. Der vorsichtige
Konstrukteur wird daher nach erfolgter Auswahl der Bürstenqualität
auf die errechnete mittlere Stromdichte einen Sicherheitsfaktor
in Rechnung stellen, welcher die stets zu erwartende ungleichmäßige Stromverteilung auf viele parallel geschaltete Bürsten berücksichtigt.

Der eingangs beschriebene Zerstörungsvorgang an einer Bürste
durch Überlastung pflanzt sich nun infolge der Überhitzung auch auf die
Litzen fort; dieselben verglühen und oxydieren und schalten dadurch
der Bürste einen Widerstand vor, der die Last auf die anderen Bürsten
abschiebt. Die Folge hiervon ist eine Überlastung der übrigen gesun-
den Bürsten, an denen sich allmählich derselbe Zerstörungsvorgang ab-
spielt. Hat aber erst einmal ein derartiger Überhitzungsprozeß seinen
Anfang genommen, so ist es im allgemeinen nicht mehr möglich, die
Stabilität der Stromabnahme auf die Dauer aufrechtzuerhalten. Aus
diesen Ausführungen folgt, daß ein wirklich stabiler Dauerbetrieb nur
dann zu erreichen ist, wenn auch die Stromverteilung stabil bleibt.
Hierunter ist zu verstehen, daß bei heißer Maschine ein betriebsfähiger
Endzustand in der Stromverteilung erreicht wird, welcher unabhängig
von der Dauer des Betriebs bestehen bleibt.

Man hat daher neben den großen konstruktiven Gesichtspunkten
zahlreiche Hilfsmittel angewendet, um die gleichmäßige Verteilung des
Stromes auf die Gesamtzahl der Bürsten zu beherrschen. Zu diesen
Mitteln gehören: die Isolierung der Bürstenhalterkästen von den Traversen, so daß der Strom gezwungen ist, direkt von dem Ring über die
Bürste nach der Traverse zu gehen; ferner die möglichst gleichmäßige
Einstellung des Bürstendruckes bei sämtlichen Bürstenhaltern, Sauberhaltung der Ringoberfläche sowie der Bürsten und der Bürstenhalterkästen. Die Praxis beweist, daß in vielen großen Umformerzentralen
diese Mittel erfolgreich angewendet werden. Da den Haupteinfluß auf
die Stromverteilung aber bei den heute üblichen Konstruktionen nach
wie vor nur die Strom-Spannungscharakteristik der Bürste ausübt, so
ist der Wahl der Stromdichte mit einem zweckentsprechenden Sicherheitsfaktor, der Kühlhaltung der Schleifringe und des Schleifringkör-

pers sowie der Beobachtung und Wartung der Bürsten stets ein besonderes Augenmerk zu widmen.

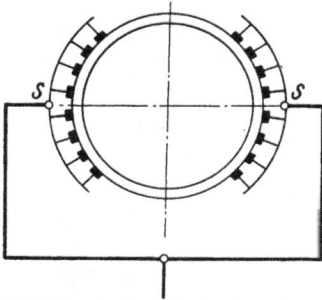

Abb. 107. Symmetrische Anordnung der Traversen-Speisepunkte S—S zu den Bürsten.

Die stromregulierende Wirkung der Bürstencharakteristik sucht man bei einigen Konstruktionen auch dadurch zu unterstützen, daß man den Speisepunkt der Traverse möglichst elektrisch symmetrisch zu den Bürsten des Schleifringes anordnet, etwa entsprechend Abb. 107. Diese Art der elektrisch-symmetrischen Stromzuführung legt den Gedanken nahe, mit irgendwelchen äußeren Mitteln, welche von der Bürste als Stromregulator unabhängig machen, eine in praktischen Grenzen gleichmäßige Stromverteilung zu erzwingen.

Im folgenden sei an einem Zahlenbeispiel gezeigt, wie es möglich ist, durch Vorschaltung von Induktivitäten die Stromverteilung prak-

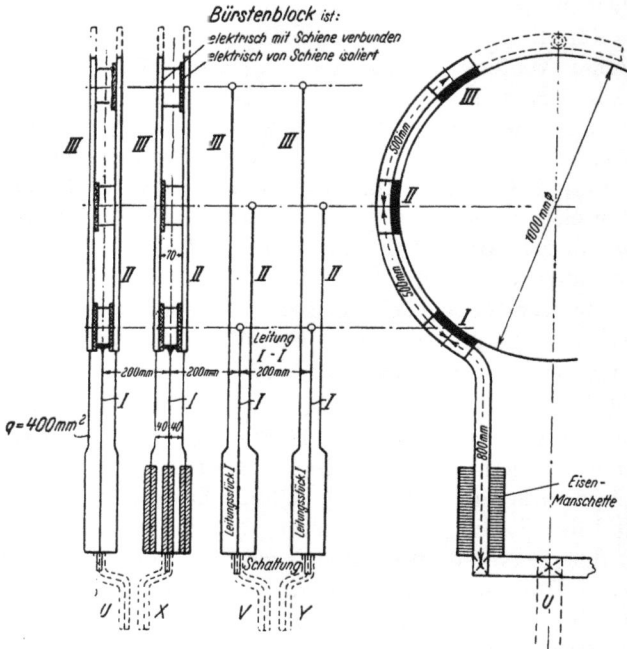

Abb. 108. Schaltung und Anordnung der Bürsten am Ringumfang.

tisch unabhängig von der Übergangsspannung der Bürsten zu stabilisieren.

Dies ist eine Anordnung, welche in dieser Form, soweit dem Verfasser bekannt, für den vorliegenden Zweck noch nicht angegeben worden ist.

In Abb. 108 ist ein Schleifring von 1000 mm Durchmesser dargestellt, der doppelseitig von Traversen umgeben ist; jede Traverse enthält 3 Stromabnahmestellen, deren Anordnung aus der Abbildung ersichtlich ist. Jede dieser 3 Stromabnahmestellen hat ihre eigene Stromzuleitung, so daß die Traverse aus 3 Zuleitungsschienen I, II, III besteht. Die Stromabnahmestellen bestehen aus je einem Bürstenhalterblock, welcher 4 Bürsten in den Abmessungen 25×45 mm, wie sie Abb. 109 darstellt, enthält. Bei einer Belastung mit 20 A/cm² vermag jede Bürste 200 A abzunehmen, also kommt auf die eine Ringhälfte bei 3 Stromabnahmestellen ein Gesamtstrom von 2400 A. — Alle übrigen Daten und Maße sind der Abb. 108 zu entnehmen.

Eine gleichmäßige Stromverteilung auf die 4 Bürsten eines Bürstenhalterblockes kann mit den üblichen Mitteln, wie Isolierung der Bürstenhalterkästen, konstante Bürstendrücke für die ganze Abnutzlänge, Schlitze und Kühltaschen in den Bürsten, Auswahl einer Qualität mit steiler Charakteristik usw. erreicht werden. Durch künstliche Erhöhung der Induktivitäten der 3 Zuleitungen I, II, III zu den 3 Bürstenhalterblöcken wird in diesen Leitungen je eine Spannung von einem beliebig vielfachen Wert der Bürstenübergangsspannung induziert, so daß diese Induktionsspannungen als regulierendes Moment gegenüber der Bürstenübergangsspannung in den Vordergrund treten. Gelingt es, die Stromverteilung auf die drei Bürstenhalterblocks mittels der vorgeschalteten Induktivitäten unabhängig von den elektrischen Eigenschaften der Bürsten zu stabilisieren, so wird durch diese Anordnung das Problem der Stromabnahme von 2400 A pro Ringhälfte auf eine Stromabnahme von 800 A pro Ringhälfte reduziert.

In Abb. 110 ist die elektrische Ersatzschaltung für die 3 Stromkreise dargestellt. Dieselben liegen an einer konstanten Spannung E zwischen dem Netzanschlußpunkt N und der Schleifringoberfläche. Die Erhöhung der Induktivität der Leitungen erfolgt in der Weise, daß um den un-

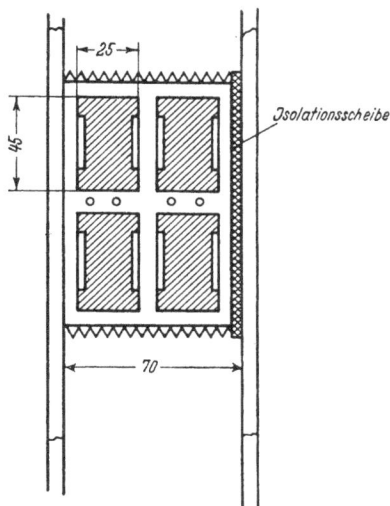

Abb. 109. Bürstenblock mit 4 Bürsten, für Leistungsstück III Abb. 108.

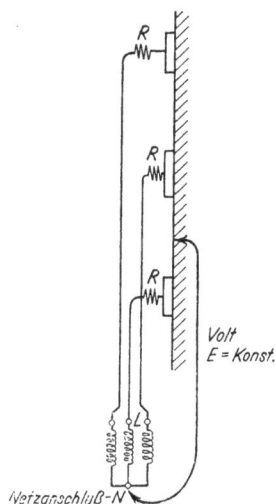

Abb. 110. Elektrisches Ersatzschaltungs - Schema für die Bürstenanordnung Abb. 108.

teren Teil der Kupferschienen je eine Eisenmanschette mit Doppel-
luftspalt angeordnet wird, der variiert werden kann. Abb. 108 und
Abb. 112. Bei einer gewählten Größe der Eisenkerne kann man dann den
Wert der Induktionsspannung in jedem Stromkreis für sich durch Änderung des Luftspaltes einstellen. In dieser Einstellbarkeit der Drossel-
spannungen sowie deren mehrfach größeren Absolutwert im Vergleich
zur Bürstenübergangsspannung liegt der Vorteil der beschriebenen
Einrichtung zum Zwecke der Stabilisierung der gleichmäßigen-
Stromverteilung auf parallel geschaltete Bürsten bei hohen Stromstärken.

Um ein ungefähres Bild über die Größenordnung der erforderlichen
Eisendrossel zu erhalten. wurde für das obengenannte Beispiel eine
Rechnung ausgeführt, deren Gang und Ergebnis im folgenden kurz dar-
gelegt sei.

Die in Abb. 108 veranschaulichte Traversenkonstruktion gehört zu
einem Sechsphasen-Umformer. Zur Berechnung der Induktivität der
Zuleitungen diene die Formel:

$$L = l \left[1 + 4 \ln \frac{d}{r} \right] 10^{-9} \text{ Henry,}$$

welche dem »Handbuch der Elektrotechnik« von Strecker, 8. Auflage,
1912, S. 71, entnommen ist. Unter Anwendung dieser Formel ergibt
sich für die Induktivität zweier paralleler Leiterstücke je von der Länge
l cm, dem Abstand d cm und dem Radius r cm, z. B. für die Leitung $I \div I$
der Phase $u - x$ eine Induktivität:

$$L_I = 880 \times 10^{-9} \text{ Henry.}$$

Um die Rechnung nicht unnötig zu komplizieren, wurde der bei der praktischen Ausführung rechteckige Querschnitt der Leitungen auf einen
Rundstab umgerechnet und der sich hieraus ergebende Durchmesser
eingesetzt; auch wurde die Abkröpfung der Leitungen (Abb. 108) ver-
nachlässigt.

Der Zuwachs, den die Induktivität L_I durch den Wert der gegenseitigen Induktivität der gleichliegenden Phasenleitungen $v - y$ und
$w - z$ erfährt, ist so gering, daß derselbe unberücksichtigt bleiben kann.
Diese Vernachlässigung liegt im Rahmen der Ungenauigkeit der vorliegenden Induktivitätsberechnung. Die Vergrößerung der Induktivität
L_I der Leitungen $I - I$ durch den Wert der gegenseitigen Induktion
herrührend von den Leitungen $II - II$ und $III - III$ einer Phase ist
aber erheblich. Zur Berechnung der gegenseitigen Induktivität diene die
Formel (Strecker, »Handbuch der Elektrotechnik«, 8. Auflage, 1912,
S. 72):

$$M = l_{cm} \ln \frac{r_{23} \, r_{14}}{r_{13} \, r_{24}}.$$

In dieser Formel bedeutet l die Länge der aufeinander wirksamen vier Leiterstücke; r_{23}, r_{14} usw. die entsprechenden Achsabstände je zweier Leitungsstücke gemäß Abb. 111.

Unter Benutzung obiger Formel für M ergibt sich z. B. für die Induktivität L_I der Leitung $I-I$ infolge der gegenseitigen Induktivität $M_{I\,II}$ und $M_{I\,III}$ ein Zuwachs von $1020 \times {}^{-9}$ Henry, so daß die Gesamtinduktivität ΣL_I der Leitung $I-I$ sich errechnet zu:

$$\Sigma L_I = L_I + M_{I\,II} + M_{I\,III} = 1900 \times 10^{-9} \text{ Henry.}$$

Entsprechend ergibt sich für die Leistungen $II-II$ und $III-III$

$$\Sigma L_{II} = \qquad\qquad 2370 \times 10^{-9} \text{ Henry}$$
$$\Sigma L_{III} = \qquad\qquad 2920 \times 10^{-9} \text{ Henry.}$$

Bei einem Strom von 800 Amp. pro Leitung folgen dann die Selbstinduktionsspannungen pro Ring für die 3 Leitungsstücke I, II, III unter Verwendung der bekannten Beziehung $e_s = w\,J\,\Sigma L$ Volt mit $w = 314$ für 50periodigen Wechselstrom zu:

Leitungsstück I $e_{s_I} = 0{,}24$ V⎫
„ $\quad\quad II$ $e_{s_{II}} = 0{,}3\ $ V⎬ pro Ring und Leitungsstück,
„ $\quad\quad III$ $e_{s_{III}} = 0{,}37$ V⎭

wobei zu beobachten ist, daß für die Selbstinduktionsspannungen der Leitungsstücke nur der halbe Wert der aus der Formel für e_s errechneten Spannung für die Leitungen $I-I$ usw. (Leitungsschleife) einzusetzen ist. Diese geringen Induktionsspannungen, die von sich aus nicht stromregulierend auf die Bürste wirken können, müssen etwa auf den fünffachen Wert der Bürsten-Übergangsspannung erhöht werden, also auf ca. 1,2 V, d. h. die Gesamt-Induktivität von z. B. dem Leitungsstück $I = \frac{1}{2}\,\Sigma L_I$ müßte, um diese Spannung bei 800 A zu verbrauchen, auf

$$\Sigma L = 4800 \times 10^{-9} \text{ Henry}$$

erhöht werden. Dies ist mittels Eisendrosseln zu erreichen, deren Abmessungen in Abb. 112 für die 3 Leitungen eingezeichnet sind. Die Dimensionierung des magnetischen Krei-

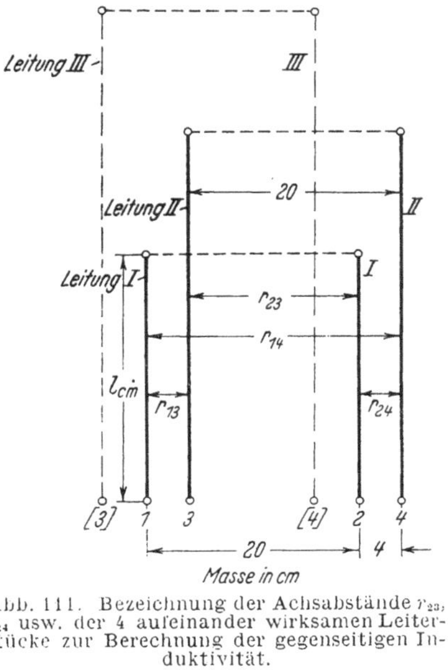

Abb. 111. Bezeichnung der Achsabstände r_{23}, r_{24} usw. der 4 aufeinander wirksamen Leiterstücke zur Berechnung der gegenseitigen Induktivität.

ses derselben (Eisenquerschnitt Q und Luftspalt δ) errechnet sich z. B.
für Leitungsstück I unter Zuhilfename der Beziehungen:

$$\frac{\left(\dfrac{Q_{cm^2}}{\delta_{cm}}\right) = \varSigma L - \dfrac{1}{2}\,\varSigma L_l \cdot 10^8}{1{,}25}, \text{ und}$$

$$\text{Luftinduktion } \mathfrak{B}_l = \frac{1{,}25\ AW}{\delta_{cm}}.$$

Die mit Hilfe dieser Formeln errechneten Luftspalt der 3 Eisendrosseln
betragen 0,38, 0,4 und 0,44 cm bei einer Luftinduktion von 2500 Gauß
(Abb. 112).

Die Berechnung ergibt das, was physikalisch bereits aus den Abb. 108
und 110 zu lesen ist, nämlich daß der Eisenkern des Leitungsstückes I

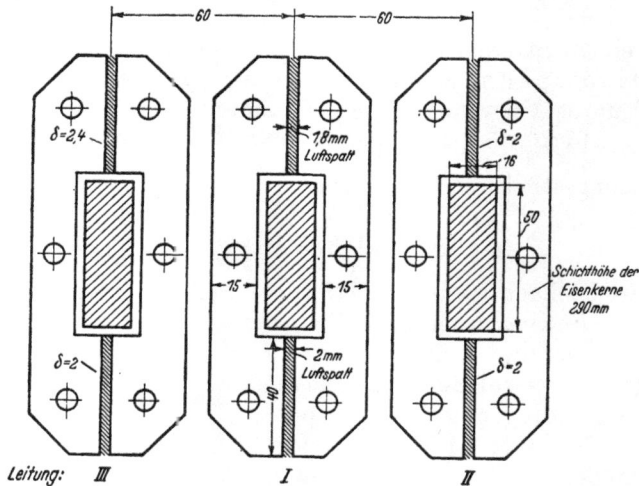

Abb. 112. Die 3 Zuleitungen zu den 3 Bürstenblöcken mit Eisendrosseln,
deren Luftspalte δ verschieden groß sind.

den kleinsten Luftspalt und der Eisenkern des Leitungsstückes III den
größten Luftspalt erhalten muß, um gleichmäßige Stromverteilung zu
erzwingen. Das Spannungsdiagramm für das Leitungsstück II veranschaulicht die Abb. 113 und läßt die beherrschende Stellung des induktiven Spannungsabfalles gegenüber der Bürstenübergangsspannung erkennen. Die gleichmäßige Stromverteilung auf die drei Bürstenblocks
wird also durch diese Anordnung mit äußeren Mitteln ohne Inanspruch-
nahme der Übergangsspannung der Bürsten als Stromregulator erreicht.
Der Gesamtstrom fließt gewissermaßen in drei von außen regulierten
Kanälen den Stromabnahmestellen, den drei Bürstenblocks, zu. Die
Stromverteilung auf die kleine Zahl von vier Bürsten pro Block bietet
unter Anwendung der üblichen Hilfsmittel keine Schwierigkeiten. Es
ergibt sich daher die Möglichkeit, sehr metallhaltige Bürsten mit nie-

driger Übergangsspannung anzuwenden. Bei Verwendung dieser Bürsten kann man aber wiederum verhältnismäßig kleine Ringe anordnen, weil Bürsten hohen Metallgehalts kleine Stromwärmeverluste ergeben. Außerdem kann man die Bürsten spezifisch hoch belasten, weil eine Überlastung infolge ungleicher Stromverteilung und damit lokaler Erhitzung und Staubbildung nicht mehr zu befürchten ist. Mit dem kleineren Ringdurchmesser gehen auch die Reibungsverluste herunter und mit den geringeren Reibungs- und Übergangsverlusten steigt der Wirkungsgrad der Maschine. Diese Vorteile werden bei der Nachkalkulation des Maschinenpreises ergeben, daß die Ersparnisse am Schleifring-

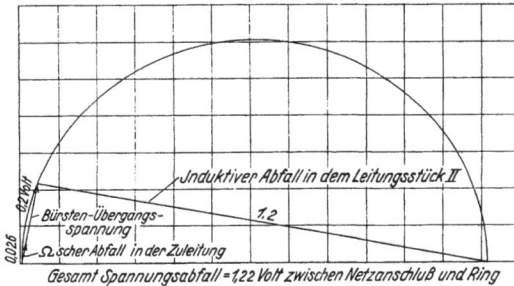

Abb. 113. Spannungsdiagramm für das Leitungsstück II.

körper die Mehrkosten für die Anordnung der Eisenkerne bei weitem aufwiegen, abgesehen davon, daß die Maschine selbst infolge ihres höheren Wirkungsgrades wirtschaftlicher arbeitet.

Unter Zugrundelegung der heute üblichen Schleifringkonstruktionen, die im allgemeinen keine besonderen Einrichtungen zur Erzielung gleichmäßiger Stromverteilung auf die Bürsten vorsehen, sei noch ein kurzer Hinweis auf die Dimensionierung der Ringe vom Standpunkt der Erwärmung gegeben.

Im Hauptteil A Kapitel VI/4 wurde bereits auf S. 75 durch eine überschlägige Rechnung dargelegt, daß die Wärmebeanspruchung der Ringe im allgemeinen wesentlich höher ist wie beim Kommutator. Man geht bei Schleifringen bis an die Grenze der zulässigen Erwärmung nach den REM 23.

Mit einer zulässigen Temperaturzunahme von 60° C vermag man einen Schleifring in seiner Gesamtanordnung in einem Schleifringkörper mit etwa 100 W pro dm² Ringmantelfläche zu belasten.

Für eine 200 A führende Metallbürste, die bei 15 A/cm² Stromdichte 0,2 V Spannungsabfall hat, ergibt sich folgende Bilanz:

Übergangsverluste: 200 A · 0,2 V = ... 40 W,

Reibungsverluste bei 20 m/s } $0{,}15 \cdot 20 \text{ m/s} \cdot \dfrac{200 \text{ A}}{15 \text{ A/cm}^2} = 40$ W,
und $\varrho = 0{,}15$

Summenverluste der Bürste   80 W.

Demnach braucht man also 0,8 dm² Schleifringmantelfläche für die Ableitung von 200 A. Das entspricht bei einer Ringbreite von 50 mm einer Teilung am Ringumfang von 160 mm pro Bürste. Bei sehr hohen Stromstärken pro Ring ist man manchmal gezwungen, diesen Wert zu unterschreiten; dadurch wird die Ringoberfläche nicht nur durch Strom- und Reibungswärme spezifisch höher belastet, sondern die enge Bürstenbesetzung hat außerdem eine Verschlechterung der Kühlung zur Folge. Für diese Fälle muß dann eine Sonderkonstruktion des Schleifringkörpers oder künstliche Kühlung vorgesehen werden. Die Auswahl des Schleifring- und Bürstenmaterials muß auf das sorgfältigste erfolgen. Man wird im Interesse kleinstmöglichster Stromwärme- verluste die Bürste so metallhaltig wählen, wie dies die Ringumfangs- geschwindigkeit zuläßt. Die Güte und Homogenität des Ringmaterials ist der gewählten Umfangsgeschwindigkeit anzupassen. Die errechnete mittlere Stromdichte unter der Bürste sollte bei den üblichen Konstruk- tionen 15—17 A/cm² nicht überschreiten, da man für einzelne Bürsten immer mit Überlastungen rechnen muß und selbst bei metallreichen Bürsten bei einer Stromdichte von 25—30 A/cm² das Bereich der Polier- fähigkeit bereits überschritten ist. —

Bei Schleifringen, deren Wechselstrom zugeführt wird, macht sich ähnlich wie bei Gleichstrom auch eine Art Polaritätserscheinung bemerkbar. Es gehört zu bekannten Betriebserfahrungen, daß bei man- chen Einankerumformern Flecke auf den Ringen zu beobachten sind, welche genau der Größe der Bürstenlauffläche entsprechen. Diese werden bei solchen Maschinen auftreten, deren Ring- und Bürstenmaterial gegen elektrolytische Stromwirkungen besonders empfindlich ist und bei denen die Bürstenanordnung elektrisch als ungünstig anzusprechen ist, d. h. die Bürsten stehen so, daß sämtliche negativen Strommaxima aller Bürsten stets auf eine bestimmte Stelle des Ringes treffen. Wie kann man diese Erscheinung, welche durch partienweises Anfressen der Ringe ernste Betriebsstörungen herbeizuführen vermag, beseitigen? Physikalisch ist diese Lösung einfach.

Man braucht nur dafür zu sorgen, daß zu jeder Bürste eine kor- respondierende zweite Bürste an einer solchen Stelle des Ringumfanges angeordnet wird, daß ein Ringteilchen, welches von der einen Bürste einen negativen Stromstoß erhalten hat, von der zugehörigen zweiten Bürste einen positiven Stromstoß derselben Größe erhält. Die elektro- lytischen Wirkungen des Stromes heben sich dann auf und Anfleckungen am Ring sind nicht zu befürchten. Zusammenfassend gilt also, daß stets nur eine gerade Anzahl von Bürsten auf einen Ring aufgesetzt werden sollte und die Anordnung derselben so getroffen werden muß, daß je zwei korrespondierende Bürsten um ein ungerades Viel- faches der Polteilung, bezogen auf den Ringumfang, voneinander ent- fernt sind.

In der Abb. 114a ist die Bürstenanordnung für einen 8poligen Einankerumformer dargestellt, und zwar mit 8 Bürsten pro Ring, welche
gleichmäßig am ganzen Ring-
umfang verteilt sind. Diese
Anordnung ist praktisch nicht
gut ausführbar, weil die Traversenkonstruktion, welche
die Bürstenhalter trägt, nur
in den seltensten Fällen eine
gleichmäßige Verteilung der
Bürsten auf den Umfang zuläßt. Die zweite Austeilung,
Abb. 114b, zeigt die Anordnung der Bürsten in ebenfalls
elektrisch richtiger Stellung,
jedoch nur auf den halben
Ringumfang verteilt. Dies
letztere wird eine Austeilung
sein, welche sich konstruktiv
leicht ausführen läßt und die
eine bequeme Zugänglichkeit
zu den Bürstenhaltern ge-
währleistet. Ein weiteres Mittel zur Verringerung elektrolytischer Anfleckungen ist die
Herabsetzung der Strom-
dichte in Verbindung mit
metallreichen Bronzebürsten,
jedoch müssen dann im allgemeinen besondere Mittel
angewendet werden, um
Staubbildung zu vermeiden.

Verteilung der Bürsten auf dem Schleifring eines Einanker-Umformers bei Zuführung von Wechselstrom.

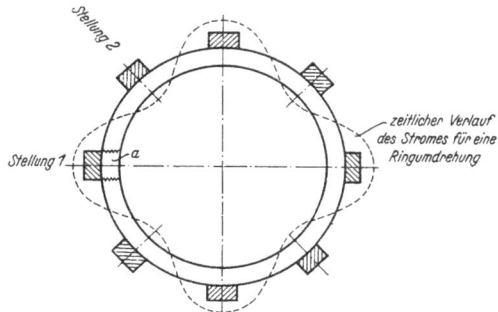

Abb. 114a. Elektrisch richtige Verteilung der Bürsten
jedoch konstruktiv nicht gut durchführbar.
Ein Ringteilchen a ist in Stellung 1 mit $+ J^{max}$ belastet;
nach Drehung des Ringes um 45° mit $- J^{max}$, da sich
gleichzeitig mit der Wanderung des Ringes die Amplitude
des Stromes ändert.

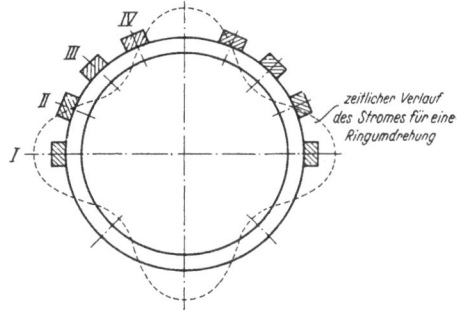

Abb. 114b. Ebenfalls elektrisch richtige Verteilung der
Bürsten und konstruktiv gut durchführbar. Korrespondierende Bürsten sind z. B. I u. III, II u. IV usw.

Die vorstehenden Ausführungen, die in großen Zügen einige wichtige Fragen der Ableitung hoher Wechselstromstärken von Schleifringen
behandeln, zeigen, daß dieses Problem, trotzdem keine Kommutierung
vorhanden, durchaus nicht einfach ist. Der erfahrene Praktiker und
Betriebsmann weiß dies und läßt den Schleifringen seiner Maschinen
die gleiche Aufmerksamkeit wie den Kommutatoren zukommen.

Schlußwort.

Mit der vorliegenden Arbeit ist das umfangreiche Thema „Das Bürstenproblem im Elektromaschinenbau" in keiner Weise erschöpft.

Da versucht wurde, alle Gebiete, in denen Bürstenfragen mit dem Bau elektrischer Maschinen verbunden sind, zu streifen, konnte auf Details nur an einzelnen Stellen eingegangen werden. Jedes Kapitel für sich kann aber als Sondergebiet für tiefergehende Untersuchungen ausgebaut werden. Wenn dies von anderen Stellen aus Fachkreisen geschieht, dann wird der auch heute noch nicht immer als vollwertig angesehene Wissenszweig der Bürstenkunde sich im Interesse des Elektromaschinenbaues immer weiter entfalten. Daß dieser Wissenszweig in seiner praktischen Auswertung auch stark in das wirtschaftliche Gebiet überspielt, ist bekannt.

Die Abnutzung der Bürsten, der Kommutatoren und Schleifringe spielt in der Wirtschaftsbilanz solcher Betriebe, in denen eine große Anzahl von Maschinen hoher Leistung arbeiten, eine nicht unerhebliche Rolle. Große elektrische Werke, wie z. B. die elektrischen Betriebe der Reichsbahn oder die Anlagen der elektrochemischen Industrie stellen daher zum Zwecke der Kontrolle Abnutzungsmessungen statistisch zusammen.

Eine noch viel weitergehende Bedeutung erlangt aber das Bürstenproblem vom wirtschaftlichen Standpunkt bei Betrachtung der Schäden, welche ein Werk durch Ausfall großer Einheiten fehlerhafter oder ungeeigneter Bürstenmarken erleiden kann. In diesen Fällen steht die Größe des wirtschaftlichen Schadens in keinem Verhältnis zum Gegenwert des Bürstensatzes. Hieraus folgt, daß für große Maschinen an wichtigen Stellen das beste Bürstenmaterial gerade gut genug ist. Es ist Sache der Kohlenbürstenindustrie, durch gemeinsame Arbeit mit den Elektrofirmen und industriellen Werken die heute auf dem Markt befindlichen Bürstenerzeugnisse immer weiter zu veredeln.

Literaturverzeichnis

geordnet nach: Kapiteln, Jahreszahlen sowie in- und ausländischen Verfassern.

Kapitel I und II.

Baustoffe von Kommutator und Schleifring.

1. P. Melchior, Kupfer als Werkstoff. Z. d. V. d. I. 1927, Bd. 71, Heft 12.
2. M. v. Schwarz, Metallographische Prüfungen. Die Meßtechnik 1927, Heft 3, 10 und 11.
3. P. W. Döhmer, Industrielle Härteprüfung. Die Meßtechnik 1927, Heft 10, S. 289/293.
4. Schröder, Glimmer und Glimmerprodukte. Sonderdruck aus »Die Isolierstoffe der Elektrotechnik«, Verlag Springer.
5. C. Bodmer, Fortschritte im Bau von Bahnkommutatoren. Bulletin Oerlikon Zürich, Heft 87, Sept. 1928.
6. W. Köhler, Über den Einfluß der Struktur auf den Verschleiß von Nichteisenmetallen. Bergmann-Mitteilungen, Aug./Sept. 1929, Heft 8/9.
7. Verwendung von Mikanit oder Reinglimmer zur Herstellung von Kommutatoren. E.T.Z. 1929, Heft 10, S. 353.
8. Mitteilung der A.E.G. Isolier- und Preßmaterial in Reparaturwerkstätten. E.T.Z. 1929, Heft 34, S. XXXV.

9. E. B. Stavely, Maintenance and repair of commutators. Modern mining 1926, Heft 9, S. 292/95, Heft 10, S. 327/331.
10. J. M. Zimmermann, Choosing materials for railway motor commutators. El. Railway Journal 21. Aug. 1926, Heft 8, S. 291/92.
11. —, Important considerations in replacing commutator bars. El. Railway Journal 1926, Heft 17, S. 756/58.
12. —, Accurate machining of the V's of assembled commutators is essential. El. Railway Journal, 20. Nov. 1926, S. 923/926.
13. —, Mica V-rings and bushings have important functions in commutators. El. Railway Journal, 18. Dec. 1926, S. 1089/1091.
14. —, Methods and equipment for efficient assembling of commutators. El. Railway Journal, 15. Jan. 1927, S. 117/122.
15. —, Soldering of railway motor commutators. El. Railway Journal, 19. Febr. 1927, S. 323/326.
16. —, Turning and slotting commutators. El. Railway Journal, 16. April 1927, S. 694/696.
17. A. Seton, Electrical insulation. Electrical Review, 21. Jan. 1927, S. 90/91.
18. W. E. Warner, Preventing insulation breakdowns in commutators. Power 1928, Bd. 67, S. 428/429.
19. H. E. Stafford, Hand tools used for undercutting commutators. Power 1928, Bd. 67, S. 912/913.
20. Commutator mica undercutter. Power 1928, Bd. 68, S. 366.

Kapitel III.

Das Material der Bürsten.

1. J. Hárdén, Herstellung und Prüfung von Kohle für elektrotechnische Zwecke. E.T.Z., 11. April 1901, S. 320/326.
2. J. Zellner, Die künstlichen Kohlen für elektrotechnische und elektrochemische Zwecke. Verlag Springer, Berlin 1903. S. 19/98, S. 163, S. 199/204, S. 231, S. 271.
3. Francis Fitz-Gerald, Künstlicher Graphit. (Deutsch von Dr. Max Huth.) Verlag Wilh. Knapp, Halle 1904.
4. P. Askenasy, Einführung in die technische Elektro-Chemie. Künstlicher Graphit. Verlag Vieweg & Sohn, 1910. I. Bd., S. 195.
5. Die Herstellung der Kohleelektroden für elektrometallurgische Zwecke. Stahl u. Eisen, 7. Nov. 1912, Heft 45, S. 1857/1865.
   (Diesem Artikel sind auf S. 1864/65 zahlreiche Literaturangaben über die Fabrikation künstlicher Kohlen angeschlossen.)
6. J. Zellner, Elektrische Kohlen. Ullmanns Enzyklopädie der technischen Chemie, 1916, Bd. 4, S. 525/540.
7. E. Ryschkewitsch, Graphit. Charakteristik, Erzeugung, Verarbeitung und Verwendung. Verlag Hirzel, Leipzig 1926.
8. K. Arndt, Kohle als Werkstoff. Z. d. V. d. I. 1927, Bd. 71, Heft 39, S. 1361.
9. Eigenschaften und Verwendungsmöglichkeiten der Kohlenbürsten. »Der Elektro-Markt« Pößneck, 1927, Heft 131, S. 10.
10. J. Kozisek, Eine neue Bürstenprüfeinrichtung. Siemens-Zeitschrift 1928, Heft 10.
11. W. A. Roth, Die Modifikationen des Kohlenstoffes. Zeitschrift für angewandte Chemie. 1928, Heft 11, S. 273/278.
12. W. Heinrich, Das Kohlenbürstenproblem bei elektrischen Maschinen. Carbone A.G. Berlin-Frankfurt/Main 1929.

13. J. S. Dean, Carbon-brush testing. El. World, 21. Aug. 1920, S. 369/372.
14. W. C. Kalb, Relation between abrasiveness and hardness of carbon brushes. Power, 25. Aug. 1925, S. 293/294.
15. G. M. Little, Properties and tests of carbon brushes for motors and generators. Electric Journal, May 1929, S. 194/198.

Kapitel IV und V.

Bürstenhalter.

1. Niethammer, Beschreibung des BBC-Bürstenhalters. E. u. M. 1915, Heft 30, S. 365.
2. Schröter, Der Einfluß der Halterkonstruktion auf den Kontakt zwischen Kohle und Kollektor. Mitteilungen der Ringsdorff-Werke A.G., Mehlem. Februar 1926, Heft 4.

3. Kilburn Scott, Carbon-brush-holders. Electrical Review, 22. April 1898, S. 562/564; 6. May 1898, S. 603/605.
4. Johnston, Carbon-brush-holders. El. World, 23. July 1898, S. 87/91.
5. Forbes, The reaction carbon-brush-holder. Electrical Review, 14. Oct. 1898, S. 548/549.

6. W. C. Kalb, Brush angle and direction of commutator relation. Power, 16. Dec. 1924, S. 973/975.
7. Brush-holder troubles. El. Railway Journal 1928, Bd. 71, S. 107 bis 110.
8. Brush-holder tension measuring device. El. Railway Journal 1928, Bd. 71, Heft 26, S. 1075/1076.
9. E. T. Painton, Aluminium castings. Electrical Review 1929, Bd. 104, S. 731 bis 734.

Kapitel VI.

Das mechanische Zusammenarbeiten von Kommutator, Bürstenhalter und Bürsten.

1. A. S. Meyer, Rugby, Über die Berechnung rotierender Umformer. (Wellenspiel) E.T.Z. 1901, Heft 14, S. 298.
2. J. Liska, Die Reibung von Dynamobürsten. Diss. Karlsruhe 1908, Bespr. E.T.Z. 1909, Heft 24, S. 573.
3. E. Ziehl, Über Gleichstrom-Turbodynamos. E.T.Z. 1909, Heft 28, S. 647/651; Heft 30, S. 700/703; Heft 31, S. 724/726.
4. Ludwig Binder, Wärmeübergang auf ruhige oder bewegte Luft. Verlag Knapp 1911. S. 4 u. S. 29.
5. F. Niethammer, Mechanische Wellenschwingungen elektrischer Maschinen. E. u. M. 1916, Heft 43, S. 509/515; Heft 44, S. 527/529; E. u. M. 1917, Heft 10, S. 113/114.
6. H. Heymann, Über die dynamische Auswuchtung von rasch umlaufenden Maschinenteilen. E.T.Z. 1919, Heft 21, S. 234/237; Heft 22, S. 251/254; Heft 23, S. 263/265.
7. v. Branchitsch, Zur Theorie und experimentellen Prüfung des Auswuchtens. Zeitschrift für angewandte Mathematik und Mechanik. 1923, Bd. 3, Heft 2, S. 81/92.
8. R. Müller, Maschinen zur Umformung der Energie in Gleichstrom. Bergmann-Mitteilungen, Berlin 1925, Heft 3, S. 123/125.
9. Starczewski und Töfflinger, Kohlenbürsten im elektrischen Betrieb. Zeitschrift »Elektrische Bahnen«, März 1926, S. 89.
10. Schröter, Die Abhängigkeit des Kontaktes zwischen Kollektor und Kohlebürsten vom Kohlenprofil bei elektrischen Maschinen. Arch. f. El. 1926, Bd. XVI, Heft 5.
11. L. Schweiger, Erfahrungen mit Kohlenbürsten im Bahnbetrieb und deren Verwertung. Zeitschrift »Elektrische Bahnen«, Nov. 1926, S. 409.
12. Die Betriebsergebnisse der elektrischen AEG-Lokomotiven. Zeitschrift »Elektrische Bahnen«, Sept.-Heft 1928.
13. C. Bodmer, Fortschritte im Bau von Bahnkommutatoren. Bulletin Oerlikon, Zürich, Nr. 87, Sept. 1928.
14. G. Angenheister und W. Schneider, Messungen der Erschütterungen von Boden und Gebäuden durch Maschinen und Fahrzeuge. Zeitschrift f. techn. Physik 1928, Bd. 9, S. 115/118.
15. Zeug, Eine Studie über das gegenseitige dynamische Verhalten von Kohle und Kommutator. Zeitschrift »Elektrische Bahnen« 1929, Januar-Heft, S. 28.
16. J. Neukirchen, Die Kommutatorbürste als Wackelkontakt. E.T.Z. 1929, Heft 2 S. 55.
17. Bechmann, Über den Einfluß der Umfangsgeschwindigkeit auf die Belastbarkeit eines Stromwenders. E.T.Z. 1929, Heft 4, S. 123/124.

18. E. E. Hall, Vibration produced by motor-generators. El. World, 27. July 1912, S. 200/201; Bespr. E. u. M. 1912, S. 795.

19. W. C. Kalb, Brushes. EL Railway Journal, 28. Sept. 1912, Bd. 40, S. 491/494.
20. C. R. Soderberg, Vibrat.on absorbers for large single phase machines. Electric Journal, August 1924.
21. E. G. Ross, The moderate powered direct-coupled back-geared motor. Electrical Review, London, 7. Nov. 1924, S. 684/685.
22. Perey Huggins, The heating of commutators—a practical investigation. Electrical Review, London, 26. Dec. 1924, S. 967/968.
23. E. B. Stavely, Commutation troubles in D. C. motors. Blast Furnace and Steel Plant, Pittsburgh April 1926, S. 189/192; May 1926, S. 213/216; June 1926, S. 257/260.
24. A. P. Fugill, Spring mounting prevents vibration from frequency converter. Power 1928, Bd. 67, S. 427/28.
25. H. E. Stafford, Why use a lathe on commutators and slip rings when a hand stone will do the trick? Power 1928, Bd. 67, Heft 17, S. 726/28.
26. F. T. Hague und G. W. Penney, Influence of temperature on large commutator operation. J. Amer. Inst. Electr. Eng. 1929, Bd. 48, Heft 6, S. 473/76.

Kapitel VII.

Physikalische Grundlagen des rotierenden elektrischen Kontaktes.

1. M. Kahn, Übergangswiderstand von Kohlenbürsten. Verlag Encke, Stuttgart 1902.
2. E. Siedeck, Die Vorgänge an Kohlenbürsten. E.T.Z. 1906, Heft 46, S. 1057/60.
3. E. Arnold, Über die Untersuchung von Dynamobürsten. E. u. M. 1906, Bd. 24, S. 615/621.
4. Arnold & Pfiffner, Die Übergangsspannung von Kohlenbürsten in Abhängigkeit von der Temperatur. E.T.Z. 1907, S. 263/267.
5. F. Hayashi, Die Abhängigkeit des Übergangswiderstandes der Kohlenbürsten von der Temperatur. Arch. f. El. 1913, II. Bd., S. 70/80 (Bespr. E. u. M. 1913, S. 873).
6. F. Kraus, Über die Bedingungen, unter welchen ein Lichtbogen überhaupt nicht entstehen kann. E. u. M. 1913, S. 717/720.
7. Czepek, Der Übergangswiderstand von Kohlenbürsten am Kollektor. Arch. f. El. 1916, Bd. V, S. 161/174.
8. Arnold-la Cour, Die Gleichstrommaschine. Verlag Springer 1919, Bd. I. S. 282/308.
9. L. Binder, Über die Vorgänge an den Bürsten von Schleifringen und Stromwendern. Wissenschaftl. Veröffentlichungen des Siemens-Konzerns, Berlin. Mai 1922.
10. R. Rüdenberg, Elektrische Schaltvorgänge. Verlag Springer 1923, S. 260.
11. R. Richter, Elektrische Maschinen. Verlag Springer 1924, S. 232/239.
12. A. Schliephake, Untersuchungen an Kohlenbürsten. Diss. Techn. Hochschule Darmstadt 1927.
13. Schröter, Zur Physik des Schleifkontaktes. Arch. f. El. 1927, Bd. XVIII. Heft 2.
14. H. Lutz, Ionisierungsvorgänge unter der Kohlebürste. Elektro-Journal. Rom-Verlag, Bln.-Charlottenburg, 8. Jahrg. 1928, Heft 8, S. 117/119.

15. E. H. Martindale, Some troubles encountered in the operation of carbonbrushes in direct-current generators and motors. Proc. Am. Inst. Electr. Eng. 1915, Bd. 34, S. 373/384 (Bespr. E.T.Z. 1916, S. 39).

16. P. Hunter & Brown, Carbon-brushes and electrical machines. The Morgan Crucible Comp. Ltd. London 1923.
17. W. E. Stine, Brushes for electric motors and generators. Journal Am. Soc. Naval Eng. 1925, Vol. XXXVII, S. 312/31.
18. W. E. Stine, Brush-friction greatly affected by contact air-pressure. El. World, 10. July 1926, Heft 2, S. 67/68.
19. J. Slepian, Temperature of a contact and related current-interruption problems. Journ. Am. Inst. Electr. Eng. 1926, Heft 10, S. 930/33.
20. P. D. Manbeck, Application of carbon-brushes to electrical machines. El. World 1927, Bd. 89, Heft 5, S. 239/41.

Kapitel VIII bis X.

Kommutierung.

Aus der großen Fülle von Literaturstellen über dieses Problem sind im folgenden nur diejenigen Artikel angeführt, welche im besonderen die Bürste als kommutierenden Faktor hervorheben und behandeln.

A. Kommutierung bei Gleichstrom-Maschinen und Einankerumformern.

1. P. Prenzlin, Über funkenfreies Kommutieren des Stromes von Gleichstrom-Maschinen mit Kohlenbürsten. E.T.Z. 1902, Heft 43/44.
2. K. Czeija, Die experimentelle Untersuchung der Kommutierungsvorgänge an Gleichstrom-Maschinen. Verlag F. Encke, Stuttgart, 1903.
3. K. Pichelmayer, Handbuch der Elektrotechnik, Band V, Dynamobau. Verlag Hirzel, Leipzig 1908.
4. J. Liska, Die Funkenspannung zwischen Kommutator und Bürste. E.T.Z. 1909, Heft 4, S. 82/84.
5. R. Rüdenberg, Die Kommutierungsbedingung für Dynamomaschinen. E.T.Z. 1909, S. 370/373.
6. Sumec, Über den heutigen Stand der Kommutierungstheorie. E.T.Z. 1909, Heft 40, S. 936/940; Heft 41, S. 972/974.
7. F. Jordan, Experimentelle Untersuchung der Kommutation mit besonderer Berücksichtigung der Änderung der Übergangsspannung und der Verteilung des Energieverlustes zwischen Kommutator und Bürste. Diss. Techn. Hochschule Karlsruhe 1909. (Bespr. E.T.Z. 1909, S. 1176.)
8. K. Pichelmayer, Zur Theorie der Stromwendung. E.T.Z. 1912, Heft 1, S. 3/5; Heft 43, S. 1100/1103; Heft 44, S. 1129/1132.
9. F. Niethammer, Zur Theorie der Stromwendung. E. u. M. 1912, S. 55/56.
10. —, Über Kommutierung. E. u. M. 1912, S. 113/121.
11. W. Weiler, Die Kommutierung bei Gleichstrom-Maschinen. E. u. M. 1912. S. 325/329.
12. J. Liska, Berechnung und experimentelle Bestimmung der mittleren Reaktanzspannung. E. u. M. 1912, S. 825/829.
13. L. Binder, Stromwendung und Wendepole. E. u. M. 1913. S. 177/184 und S. 206 bis 212.
14. M. Latour, Kommutierung in der wirklich neutralen Zone. E. u. M. 1913, Heft 30, S. 633/35.
15. K. Pichelmayer, Zur Theorie der Stromwendung. E. u. M. 1913, Heft 33, S. 693/95.

16. O. Szilas, Experimentelle Erfahrungen über Gleichstrommaschinen mit Wendepolen. E. u. M. 1913, S 949/956, spez. S. 951/953.
17. W. Linke, Der Einfluß der Form der Spannungskurve auf den Betrieb von Einankerumformern. Arch. f. El. Bd. II, S. 395 (Bespr. E.T.Z. 1915, Heft 48, S. 640).
18. J. Loeffler, Die Verbindung zwischen Bürstenbolzen und Wendepolspulen bei Gleichstrommaschinen. E.T.Z. 1916, Heft 6, S. 75/76.
19. R. Knoll, Baden, Bestimmung der Kollektorlamellen, an welche die Ankerspulen anzuschließen sind. E.T.Z. 1916, Heft 14, S. 178/179.
20. A. Mandl, Zur Pichelmayerschen Kommutationstheorie. E. u. M. 1917, S. 185 bis 191, S. 204/209, S. 219/222.
21. A. Lang, Kommutation und Verluste in Eisenkollektoren. E. u. M. 1917, Heft 23, S. 273/276.
22. A. Thomälen, Die Wendezone bei Wellenwicklungen. E.T.Z. 1919, Heft 27, S. 321/22.
23. R. Richter, Ankerwicklungen für Gleich- und Wechselstrom-Maschinen. Verlag Springer 1922.
24. Lutz, Die Bürstenspannung und Stromdichte unter der Kohle bei der Kommutation. E.T.Z. 1924, Heft 10, S. 183/185.
25. R. Richter, Elektrische Maschinen. Verlag Springer 1924, S. 388/414, S. 458 bis 469, S. 536.
26. K. Ott, Der Einfluß der Ausgleichsverbindungen auf das Verhalten der vierpoligen Gleichstrommaschine mit Schleifenwicklung. Arbeiten des Elektrotechn. Inst. d. Techn. Hochschule Karlsruhe, Verlag Springer 1925, Bd. IV, S. 183/275.
27. K. Hammers, Oberwellenfreier Gleichstromgenerator (Telephonmaschine). Arch. f. El. 1926, Bd. XVII, Heft 3. S. 262.
28. C. Schenfer und B. Aparoff, Experimentelle Untersuchung der Kommutierung bei Gleichstrom-Maschinen. Arch. f. El. 1927, Bd. XVIII, Heft 5, S. 475/478 (Bespr. E.T.Z. 1927, S. 1574).
29. H. Bechmann, Zur Theorie des Stromwenders. Arch. f. El. 1927, Bd. XIX, Heft 1.
30. E. Rappel, Gleichstrom-Hochspannungsmaschinen als Anoden-Generatoren. E.T.Z. 1927, Heft 36, S. 1285/1290.
31. H. Bechmann, Die Berechnung unterteilter Wendepolluftspalte. E.T.Z. 1928, Heft 44, S. 1599/1602.
32. C. Schenfer, Einfluß der Wendepole auf die Stromverteilung zwischen den gleichnamigen Bürsten bei Gleichstrommaschinen. E. u. M. 1928, Heft 42, S. 985/988.

33. W. M. Mordey, On dynamoes. Institution of Electrical Eng. 20. May 1897.
34. W. Worral, Commutation phenomena and magnetic oscillations occuring in direct-current machines. Electrician 1910, 13. May S. 182/185, 20. May S. 235 bis 239 (Bespr. E. u. M. 1910, S. 570/71).
35. W. Lulofs, Armature reaction in lap-wound machines. Electrician 1912, Bd. 70, S. 303 (Bespr. E.T.Z. 1914, Heft 6, S. 160).
36. B. A. Briggs, Locating faults in direct-current armatures. Power, 13. Dec. 1921, Bd. 54, S. 927/929.
37. Dellenbaugh, Proper ratio of tooth width to slot width. El. World, 25. Nov. 1922, S. 1158/1159.
38. B. A. Briggs, Locating brushes on the neutral of interpole machines. Power, 4. Sept. 1923, S. 381/382.
39. A. D. Moore, Theory of the action of equalizer connections in lap-windings. Electric Journal 1926, Heft 12. S. 624.

40. E. B. Stavely, Commutation troubles in D. C. motors. Blast Furnace and Steel Plant. Pittsburgh, April 1926, S. 189/192; May 1926, S. 213/216; June 1926, S. 257/260.

41. C. O. Mills, How to locate the correct position of brushes on interpole machines. Power, 28. June 1927, S. 987/989.

42. M. E. Wagner, Some causes of trouble with interpole machines. Power 1928, Bd. 68, Heft 19, S. 758.

43. A. Mauduit, Recherches expérimentales et théoriques sur la commutation dans les dynamos à courant continu. H. Dunod et E. Pinat, Paris 1912 (Bespr. E.T.Z. 1915, Heft 22, S. 276/277).

44. W. Kummer, Les générateurs et moteurs à courant continu munis de pôles auxiliaires. Rev. univ. des mines, 15. Juillet 1922, S. 85/92.

45. E. Carjat, Influence des dimensions principales sur la commutation des machines et turbomachines à courant continu. Rev. gén. de l'électr., 12. Dec. 1925, S. 969/974.

46. R. Mayeur, Distribution des champs magnétiques dans les machines à courant continu et application à l'étude de la commutation. Rev. gén. de l'électr., 3. Juillet 1926, S. 3/15, S. 45/54.

B. Kommutierung bei Einphasenwechselstrom- und Drehstrom-Kommutator-Maschinen.

47. F. Punga, Das Funken von Kommutator-Motoren. Verlag Jänecke, Hannover 1905, S. 7—30.

48. C. Schenfer, Kommutationsstromkurven bei Einphasenkollektor-Motoren, E. u. M. 1911, S. 1087/1092.

49. —, Kommutierungskurven bei Mehrphasenkommutator-Motoren. E. u. M. 1912, S. 345/349.

50. M. Latour, Die Bahnmotoren für Einphasenstrom. E. u. M. 1912, S. 997/1002. Vgl. hierzu folgenden Artikel vom gleichen Verfasser: —, Commutation au démarrage des moteurs à collecteur. L'éclairage électrique, 7. Janvier 1905, S. 5/11.

51. M. Schenkel, Der Drehstrom-Reihenschluß-Motor der Siemens-Schuckert-Werke. E.T.Z. 1912, S. 473/475 (spez. S. 475) und S. 482/484, 502/505, 535/538.

52. M. Liwschitz, Eine Anordnung zur Verbesserung der Kommutation bei Repulsionsmotoren. E. u. M. 1913, Heft 33, S. 693/95.

53. M. Schenkel, Einheitliche Gesichtspunkte für die Berechnung der Kollektoren von Wechselstrom-Kollektor-Maschinen beliebiger Bauart und Phasenzahl. E.T.Z. 1917, Heft 8, S. 101/103.

54. —, Die Kommutatormaschinen für einphasigen und mehrphasigen Wechselstrom. Verlag de Gruyter & Co., Berlin und Leipzig 1924, S. 2/3, S. 92/99.

55. K. Krauß, Kommutierungsversuche an Einphasen- und Reihenschluß-Motoren. E.T.Z. 1925, Heft 48, S. 1803/1806.

56. K. Baudisch, Wechselstrom-Kommutator-Motoren. Sammlung Göschen 1928, Bd. Nr. 992, S. 39, 55, 71.

57. M. Latour, Commutation in alternating-current motors at starting. El. World. 3. Dec. 1904, S. 930/932.

58. M. Weber & W. Lee, Harmonics due to slot openings. J. Amer. Inst. Electr. Eng., Dec. 1924, Heft 12, S. 1129/32.

Kapitel XI.

Sondergebiet für Kommutatoren.

1. Th. Hoock, Die Segmentspannung der Gleichstrommaschinen. E.T.Z. 1910, Heft 50, S. 1267/1269.
2. C. Trettin, Das Schalten großer Gleichstrommotoren ohne Vorschaltwiderstände. E.T.Z. 1912, Heft 30, S. 759.
3. J. Biermanns, Ausgleichsvorgänge beim Kurzschluß von Kollektormaschinen. Arch. f. El. 1918, Bd. VII, S. 1.
4. W. Linke, Das Schalten großer Gleichstrommotoren ohne Vorschaltwiderstände. E.T.Z. 1918, Heft 46, S. 453/55; Heft 47, S. 465/67.
5. E. Kramer, Das Rundfeuer bei Gleichstrommaschinen und seine Verhütung. E.T.Z. 1919, Heft 41, S. 506/508.
6. R. Rüdenberg, Elektrische Schaltvorgänge. Verlag Springer 1923, S. 120/125.
7. W. Heinrich und R. Müller, Kurzschlußversuche an einem Bahn-Einankerumformer. Bergmann-Mitteilungen 1924, Heft 4.
9. Gg. Jacoby, Der elektrische Durchschlag der Luft bei Niederspannung. E.T.Z. 1927, Heft 40, S. 1439/44.
8. C. Schenfer, Kurzschlußerscheinungen bei Einankerumformern. E.T.Z. 192⁻, Heft 12, S. 384/87.
10. Neukirchen, Bürstenfragen bei Kommutatoren und Schleifringen. Elektrotechn. Anzeiger 1928 Bd. 45, Heft 36, S. 416/21; Heft 37, S. 428/29; Heft 38, S. 441/42.
11. C. Schenfer, Kurzschlußvorgänge bei Einankerumformern. Arch. f. El. 1928, Bd. XIX, Heft 4, S. 437/43.
12. J. Kozisek, Über das Schlitzen von Schleifring- und Stromwenderbürsten. Siemens-Zeitschrift 1929, Heft 4.
13. Neukirchen, Bürstenbestückung von Niederspannungsmaschinen für Elektrolyse. »Der Elektromarkt«, 1929, Heft 25, S. 17/18.

14. W. W. Firth, Flashing-over in commutator-machines: its cause and prevention. Electrician, 22. March 1912, S. 970/71 (Bespr. E. u. M. 1912, S. 379).
15. J. Linebaugh and L. Burnham, Protection from flashing for direct-current apparatus. General Electric Review, July 1918, Bd. 21, Heft 7, S. 499/516.
16. Whiteacker, Rotary converters and railway electrification. The Engineer. 24. Febr. 1922, Bd. 133, S. 221/222.
17. W. C. Kalb, How to obtain service from carbon-brushes. Power, 15. Dec. 1925, S. 933/935.
18. J. M. Zimmermann, Preventing flashovers is an important part of commutator maintenance. El. Railway Journal, 19. March 1927, S. 489/91.
19. —, Good maintenance produces improved commutation. El. Railway Journal, 16. July 1927, Bd. 70, Heft 3, S. 95/97.
20. J. S. Dean, How will carbons or brush holder boxes affect the neutral position. El. Railway Journal 1928, Bd. 71, Heft 26, S. 1076.
21. N. L. Rea, Why blame the motor, when the trouble is in the load. Power 1928, Bd. 67, Heft 2, S. 67/68.
22. R. E. Powers, High-speed circuit breakers protect rotary converters. Power 1928, Bd. 68, Heft 19, S. 756/58.
23. T. T. Hambleton & B. L. Robertson, Flashing of synchronous converters. General Electric Review, Dec. 1928, S. 635/643.
24. G. Beylon, Le choix des balais pour machines à courant continu. Electricien 1928, Bd. 59, S. 74/78.

25. H. Stauffer, Étude des phénomènes electromagnetiques et de la répartition du courant dans les lames du collecteur. Rev. gén. de l'électr., Bd. 23, Heft 12, S. 565/571 (Bespr. E.T.Z. 1929, Heft 12, S. 427).

Kapitel XII.

Sondergebiet für Schleifringe.

1. J. E. Noeggerath, Über die Stromabnahme. (Gleichstrom bei hohen Umfangsgeschwindigkeiten.) E.K.B. 1911, Heft 5, S. 81/87; Heft 6, S. 101/107.
2. J. Kozisek, Abnutzung von Schleifringbürsten. E. u. M. 11. Nov. 1923, Heft 45, S. 653/655.
3. Neukirchen, Schleifringbürsten und Schleifringe. Mitteilungen der Ringsdorff-Werke A.G. Mehlem. 1918, Heft 7.
4. J. Kozisek, Über das Schlitzen von Schleifring- und Stromwender-Bürsten. Siemens-Zeitschrift 1929, Heft 4.

5. W. E. Warner, Some causes and cures of flat spots on slip rings. Power 1928, Bd. 68, Heft 9, S. 354.
6. M. Perrier, Traces de balais sur les bagues de machines synchrones. Rev. gén. de l'électr. 29. Juin 1929, Bd. XXV, S. 1009/1013.

Abkürzungen im Literaturverzeichnis.

Arch. f. El. = Archiv für Elektrotechnik.
Diss. = Dissertation.
E.K.B. = Elektrische Kraftbetriebe und Bahnen.
E.T.Z. = Elektrotechnische Zeitschrift.
E. u. M. = Elektrotechnik und Maschinenbau.
Z. d. V. d. I. = Zeitschrift des Vereins deutscher Ingenieure.
El. Railway Journal = Electric Railway Journal, New York.
El. World = Electrical World, New York,
J. Amer. Inst. Electr. Eng. = Journal of the American Institute of Electrical Engineers, New York.
Journal Am. Soc. Naval Eng. = Journal of the American Society of Naval Engineers, Washington.
Proc. Am. Inst. Electr. Eng. = Proceedings of the American Institute of Electrical Engineers, New York.
Rev. gén. de l'électr. = Revue générale de l'électricité, Paris.
Rev. univ. des mines = Revue universelle des mines, Liège & Paris.

Die Bekämpfung des Erd- und Kurzschlusses in Höchstspannungsnetzen. Von Dr.-Ing. Paul Bernett. 53 S., 5 Abb. Gr.-8⁰. 1927. Brosch. M. 4.—.

Schaltungsschemata für zwei- und dreiphasige Stabrotoren. Von Ing. Dr. J. Bojko. 62 S., 7 Tab., 16 Abb. Gr.-8⁰. 1924. Brosch. M. 2.—.

Die Theorie moderner Hochspannungsanlagen. Von Dr.-Ing. A. Buch. 2. Auflage. 380 S., 152 Abb. Gr.-8⁰. 1922. Brosch. M. 11—, geb. M. 13.—.

Die Stromtarife der Elektrizitätswerke. Theorie und Praxis. Von H. E. Eisenmenger, New York. Autor. deutsche Übersetzung von A. G. Arnold, Berlin. 254 S., 67 Abb. Gr.-8⁰. 1929. Brosch. M. 13.—, geb. M. 15.—.

Taschenbuch für Monteure elektrischer Starkstromanlagen. Bearbeit. u. herausgeg. von S. Frhr. von Gaisberg. 88., neubearb. Auflage. 359 S., 229 Abb. Kl.-8⁰. 1927. In Leinen geb. M. 4.80.

Selektivschutzeinrichtungen für Hochspannungsanlagen. Mit Anleitung zu ihrer Projektierung. Von M. Walter, Oberingenieur. 134 S., 77 Abb., 6 Zahlentaf. Gr.-8⁰. 1929. Brosch. M. 7.—.

Fahrleitungsanlagen für elektrische Bahnen. Von Fr. W. Jacobs. 296 Seiten, 400 Abb. Gr.-8⁰. 1925. Brosch. M. 9.—, geb. M. 10.50.

Freileitungsbau / Ortsnetzbau. Von F. Kapper. 4. umgearbeitete Auflage. 395 S., 374 Abb., 2 Taf. 55 Tab. Gr.-8⁰. 1923. Brosch. M. 12—, geb. M. 13.50.

Die Technik elektrischer Meßgeräte. Von Prof. Dr.-Ing. G. Keinath. 3. vollst. umgearb. Auflage. Gr.-8⁰.
Band I: Meßgeräte und Zubehör. 620 S., 561 Abb. 1928. Brosch. M. 33.—, in Leinen geb. M. 35.—.
Band II: Meßverfahren. 424 Seiten, 374 Abbildungen. 1928. Brosch. M. 22.50 in Leinen geb. M. 24.50.

Elektro-Wärmeverwertung als ein Mittel zur Erhöhung des Stromverbrauchs. Von Ing. R. Kratochwil. 2. umgearbeitete Auflage. 703 S., 431 Abb., zahlreiche Tabellen. Gr.-8⁰. 1927. Brosch. M. 38.50, in Leinen geb. M. 40.—.

Berechnung der Gleich- und Wechselstromnetze. Von Ing. K. Muttersbach. 123 S., 88 Abb. Gr.-8⁰. 1925. Brosch. M. 5.60.

Landes-Elektrizitätswerke. Von Dipl.-Ing. A. Schönberg und Dipl.-Ing. E. Glunk. 409 S., 148 Abb., 4 Taf., 56 List. Lex.-8⁰. 1926. Brosch. M. 23.—, in Leinen geb. M. 25.—.

Lehrgang der Schaltungsschemata elektrischer Starkstromanlagen. Von Prof. Dipl.-Ing. J. Teichmüller. 4⁰.

    Bd. I: Schaltungsschemata für Gleichstromanlagen. 2. umgearb. Aufl. 139 S., 9 Abb., 27 Taf. 1921. In Leinen geb. M. 12.—.

    Bd. II: Schaltungsschemata für Wechselstromanlagen. 2. umgearb. Aufl. 178 S., 20 Abb., 29 Taf. 1926. In Leinen geb. M. 12.—.

Kurzes Lehrbuch der Elektrotechnik für Werkmeister, Installations- und Beleuchtungstechniker. Von Prof. Dr. R. Wotruba. 203 S., 219 Abb. Gr.-8⁰. 1925. Brosch. M. 5.20, geb. M. 6.40.

Der ein- und mehrphasige Wechselstrom. Von Prof. Dr. R. Wotruba. 92 S., 97 Abb., Gr.-8⁰. 1927. Brosch. M. 3.60.

Die Transformatoren. Theorie, Aufbau und Berechnung. Ein Handbuch für Studierende und Praktiker. Von Prof. Dr. R. Wotruba und Ing. A. Stifter. 207 S., 102 Abb., 1 Tab. Gr.-8⁰. 1928. Brosch. M. 10.—, in Leinen geb. M. 11.50.

R. OLDENBOURG • MÜNCHEN 32 UND BERLIN W 10